U0153740

► 50則會計主管非知不可的實務經驗傳承

50 Accounting Practices

You Really Need to Know

李雅筑、陳芬蓉　著

會計主管在職場的挑戰與應對經驗分享

　　很榮幸可以在《50 則會計主管非知不可的實務經驗傳承》一書出版前閱讀本書。我在擔任大專院校會計課程教授的過程中，面對第一次接觸會計的學生，並且在有限的課程時間下，往往著重在會計準則規定了什麼、為什麼會計準則如此規定，較少能夠融入各項專門的議題，並以個案公司的方式進行課堂討論。

　　《50 則會計主管非知不可的實務經驗傳承》一書利用 50 個個案，介紹一位會計主管可能面臨的各種問題，並給予解決問題的建議。這些問題包含財務決策，例如：收入認列、存貨評價、應收帳評價、匯率避險等。管理決策，例如：移轉訂價、成本計算、閒置產能、專案管理等。舞弊與內部控制議題，包含：現金與存貨舞弊、核決權限的應用等。此外，還包含了稅務議題以及主管養成建議。每個個案包含背景說明、建議作法與結論三個部分，透過流暢的文筆與描述，讀者可以輕鬆進入個案情境，或者代入自己的角色，參考作者提出之建議作法以及個案的結論，得到最佳實務經驗（Best Practice）。

　　台灣有許多中小企業，會計主管身兼數職，除了編製財務報表、稅務報表，通常也要負責管理報表以及組織內績效與內部控制。推薦這本書給每天需要面對大大小小問題的會計主管們。當問題發生時，可以參考本書的作法，應用在個別的公司內。透過本書的經驗傳承，相信可以讓會計主管們更有效率地完成工作。

臺北大學會計系 林孝倫 教授

自序
對於會計職場人事物的參解與系統思維

　　感謝每一個促成這本書誕生的好朋友，不管是題材提供、腦力激盪、校稿還是提供建議；感謝毓芬主編給會計人一個機會，讓會計實務有機會能夠入書傳承；感謝孝倫老師幫此書寫序，給會計實務和理論一個串聯機會，能融合實務和理論的會計主管，才更有價值。

　　記得剛從會計師事務所離職進到公司工作時，以為會計實務就像書上讀的會計流程那樣，但遇到問題時才發現「書上沒有講到」，到處問友人後發現大家給的想法、作法和解法也不太一樣。對於凡事都要依法條、循規則才安心的會計理論人而言，常常處於緊張狀態，且不斷問自己：「我這樣做是對的嗎？」甚至有時候會害怕前進、害怕跨出舒適圈，畢竟會計職位動輒得咎，一個不小心就可能會違法或產生罰鍰。

　　在公司任何營運流程的最尾段都是由會計處理，如果會計人員只處理熟悉的業務，如憑證整理入帳，且其他部門來詢問問題時，都主張「不清楚」，確實可以減少不必要的麻煩，進而遠離風險，但是成長的速度便會薄弱，陷入「會計好無聊、要做好多雜事以及大家都不尊重會計」的困境迷思。

　　如果會計人員願意不斷學習，面對實務挑戰仍然抱持著積極面對的態度，絕對會是該公司裡最了解公司全局的人。一旦能在遇挫時找到解

法，就能建立自信心，逐漸能夠過五關、斬六將，最後成為老闆不得不依賴的策略幕僚。而在這個過程中，得到最大收穫的一定是自己，因為這樣的會計人才不只是錘鍊了會計專業，也提升了自己對於人事物的參解和擁有系統思維，才能夠做到承上啟下，以及能與營運流程前端的其他部門順利溝通。

由於台灣經濟體的特性是多由中小企業構成，很多公司的會計主管其實沒有太多前輩教學。為了讓更多會計人員能夠有機會在面對挑戰前，就先學習前輩的經驗；或是在遇到挫折的當下，有機會能夠聽聽前輩的觀念，我們發心要寫下會計實務的經驗傳承，讓更多人受惠。在寫作過程中，彼此的腦力激盪和想法討論都讓我難忘，很喜歡芬蓉姐會說「有沒有可能有另一種想法」或是「這跟我遇過的狀況不同」的對話起手式，因為會計實務就是在不同的假設前提之下，便可能有不同的解法和結論，抽絲剝繭地深入分析和條條大路通羅馬的邏輯推演，都讓我學到不少。

於是，我邀請芬蓉姐每週都來聊聊會計實務經驗，希望能藉由彼此不同的角度和思維激盪更多火花。因著得到越多，就想付出越多，從寫這本書開始，我們共同舉辦了兩個月一次的會計主管分享會，藉由分享會中的會計主管提問及分享，讓我們可以把一個議題再拆解得更細，也藉此聽到更多不同公司的面貌。於是，也很期待未來有更多的會計主管們加入我們，讓會計人的學習不再只有理論，而是有更多的實務摸索，進而成就更美好的會計人生！

李雅筑

2023 年 7 月

自序
財會主管在職場的成長與奮鬥

　　自從退休後，便一邊調養身體，多次出國旅遊慰勞自己。然而快樂日子並不長，很快地新冠疫情竄起，甚至連每週都要去三次的室內運動中心也不敢去了，只能在家，跟著網路上的教練做伸展。空閒的時間增多，想著自己退休下來除了調養生息外，能不能做點有意義的事，要去當志工嗎？但總覺得自己並非是一個有服務熱忱的人。想著自己在財會領域三十幾年的經驗，能不能發揮在什麼地方啊？很希望找到有志想要成為財會主管的會計人一起來切磋，我可以傾囊相授，一定很有趣，甚至可以教學相長呢！

　　下定決心要將財會經驗傳承下來，但其實寫文字對我來說是相當困難的事。我們歷經九個月的時間，每週1～2篇，把我們的親身經驗改編成簡單易懂的小故事分享給讀者。

　　在講述每個故事的過程，回想當時發生的情境，我總想著若再經歷一次，我的處事態度還是會一樣嗎？描述著我的經歷與雅筑共享，而雅筑也會回饋她所接觸案例的過程。記得有一次在討論製造工費率時，我司因生產廠區各有不同，在會議上我被各廠長質疑、被各主管逼問，當時讓我簡直有被釘在牆上的感覺，既生氣又羞愧；隔日收到雅筑寄來的稿件，從文字中，又看到了我當時的情緒張力，看完時我回雅筑：「寫

得真好，把我的感覺表現無遺。」每週很享受與雅筑線上的共聊會議，除了過去經驗分享，也有一些現在進行式的案例，開啓了我可以再赴產業交流的機會。

　　另外還要感謝一群尚在職場中，當我有些案情描述不清時，協助提供資訊的好同事們，讓我得以快速捕捉重點。在討論過程中，也想到要寫下在職涯中共事過的好夥伴們，將她們的成長史寫下來，分享給有心想要成為財會主管的人，過程中還電訪她們，一起回憶及甘苦談，每次總覺得收穫滿滿。感謝如同家人般的財會好夥伴們對這本書的貢獻。雖然退休了，還可以讓自己有動腦及成長的機會，跟著年輕人一起工作，眞是開心，我會心懷感激，持續下去。

陳芬蓉

2023 年 7 月

目錄

作者們藉著每週的會計人對談，將具代表性的會計主管經驗和常見討論議題記錄出書，是故本書編寫方式是以寫書時間序進行，累積記錄探討主題的小故事。為方便各位讀者閱讀，我們試著從企業營運及內部控制的視角來做分類，以利讀者快速查找。

營業管理

生產管理

人力資源及獎酬

財務管理

稅務會計

管理會計

流程及風險控管

穩捷公司收入衰退的應對

背景說明

穩捷公司係屬於大型廠房設備製造業，銷售流程發生於與客戶接洽時，先透過客戶訪談將公司所需的廠房機器設計圖畫出來，再由業務向客戶確認需求並提出報價，與客戶決議合作後簽署雙方合作合約，穩捷公司收受客戶三成訂金。

穩捷公司再向供應商下單購買零組件（包含外殼、安定器及溫控器等等），另尋外包上游廠商做好外殼板金及焊接作業，穩捷公司再將零組件與外殼進行組裝、烤漆、配電等作業，最後進到電器測試及成品檢驗之品管作業就能完成出貨前的一切準備。待出貨進到客戶工廠後，客戶需依合約將約定之第二期款項（四成合約價款）匯入穩捷公司後，再由穩捷公司工程部門進行安裝及測試作業。

待客戶工廠端安裝及測試作業完成後，客戶即進行驗收作業，若一切順利，穩捷公司可再向客戶收取合約訂定的最後三成尾款。而上述銷售流程（自訂單簽訂起算至收到尾款為止）需要

耗費穩捷公司長達半年到一年半的時間，依照訂單複雜程度而定。因公司內部機器製程約需三至六個月完成，而客戶工廠端安裝到驗收約需再三至九個月才能完成。

接單 ➡ 簽約 ➡ 製造 ➡ 出貨 ➡ 安裝 ➡ 驗收

接單出貨認銷流程

　　綜上所述，客戶訂單可以看出穩捷公司未來一年的收入狀況，而因為客戶少但交易金額大的收入特性，會使收入認列時點成為公司財務管理非常重要的課題，因為每月收入的波動大，故財務人員若不能深入了解產程延遲或客戶驗收問題的原因，則可能使收入波動大而連帶使股價波動，影響投資人權益。

情境

　　穩捷公司是一家上櫃公司，需於每月 10 日前做營收及自結報表公告以及新聞稿發布。穩捷公司於每月 15 日開經營檢討會議，會議上業務部門報告上月實際收入及次月預計收入，而業務主管於 6/15 報告 5 月營收下降原因係因 A 客戶尚未能完成驗收，預計於 6 月完成，故 6 月營收會較 5 月營收增加 25%。但會計主管收到會計人員 7/5 結完帳後的自結損益表及前後期損益比較表後發現數字不太好看，5 月收入較 4 月減少 23%，而 6 月收入較 5 月減少 30%，與業務主管於經營會議上報告內容有所差異。

　　會計主管立即撥電話給業務主管詢問為何 6 月收入較 5 月減少 30%，而業務主管於經營檢討會議中提到的 A 客戶驗收一事顯然無成績。業務主管回覆：「A 客戶建廠延遲，原本預計在 6 月完成的驗收仍然需要拖延。我們有去催了，也跟 A 客戶的工程部門討論，大家都很緊張，A 客戶的建廠主管也在催其他廠商，但其他廠商被罰錢也不怕，真的就無法如期完成工作，所以導致我們機器也沒辦法與其他設備連動，因此無法完成驗收。」會計主管這時陷入疑問，是否要直接將此訊息轉達總經理知道？面對總經理的疑問，會計主管又應該做好什麼準備？

作法

　　會計主管應先驗證業務主管的想法是否與帳上其他數據呈現結果一致，若一致之後再行思考總經理的可能提問，可能主要是：「我們如何報告給股東知道？」所以這時候，會計主管應先確認股東在意的公司發展指標是否健全，才能將「收入雖然衰減但其餘指標健康」的訊息傳達讓股東知道。

　　於是，會計主管先行確認公司存貨製成品裡的「單機」（未出貨未驗收成品）及「待驗品」（已出貨未驗收成品）變動趨勢，發現 5 月底待驗品餘額較 4 月底餘額增加，而 6 月底待驗品餘額較 5 月底餘額差異不大，故可知 A 客戶拖延驗收兩個月之情形存在。除此發現之外，會計主管亦發現單機部分在 6 月底餘額較 5 月底餘額增加 15%，5 月底餘額較 4 月底餘額差異不大。會計主管動腦一想：「4 月分客戶驗收遲

至 6 月尚未完成，僅能驗證 5 月分收入衰退，並不能佐證 6 月分收入衰退。」所以 6 月分收入衰退是否跟單機餘額增加（未能出貨）有關呢？

會計主管遂找上業務主管詢問 6 月分銷貨收入差的原因，除了因為 A 客戶尚未驗收外，還能有什麼原因導致出貨延遲？業務主管回覆：「因為塞港因素造成的吧！船運因疫情影響運送速度慢，所以預計到達客戶端的機台都還未能到貨，卡了好幾週了，我們還提前出貨，就希望能補一些運送時間差。」

會計主管亦找了業務主管索取「訂單出貨比」及「各月營收及訂單變動表」的檔案，並整理出如下圖表，可發現雖然銷貨收入下降，銷貨收入達成比率下降，但訂單出貨比（B/B ratio，該月訂單／銷貨收入金額）持續增加，故公司未來期間之收入也應對應增加。

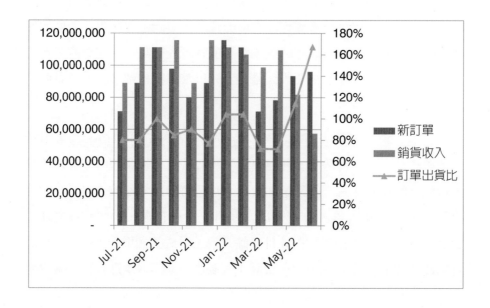

	B/B ratio	訂單達成 %	銷貨達成 %
May-22	114%	106%	93%
Jul-22	167%	142%	85%

　　會計主管與業務主管討論後得到 6 月收入衰退的原因有二：一是塞港導致未能如期到貨；二是客戶建廠延遲導致未能如期驗收。會計主管帶著 6 月分自結報表及收入衰退原因報告給總經理知道，而總經理聽完衰退原因後，如會計主管預期般眉頭緊皺，直言道：「疫情真的影響很大！這些理由你們講出來都很合理我也知道，但我怎麼說出去啊！而且上個月媒體採訪我時，我還說我們成長可期。我看我這次是真的很難收尾了！」

　　會計主管一時語頓，趕快提醒總經理：「目前公司在手訂單表現很棒，也因為疫情關係，公司多了新的訂單，這些都是好消息。從業務主管提供的訂單出貨比，5 月分 114% 和 6 月分 167%，可以知道公司未來成長可期，雖然銷貨達成率連兩個月都低於 100%（93% 及 85%），但此僅是短暫的財報影響而已。」看著總經理不回話，會計主管接著說：「目前我們的在手訂單是 8.47 億（對照過去一年的每月平均收入為 99,798,667 元），代表未來約當八個月的收入都穩固下來，也表示我們正在旺的時候。」

　　總經理在靜默 30 秒後說：「妳說的這些我都覺得很好，我當然對我們公司很有信心。最近業務也真的是忙翻了，我也看得出來大家都很拚。疫情之下，我們還能表現這樣，我非常感謝大家的努力。但是，我

還是想要問一下，我們有沒有機會把營收調高一點？」

　　如果您是穩捷公司的會計主管，您要怎麼回答？記得向上溝通的重點是會計主管必須「心中有一把尺，道德規矩和做下屬的比例要拿捏好」。雖然總經理可以一句話就將我們（會計主管）辭退，但是我們也要相信會計主管的權責本分以及與總經理之間的合作默契，於是會計主管就回答總經理說：「我建議誠實以對，我們公司是正經經營的公司，訂單狀況良好，而大環境中每個廠商收入的確都有波動，如果我們家都沒有波動不是才很奇怪嗎？所以股東對於公司的期待應該是公司能帶來真正的獲利，而非報表表現。」

　　總經理看著會計主管，連忙回道：「妳說得很對，我也沒有想要作假啦！只是覺得應該有些客戶得要讓業務同仁催著點，看看有沒有機會趕快就驗收了。」會計主管笑道：「好的，我會轉達給業務主管知道，再請他過來向您報告催驗收的進度。」

　　總經理問：「我們一般從下訂單到收入發生，時間約莫多久？能不能從這裡建立一個機制，從下訂單時間推收入應發生的那個月沒有發生時，會計主管就先預警報告。妳覺得怎麼樣？」會計主管答道：「每個案子從下訂單到收入發生的時點都不太一樣，還是要看案子的規模及特性。所以我會跟產銷協調的負責人討論，是不是未來的每月經營檢討會議增加一個環節，是列出該月『應交貨沒交貨』的案件明細提出報告[1]。

---

[1] 因每個案件在跟客戶簽約時就會訂定欲交日期，在業務單位與客戶簽訂合約後就交由產銷部門管理案件進度，所以應由產銷部門負責報告，而非會計部門負責。若由會計部門來主責，會造成銷售衰退問題反應提出的時間點太晚而導致來不及處理。所以這

這樣您看可以嗎？」總經理笑道：「好，我們約個會議，妳找業務主管跟產銷協調負責人一起來，我們再討論一次預警流程，看看各主管有沒有注意到可以更好執行的改善重點。」

結論

　　會計主管看到收入衰退時，應執行以下幾個步驟：

1. 了解是否存有較大金額的銷貨折讓／銷貨退回，並確認原因。
2. 詢問業務主管原因，並取得相關資訊以供參考。
3. 確實對應帳上數據呈現（收入成本變動及存貨變動）是否如業務主管所述。
4. 若數據呈現與業務主管說明有所出入，應向業務主管說明，並討論是否業務主管資料來源與財務部門資訊不一致。
5. 找總經理報告之前務必先行理解問題原因，並且延伸想到公司看待此問題是否有其他角度（訂單成長其實表現良好）。但若發現問題的確嚴重，也應該第一時間會同業務主管向總經理一起彙報，避免總經理想多問細節時會計主管無法回答。

　　這個實戰演練涉及到總經理對於銷貨收入的表現有意見，也詢問可以如何調增收入數，但是筆者仍然要說明在過往經驗中，其實總經理的意思並不是要做出「虛假報表」，只是不知道財務作法上是否有一些可

　　裡要注意，不是會計主管推工作喔，而是就整體公司流程來看，如果所有監督工作都落在會計部門，反而會造成應該負責的部門未能及時發現，而造成更多的公司損害。

能的調整，所以其詢問會計主管的真正意思可能也僅在於合法調整，而非做假帳。也期待各位閱覽者在實際遇到此情形時，能夠與總經理有更多探討銷售流程與財務的連結，而非僅把注意力放在收入數字低的窘境中，才能討論出更能協助公司發展的決策。要相信會計主管的責任除了替數字把關外，也存在提醒公司未來營運的決策喔。

　　另外，除了收入數字之外，這篇案例也帶到公司管理階層對於流程梳理的想法。公司發生一個問題時，主管不單純解決這個問題本身，也要連帶思考相對應的流程有沒有可以優化的地方；或是有沒有可以提前預警，先讓公司各部門提前準備的地方。時間就是金錢，如果公司想到可以提前預警的方式，而換得公司更多的應變時間，一個人的時間也許不長，但十個人加起來的時間就是十倍的長度，真的可以做到的危機補救就很多了！

　　梳理流程及流程優化是公司主管的重要工作項目，在這篇案例中，總經理若找到不對的部門負責日常監督作業（審計學稱「控制點」），而不對的部門主管又因為不好意思拒絕就把工作承擔下來，反而會生出日後跨部門溝通的困難以及權責劃分不清的窘境（審計學稱「控制點失效」）。所以，部門主管應釐清自身權責，並做好總經理幕僚的工作，提供總經理最適解法，而非一味附和。

倍捷公司收入認列時點有誤

背景說明

倍捷公司係環境監測系統公司,主要做廠區環境監測系統規劃,透過物聯網技術替客戶進行能源轉型,以倍捷管理平台,變身客戶 7/24 小時的專業 AI 總管,協助企業做到環境安全汙染監控及能源規劃調度改善的功能。因該產品只需要一台主機,即可整合超過一千種的聯網裝置,並能透過數小時的安裝聯網便可達到 Dashboard 看板追蹤分析及異常告警等功能,也備受欲做數位轉型公司的青睞。

倍捷公司員工人數 15 人,分別是研發及測試部門 8 人,負責開發系統並依客戶需求客製化調整系統;銷售部門 3 人(包含銷售經理、銷售人員及業務助理),也負責專案管理工作;營運行政部門 3 人(包含執行長、身兼行政總務的人資及負責零用金及開發票的出納);工程部門 1 人,負責廠區確認軟硬體整合結果以及硬體供應商與客戶廠區對接窗口。

倍捷公司由於要準備募資,原先會計工作是由出納收集資料給委外會計師,但因為隨著人數及公司規模增加,公司需要會計

數據分析以及投資人報表，而這些非委外會計師承包的服務範圍，所以公司就招進一位新的會計主管，負責會計財務工作，以及向上對執行長彙報工作。

	1 月	2 月	3 月	總計
營業收入	1,900,000	150,000	490,000	2,540,000
營業成本	(100,000)	(700,000)	(100,000)	(900,000)
毛利	1,800,000	(550,000)	390,000	1,640,000
毛利率	95%	(367%)	80%	65%
營業費用	(2,900,000)	(1,800,000)	(1,600,000)	(6,300,000)
營業利益	(1,100,000)	(2,350,000)	(1,210,000)	(4,660,000)
營業外收支	0	(1,500)	0	(1,500)
稅前淨損	(1,100,000)	(2,351,500)	(1,210,000)	(4,661,500)

　　會計主管上任後，除了要把舊帳的淵源故事釐清、做必要的帳務整理外，也發現到公司的每月自結報表毛利率非常不穩定，有時候毛利會高達 95%，有時候毛利會是 -367%。但詢問業務部門之後，業務部門卻反應沒有特別的狀況，公司開發票狀況都很正常，客戶服務也沒有異常現象，同時覺得會計主管大驚小怪，應該要多了解公司在做什麼再來討論；也說道大家都很忙，新創公司就是一個人當兩個人用，不像會計主管以前待的公司規模很大，有很多人可以使喚，所以希望會計主管不要錙銖必較數字上的事，把眼界放遠一點，公司要收到錢才重要。會計主管也意識到自己好像搞不清楚狀況，所以會計主管該如何讓自己搞得清楚狀況呢？

作法

　　會計主管先向業務主管虛心請教客戶銷售流程，得知銷售流程多半是從雙方報價單及合約簽訂，到規劃設計書繳交及修改，再到軟硬體交付現場安裝測試，後續還有軟體更新一年免費。公司因為主要是軟體商，實際出貨的只有數台操控用的平板及電腦主機，所以從客戶簽約後就會開通帳號使用軟體。若有客製化修改部分，則會跟客戶約定驗收測試時間，測試完成後也會有工程部門的工單客戶驗收證明；而硬體部分則是業務有空檔就帶給客戶，一定會發生在驗收之前，並在客戶取得硬體時就留下主機簽收記錄，存放在業務部門。會計主管因此也向業務主管調了三份該年度的代表性合約，分別是公司制式型合約 A、客製化專案規劃合約 B，以及軟體維護合約 C。

　　會計主管向出納先了解公司開發票流程，出納說明是業務部門告知出納要開立發票時，出納就開發票，並把發票提供給委外會計師認列收入，並且交由負責人資的同事計算獎金；但出納也不清楚什麼時間點需要開發票。會計主管對照過往開發票時間點，竟發現與工程部的工單記錄以及業務部門的主機簽收記錄都對不上，所以還是硬著頭皮找了業務主管，詢問其什麼時候會來跟出納要求開發票。

　　業務主管說明：「每份合約都有寫到請款時間點，因為請款時間點綁著業務的獎金，所以可以請款時，業務同仁都會馬上請出納開發票；但如果碰到客戶有預算壓力，就會等客戶說可以開發票的時候再開，業務同仁絕對不會拖延的。」會計主管心裡這時想著：「可是開發票時點跟收入認列時點不一樣呀！」就想要再問業務主管幾句，但又突然想

到：「這兩件事現在都歸我會計管，我就算說之前作法都不對，好像也跟業務主管沒有關係。」加上上次才被業務主管唸「搞不清楚狀況」，實在不宜多講什麼，便問道：「請問一個客戶的案子什麼時候算是了結？」以及「通常什麼狀況下客戶會有意見或要調整？」

業務主管回答：「通常要到驗收測試完成之後，就不太會變動，但也到案件服務後期了。我們軟體沒有特別說保固，但客戶不會使用的時候，還是會撥電話進來，我們也會有客服同事教客戶使用。不過有些客戶會問，有些就不會。我們的軟體也是定期自動更新的，客戶久了沒有更新就不能繼續使用，系統必須強制執行更新後才能繼續使用，所以這也不太需要用到我們公司同事協助。等到第一次合約走完前，就會再簽一個新的軟體維護合約，但這個基本上就是不太需要花到我們公司同事的時間，所以業務同事獎金抽成比例也下降很多。」

會計主管問：「我看合約 A 和合約 B 內容都有說要準備設計規劃書，也在設計規劃書提交後有個請款階段。那我想請問，設計規劃書做完之後，客戶可以修改想法嗎？」業務主管回答：「客戶會一路有意見到安裝測試啦，譬如說要增加不同的聯網機器，又或者是說機器位置有做調整、線路要重拉之類的。安裝測試後也會有其他想法，只是如果要加錢就不做了。」會計主管這時茅塞頓開，原本其還在思考：「設計規劃書沒有驗收階段，到底要怎麼認列收入？」

經過業務主管的一番話後，發現其實設計規劃書只是一個溝通的方式，讓兩方合意未來的作法，並非真的交付了一個不會再被修改的東

西，依照 IFRS15 的規定[1]，要等到客戶可自該商品獲益後，才能辨認爲合約的履約義務，進而有機會認列收入。也就是說，設計規劃書的完成，不能被視爲一個合約的履約義務（因其屬性「不能區分」，見註1），就算收了錢也不能認列收入，而是要以預收收入的概念入帳。現行公司的作法是開立發票請款，所以發票功能變成是請款單，因此當發票開立時不能認列收入，反而要找出公司眞的符合 IFRS15 公報定義的收入認列五步驟後才能認列收入。

那什麼才是認列收入的時點呢？用會計公報對照各部門的回答，應在公司完成軟硬體驗收時，才能算是滿足收入認列五步驟。但是公司的現行流程有硬體驗收，也有軟體驗收，要怎麼拆分硬體及軟體的價格呢？於是會計主管又找了工程部門同事詢問：「給客戶的平板和主機價格大概多少呢？跟軟體服務要怎麼被拆分價格呢？客戶如果只有平板或主機可以做使用嗎？還是需要軟體才有意義？」經過工程部門同事認眞花了兩個小時，講解完整體安裝測試的流程之後，會計主管得到了一個答案：「客戶平板和主機只要接上電源就可以打開，但是這台機器對客戶的價值不高，重點是軟體系統，若可以正常使用才有意義。且硬體雖

---

[1] IFRS15「客戶合約的收入」公報說明「企業應以能夠描述移轉對客戶承諾之商品或勞務而換得預期有權取得對價之方式認列收入」，應在滿足下列五步驟的狀況下認列收入：(1) 辨認客戶合約；(2) 辨認合約中之履約義務；(3) 決定交易價格；(4) 將交易價格分攤至合約中之履約義務；及 (5) 於滿足履約義務時認列收入。而 (2) 的履約義務之條件是勞務或商品可區分及能區分，客戶可自該勞務或商品本身或連同客戶輕易可得之其他資源獲益（可區分），及公司移轉該勞務或商品予客戶之承諾可與該合約中之其他承諾單獨辨認（能區分）。

不一定會在哪個時間點交付，但很有可能是軟體要驗收時業務才會送到客戶那。」也因此，會計主管認為，在合約規範及實務操作模式下，公司販售的軟硬體無法以可區分的方式讓客戶獲取利益，所以應抓取「軟體安裝驗收時點」作為收入認列時點。

除了安裝驗收外，制式合約中也包含後續的一年免費更新，會計主管也判斷其有價值，故找了業務主管討論「一年維護合約」的公訂價扣除折扣後，找到制式合約中「一年免費更新」項目的價值，再將總合約價值扣除前述項目，得到「軟硬體整合」的產品價值。

當會計主管胸有成竹地有想法後，便找了執行長、業務主管跟工程部門一起開會，說明自己的想法。業務主管還沒聽完全貌，只聽到收入要等到軟硬體驗收後才能認列時，就馬上跳腳：「妳這個完全不對，虧我之前還花很多時間跟妳解釋，真的是浪費我的時間。我們合約都有訂明白請款時間啊，我請款不開發票要幹嘛，妳有站在公司立場嗎？……」

這時，會計主管立即反省自己「用了太多會計語言講解，而沒有讓與會人員馬上聽懂」，便趕快說明：「收入認列和開發票請款必須分開，請款流程會與原先一致。盡快收到錢的原則不變；業務獎金辦法需要微調，把原本有收入就依比例發獎金的規則，改成向客戶請款時依比例發放獎金[2]，只是收入認列時間點修正，符合會計原則，又不會影響公

---

[2] 此時為情境安排，先以「向客戶請款時依比例發放獎金」，但一般業界較優作法為「收取客戶款項後再行發放獎金」。此案例將於後續第九講中分享。

司權益及業務同仁權益。」這時，業務主管回覆：「原來如此，只要不影響公司權益就好。那我這邊沒有問題。」

　　會計主管在業務主管跟工程部門都同意修正作法後，向工程部門同事提出要求說道：「為了要讓會計能夠知道『客戶完成驗收需認列收入』，能請您提供收入認列申請單連同驗收記錄給我們嗎？」工程部門同事說：「這樣好麻煩，我都外勤，還要特地進公司給妳。以後我開立一個雲端表單，裡面會記錄預計施工時間以及客戶完成驗收時點，妳自己進去看好嗎？」會計主管：「當然沒問題。那請問驗收記錄要怎麼提供給我們呢？」工程部門同事說：「我掃描嵌入雲端表單的表格中吧，資料都給妳準備得妥妥的。」

　　而這時，執行長的手機響起，看似客戶有緊急狀況，執行長要求業務主管留下，其餘同事先行離開。會計主管心想今天的會議已達成結論，比想像中的還順利。

結論

　　專案類型公司常見收入認列時點錯誤之情形，容易將開立發票請款的時間點當作收入認列時間點。會計主管必須先了解公司銷售流程，以及各部門與客戶配合方式，才能依照會計準則規定做出適法合規的會計認列方式，但是也要顧慮到其他部門原有的處理流程，並且先站在其他攸關部門同事的立場，確認新流程對各部門的影響層面，與各部門進行討論時提出建議。

　　溝通不是把自己想說的話一股腦地說出來，而是要講對方聽得懂且想聽的話，才能達成雙向交流。也就是說，會計主管不能只有專業技能，而不懂得「人情」，若能設身處地為各部門著想，又能想出萬全方案，那就會是執行長背後不可或缺的經營幕僚。

第三講
倍捷公司收入成本配合不對應

背景說明

　　倍捷公司的收入模式依據第二講〈倍捷公司收入認列時點有誤〉內容，會計主管告知帳務同事以下幾點收入認列要點，分別如下：

1. 依照雙方簽署合約辨識履約義務，目前判斷有二：軟硬體交付及軟體維護更新。軟體維護更新費用有其固定銷售價格，用其回推軟硬體的價值。

2. 客戶驗收軟體加硬體時點（孰後）作為收入認列時點。

3. 軟體維護費用則依照使用期間分月攤提收入入帳。

　　會計主管請業務主管先將目前還沒結案的案件製作成「尚未結案件一覽表」，再提供該文件給會計部門，藉以說明目前各個案件的請款狀況，並請工程部門同事列出「尚未完成安裝測試的案件清單」。再請帳務同事依據業務主管及生管同事提供之資訊，依照上述收入認列要點，逐一確認各案件截至上個月月底應認列收入及已認列收入，並將同一案件中不同履約義務者拆分兩列表示，製作出下表。

合約代碼	客戶名稱	應認列收入	已認列收入	調整入帳金額
ATW00105-1	ATW Corp.	290,000	290,000	0
ATW00105-2	ATW Corp.	0	250,000	-250,000
MNT02012	Mango Tech. Corp.	0	180,000	-180,000
ENP50049-1	Energy Powertech Corp.	0	250,000	-250,000
ENP50049-2	Energy Powertech Corp.	0	150,000	-150,000
(……)				

　　待上表完成，且會計主管抽查確認填寫正確後，請帳務同事將「調整入帳金額」欄位加總數入帳本月 1 日調減收入並增加預收收入。當會計同事入完收入調整分錄後，會計主管重新檢視本年度至今之各月損益表如下，便發現總體的毛利率 24% 並沒有與業務主管在聊天中提到的毛利率 60% 相符，而且差異頗大。這又是怎麼回事？

	1 月	2 月	3 月	4 月	總計
營業收入	1,900,000	150,000	490,000	(1,230,000)	1,310,000
營業成本	(100,000)	(700,000)	(100,000)	(100,000)	(1,000,000)
毛利	1,800,000	(550,000)	390,000	(1,330,000)	310,000
毛利率	95%	(367%)	80%	108%	24%
營業費用	(2,900,000)	(1,800,000)	(1,600,000)	(1,650,000)	(7,950,000)

	1月	2月	3月	4月	總計
營業利益	(1,100,000)	(2,350,000)	(1,210,000)	(2,980,000)	(7,640,000)
營業外收支	0	(1,500)	0	0	(1,500)
稅前淨損	(1,100,000)	(2,351,500)	(1,210,000)	(2,980,000)	(7,641,500)

作法

會計主管思來想去後又發現：「收入改了，成本也得改。」而懊惱著自己原本沒有先發現，就沒在上次跟執行長的會議中討論到這事，但還好執行長有要事，先行結束會議，這樣自己也就多了一點時間做準備。

先查看明細分類帳後發現，公司各月的營業成本都是雲端空間費用及協作軟體授權使用費，沒有人事成本。另外，2月較其他月分增加的金額，則是一次性購買平板電腦的費用。

會計主管先和帳務同事花了一個下午的時間，說明公司未來都要用「應計基礎」入帳，而非現金基礎，這樣才能使帳務記錄符合會計規定；也能讓閱覽者依循公訂的會計規定，明白公司帳務的變動邏輯，及從數字看出公司營運的波動。但說起來簡單，其實光想就有好多需要跨部門配合的事項，包含發票請款都是想請就請，沒有相關規定；也包含不清楚發票購買東西的用途，究竟是屬於存貨、固定資產、成本還是費用……

看得出來同事很崩潰的會計主管，這時候就先下一個結論：「我們一步一步來，很多問題都要慢慢解決，今天最重要的就是搞定成本應該

怎麼認。」於是，會計主管找上工程部門了解 2 月的 60 萬成本是怎麼回事。工程部門同事說明：「這個平板最近很搶手，供應商說他有 38 台可以出給我，我趕快問了執行長，他也同意，我就加緊下單了。」

　　會計主管接著問：「這 38 台都用完了嗎？一個案子大概要用幾台平板呢？」工程部門同事回答：「當然沒有這麼快啦。都要先準備好。業務部門要的時候我們就要趕快給，等到被催才下單就來不及，我才一個人耶。現在大概還有 30 台左右吧，我這邊確定的有 23 台，小陳（業務部門同事）昨天拿走 8 台，我不知道他給客戶沒。每個案子會用到的平板數也不一樣，要看業務怎麼談的，大廠也會需要多一點，有時候客戶自己就有現成的了，便都不用買。」

　　會計主管心裡想著：「工程部門的回答感覺有好多存貨管理問題喔，改天我一定要撥時間再回來處理。今天只要先處理成本認列問題。」會計主管問：「你能在上次說要提供的雲端表單上增加一個欄位嗎？記錄出貨了幾個平板電腦和主機。」工程部門回道：「又不是我出貨的，這樣我還要清點，不是很方便啦。」會計主管又說道：「好，那我去找業務主管，請他們來填這個欄位。」

　　隨著會計主管和業務主管聊了工程部門的雲端表單後，業務主管說：「我們單位就是賺錢的，我也跟妳提過了。妳不能工程部門跟妳說了什麼，但妳想不通，就來叫我們要多做一件事情。能不能我們把事情簡化一點。工程部門明明就會去安裝驗收，雖然不是出貨，但是也會知道總共有幾台平板和電腦，怎麼可能填不出來。我當初是看工程部門只有一個人，所以很多工作我們都幫著做一點，妳看像我也跟我同事說，

如果有去找客戶，就先幫忙送平板或電腦過去，這樣工程部門去安裝時就少一件事。還有就是工程部門有時候工單太多來不及作業，我們家同事也會先去幫忙場區監工（線路施工供應商）。妳看我們做這麼多，現在又多一件事，妳要我答應還是不答應好？」

　　會計主管被回得啞口無言，想要反駁又怕被罵，只好先告辭業務主管，改向比較好講話的工程部門同事溝通。工程部門同事聽到業務主管的想法後說：「之前明明就是她說他們想要維繫客戶關係，又不好意思空手去，才跟我說要拿平板去的。我根本不需要他們幫忙啊，每次我去安裝之前，又要在好幾天前先跟他們確認：『你們把平板給客戶了嗎？』那我趁這個機會就把這個工作收回來好了，我安裝時就是出貨那一天，客戶驗收也在同一天，這樣我也省一點時間。妳看如何？」於是會計主管在與工程部門達成共識後，就請工程部門要記得跟業務部門討論，並調整這個流程作法。

　　如此一來，會計主管把 2 月購買的平板先視為存貨，而 3、4 月已出貨且客戶完成驗收的價值 18 萬的平板，於 4 月一併認列成本，即 2 月的 60 萬扣除 18 萬後得 42 萬（降低成本，增加存貨），調整一個版本如下：

	1月	2月	3月	4月	總計
營業收入	1,900,000	150,000	490,000	(1,230,000)	1,310,000
營業成本	(100,000)	(700,000)	(100,000)	320,000	(580,000)
毛利	1,800,000	(550,000)	390,000	(910,000)	730,000
毛利率	95%	(367%)	80%	74%	56%

	1月	2月	3月	4月	總計
營業費用	(2,900,000)	(1,800,000)	(1,600,000)	(1,650,000)	(7,950,000)
營業利益	(1,100,000)	(2,350,000)	(1,210,000)	(2,560,000)	(7,220,000)
營業外收支	0	(1,500)	0	0	(1,500)
稅前淨損	(1,100,000)	(2,351,500)	(1,210,000)	(2,560,000)	(7,221,500)

　　看到這個版本後，會計主管發現毛利率已到了業務主管認知的60%左右，不免內心非常振奮，覺得對於公司很有希望。但是又突然想到：「不對，還有人事成本沒有算。」如果把工程部門同事的薪資從營業費用項目拉出來，改放到營業成本去，那毛利率一定會降低，但這可能也代表的是業務主管過往的認知中並沒有把成本包含工程部門同事的施工費，這著實也會是公司成本不可忽略的要素，於是會計主管便在詢問人資負責同事後，將工程部門同事的「本薪、勞健保、退休金、獎金」等相關費用進行重分類，並將影響數（74,000 元 ×4 個月）彙總調整於 4月帳務（將營業費用減少 296,000 元，並將營業成本增加 296,000 元）中，如下：

	1月	2月	3月	4月	總計
營業收入	1,900,000	150,000	490,000	(1,230,000)	1,310,000
營業成本	(100,000)	(700,000)	(100,000)	24,000	(876,000)
毛利	1,800,000	(550,000)	390,000	(1,206,000)	434,000
毛利率	95%	(367%)	80%	98%	33%
營業費用	(2,900,000)	(1,800,000)	(1,600,000)	(1,354,000)	(7,654,000)

	1月	2月	3月	4月	總計
營業利益	(1,100,000)	(2,350,000)	(1,210,000)	(2,560,000)	(7,220,000)
營業外收支	0	(1,500)	0	0	(1,500)
稅前淨損	(1,100,000)	(2,351,500)	(1,210,000)	(2,560,000)	(7,221,500)

　　這時，執行長剛好來電請會計主管到他的辦公室，延續討論收入認列的問題。會計主管便帶著試算結果到執行長辦公室，執行長說：「我回去想一想，想知道我的收入會少多少？」會計主管報告：「前面三個月加起來有 123 萬還不能視為收入，要先放在預收收入中；而 4 月分開發票的 28 萬也還不行認列收入，所以總共是 151 萬的影響數。」執行長說：「我第一季總共才 250 萬營收，妳就去掉了一半，那我們報表不就變得很難看？」

　　會計主管：「暫時性的難看，但是這也可以幫助公司更釐清公司現實的狀況。」此時，會計主管也拿出重新調整後的報表向執行長說：「我同時也想跟執行長報告，公司過往的成本不包含工程部門人事，是把人事費用都放在營業費用中，而一次性購買的存貨卻被當成成本。以上兩點導致成本波動很大……」執行長花了將近 1 小時的時間透過提問，整理出思緒，最後也告訴會計主管：「我同意依照現行作法執行，財務報表還是要能讓大家看得懂，我平常也不太看報表，我只相信我銀行帳戶裡的錢。但是我想從這個月開始，每個月定期跟妳約時間看報表，我想要知道我們真實的毛利率，以及可以認列成收入的金額跟業務部門報告給我的差異有多少。」

結論

　　新創公司由於帳務外包，而委外記帳人員不了解公司營運狀況，且因稅務申報所需，幾乎是以「現金基礎」記錄帳務；但用現金基礎編製的財務報表往往無法有效分析出公司營運狀況，而只能看出公司收錢及付錢的狀態。故在整帳時期，會計主管需要有更大的勇氣和包容心，替「公司有問題的流程」安排優化先後順序，跨部門溝通固然困難，但更困難的是幫自己穩住步伐，思考每個流程修改的影響人員及層面分別有哪些，再與相關部門討論之後再行動。

　　在這個案例中，會計主管在一開始僅想到「收入認列時點的問題」，恰是因為執行長有急事離開，這才換得會計主管多了幾天的思考時間，也讓會計主管有機會想到「營業成本的認列時點也有錯誤」。這種幸運不一定每次都會有，但是隨著經驗累積之後，會計主管就能夠反應越來越快，而此類「經驗財」也是會計主管在職涯上非常大的優勢，因此碰到問題時切記不要僅產生逃避之心，而沒有解決問題的勇氣。「條條大路通羅馬」，每件事情不見得只有一個解決方法，只要每次遇到問題時，都可以靜下心來設法拆解，依能力所及去做，那累積出來的經驗就是自己最大的資本！

第四講
穩捷公司呆滯庫存的應對

背景說明

有天，總經理在外上完 EMBA 的課程，回到辦公室時給財會主管撥了電話詢問：「請將我們公司的呆滯庫存提列辦法提供給我。」財會主管 email 以下的表格給總經理。

製成品倉、在製品倉		報廢品倉	
呆滯天數	提列比例	呆滯天數	提列比例
1 年以下	20%	發現時	100%
2 年以下	40%		
3 年以下	60%		
4 年以下	80%		
滿 5 年	100%		

不料寄出後，剛要起身去洗手間的財會主管桌上電話便響了，總經理在電話那頭問：「這表是不是有錯啊？怎麼跟現況差這麼多。」財會主管打開信件檢查了表格沒有問題，便說：「沒錯喔，我們目前就是依照這個辦法做呆滯存貨提列。」總經理：

「這完全不對啊，妳想想看，都放了一年的客製化工程還會有客戶要嗎？我們還花了五年攤銷，不就代表公司的隱性負債很高？妳身為財會主管，怎麼還敢跟我說『沒錯喔』，我看就是錯很多、錯很大。妳想一想再來跟我說怎麼處理。」

財會主管的尿意也沒了，整個人癱坐在椅子上。總經理講得很有道理，而且當初這個呆滯存貨提列政策也是自己經手的工作，那時候怎麼會這麼處理呢？明明是接單生產，為什麼還是有呆滯庫存呢？

作法

財會主管讓自己冷靜下來之後，開始思考公司主要生產產品及可能有的呆滯狀況，卡關時則詢問生管部門及業務部門確認流程是否正確。其思考脈絡統整揭示如下：

1. 為因應客戶新製程演進、良率提升需求及勞動成本上升的趨勢，公司積極開發高自動化、高對位精準度、高解析度及特殊產業製程設備。

2. 公司雖屬於接單式生產，但為了縮短交期及降低成本，部分產品仍會以模組化設計來因應。生產出來的規格品通常也只會在工廠留數個月，由於科技日新月異的關係，如果存放太久會更難銷售。

3. 模組化生產產品雖然可以使訂單提前交貨，且讓單位成本下降，但風險就是市場變化及客戶需求與規格品不同時，就會需要變更原始設計，造成產品工程變更的情形，進而導致存貨呆滯。

4. 產品工程變更而汰換掉的零組件，就是最可能導致呆滯的存貨。一

般來說，公司一旦發現有產品工程變更，就會先確認目前零組件採購到貨了沒。如果還沒有到貨，會請採購第一時間停止請、採購；若是已進貨的規格品，則聯繫廠商看有沒有機會可以先行退貨；若是訂製品部分，則詢問廠商可否折價退回。

5. 除了因產品工程變更而造成的呆滯外，客戶退貨亦會造成呆滯可能。因為產品工程若屬於特殊製程應用，很有可能無法再做其他客戶的銷售，所以會導致全額提列跌損；而有些產品工程可能被生管部門判斷可再出售，提列呆滯的部分如果乏人問津，也需要全額提列跌損。

花了兩週統整想法後，財會主管的結論與需要跨部門討論的內容如下：

1. 應該要先將因產品工程變更或客戶退貨的存貨與製成品分開倉別管理，譬如前者係從工程變更的機台拆下之零件新品，應置工變品倉；後者係屬退貨成品拆下的零件舊品，應置二手料倉。雖然都是零件，但是產品工程變更和客戶退貨很有可能無法再行組裝成可銷售的產品。若能分開管理，則較容易被相關部門察覺到是否存在存貨管理問題。

2. 產品工程變更——因為是公司內部發生的事件，所以有可能部分零組件能做退貨，因此需與生管部門及採購部門確認何時之後的退貨就不能再使用了。兩個月嗎？還是三個月？抑或半年？一年好像又太久了。

3. 退貨後的產品——因為客戶在產品交付後數月或超過一年的使用，

發現不合適後做退貨，該產品已非全新品，無論如何價值都應該要減損。而要提列多少比例，則需要生管部門說明過往經驗中，有多少是能拆解再出售的？或可拆解給內部研發使用的？有可能給其他產品使用嗎？

4. 一般製成品及在製品如果狀態停滯，就代表銷售可能性逐月遞減，所以也需要跟生管部門討論過往經驗，大多商品製成後到銷售放置在倉庫的時間，以及呆滯可能發生的時間點是六個月嗎？還是一年？或是兩年？而這中間需要分次提列減損嗎？平均提列減損會比較符合現況，還是前面階段提列較少、後面階段提列較多會比較符合現況呢？

製成品倉、在製品倉		工變品倉		二手料倉		報廢品倉	
呆滯天數	提列比例	呆滯天數	提列比例	呆滯天數	提列比例	呆滯天數	提列比例
?個月以下	0%	?個月以下	0%	退貨入庫時	?%	發現時	100%
超過?個月	100%	超過?個月	100%	超過?個月	100%		

（依照上面文字彙總而成的呆滯存貨提列政策表格）

　　當財會主管想完，著實覺得輕鬆許多，但想著董事長說「這表怎麼跟現況差這麼多」，以及「妳身為財會主管，怎麼還敢跟我說『沒錯喔』」的語氣，就又覺得心情非常差。「我自己是會計專業，怎麼會讓董事長來提醒我呢？」財會主管於是很常陷入反省時間，包含認為自己過度在意帳務數字攸關的稅務及省錢，而忽略管理營運的需求。幸好公

司業績蒸蒸日上，潛藏損失和負債不至於讓公司發生財務危機；但當景氣下滑時，持續提列的存貨減損就可能讓公司報表上的營運狀況比實際狀況更差。這種丟臉、懊惱、自責混雜的心情，讓財會主管白天工作沒來勁，晚上也睡不太好，直到次週與總經理約定討論的時間。

　　總經理在聽完財會主管報告後，反應道：「呆滯存貨的提列政策是一個很重要的管理手段，應該視市場實際狀況評估提列，而且要採保守點的態度，管理上該提就要提，最好是當年度就認列損失，避免虛增獲利。別忘了同事的獎金來自於該產品部門的獲利，獲利如果高估，那就會先讓同事領走獎金，事後公司追討無門。如果日後真的可以出售，就再發那塊獲利的獎金給同事吧。」財會主管與總經理達成共識後，便與生管主管及倉管同事討論，依照現行狀況確立以下的存貨呆滯提列政策。

製成品倉、在製品倉		工變品倉		二手料倉		報廢品倉	
呆滯天數	提列比例	呆滯天數	提列比例	呆滯天數	提列比例	呆滯天數	提列比例
1 年以下	0%	6 個月以下	0%	退貨入庫時	50%	發現時	100%
超過 1 年	100%	超過 6 個月	100%	超過 6 個月	100%		

　　接下來就剩下公告這個新政策給相關部門知道了，於是財會主管召集 3 個產品 BU 的產品 BU 長。其中一位產品 BU 長聽完修改呆滯提列政策後，便說道：「請問這會影響我們什麼？」財會主管提出試算表，將模擬情境的產品 BU 別損益表投影到大銀幕上，另一位產品 BU

長還沒聽到財會主管說明就說：「懂了，但不行。我家的利益都被侵蝕了。」另外一位產品 BU 長也跟著出聲：「不能這樣改啦。現在是在告知我們，還是要與我們討論？我投反對票。」還有最後一位產品 BU 長貼心地問：「如果公司有什麼財務困難所以不想發獎金，妳直接跟我們說實話，我們再來討論怎麼解決。」財會主管好氣又好笑，氣的是大家不了解狀況就開始批評；好笑的是大家都是見過世面的人，腦筋裡面已經轉了好幾圈，推出了很多不同的前因後果，連公司經營困難都想到了。

財會主管便把從總經理的來電，到調查後發現實際存貨呆滯提列狀況與政策差異甚大一事告知各產品 BU 長，包含稍微以強勢一點的態度下結論：「今天是來跟大家討論『一旦做這個決定，大家會有什麼困難』，我們提前商議，統一作法。但是這個政策勢在必行，再請大家幫幫忙。」看著大家態度軟化，且大家對於「為了公司長久發展，必須要修改政策」一事並沒有更激烈的反彈，財會主管與大家約定兩週後再行開會討論。

有鑑於每次開會大家都有不同困難點來磋商，非常難有共識，但竟才兩週一次、一月兩次開了五次會議。財會主管試想究竟要怎麼樣才能讓大家凝聚共識，勇於下決定，於是財會主管便在第六次的會議中，依據前幾次的困難點（包含員工獎金銳減及公司財報變動幅度甚大等等），提出「分三年攤提存貨跌價」的想法，依其中一個產品 BU 為例顯示如下：已經結束的 2021 年用實際損益數列示最左行，而尚未完結的 2022 年至 2024 年，則分別以該產品 BU 於 2021 年度報出來最新的

財務預測作爲基礎，列示出存貨跌價調整前後的本期淨利數。

（單位：億元）

FY2021		FY2022	FY2023	FY2024
$ 8	營業收入	$ 10	$ 10.5	$ 10.5
5	營業成本	6	6.2	6.2
3	營業毛利	4	4.3	4.3
2.4	營業費用	2.9	3	3
0.6	本期淨利	1.1	1.3	1.3
	預計存貨跌價調整	0.5	0.6	0.5
	調整後淨利	$ 0.6	$ 0.7	$ 0.8

　　會議上報告時，財會主管特別說明調整後淨利，無論 2022 至 2024 年間的哪一年都比 2021 年淨利更高，而這也是基於產品 BU 的努力，讓營業收入的成長率年年增加導致，其實並不會讓員工眞的領到差異很大的獎金。另外，財會主管也取得總經理的口信表示，雖然原本總經理要求每個產品 BU 的 2022 年本期淨利成長率要較 2021 年成長 70% 以上，但 2022 年扣除存貨跌價新制調整的數值計算達標率即可。於是各產品 BU 長也在實際以數據推論後同意此作法。

結論

　　公司實務與教科書的理論最大的差異就是「公司實務存在太多利害關係人」，不能像習題一般單純。當有人的時候就有不同立場的權衡，

也許不能滿足每個利害關係人,且財會主管又要依循會計原則和相關法令做決策,這個過程難免會有低潮失落、溝通挫折或耗時煩悶的感受。但要記得會計終歸是一套管理工具,旨在替公司營運把關以及客觀呈現公司營運績效,只要不背離會計原則和相關法令,要怎麼做也可能存在幾個選擇,就由利害關係人一起共識出最好的決定來安排吧。

　　這個議題不是發生一次之後就不再發生,每年定期的檢視存貨呆滯提列政策也有其必要性。如果能夠定期檢視並提出評估報告,攸關的利害關係人也不至於無法接受,而當這件程序變成公司例行公事時,各產品 BU 長也會在編製預算時先行評估,不會臨時被告知而急著跳腳。這也是為什麼在這個議題中,財會主管覺得最難受的地方,其實並非是其他部門難溝通,真正的關鍵是自己覺得自己沒有盡責把工作做好的挫折感。

　　也值得一提的是,這個案例剛好未來年度都是營收及淨利成長。若是公司處於營收及淨利衰退時期,又碰到存貨呆滯政策調整需提列更多存貨跌價時,總經理和產品 BU 長真的會這麼容易就買單調整後的政策嗎?財會主管又能夠獻出什麼智囊寶貝供管理階層參考?有沒有可能在討論後,動搖修改存貨呆滯提列政策的決心,確實考驗財會主管心中的那把尺。

　　學了就會了!不經一事不長一智,而實戰經驗發生的點滴故事,就讓財會主管變得更有信心,也更能設身處地為不同立場的同事著想,自然處理事情的同時也能更圓滑且有好的結果。

穩捷公司呆滯庫存的去化及報廢

背景說明

這天，財會主管在查看穩捷公司 6 月分月結財報時，發現採權益法之長投利益大幅下降，細看長投損益認列底稿時明白是去年新投資的被投資公司（後稱磐石公司）所造成，調了磐石公司資訊時，發現在這個月有 38 萬的存貨報廢損失。於是財會主管難免心裡擔心：「我們公司才剛投資磐石公司，怎麼這麼快就產生存貨報廢損失，會不會是投資前的盡職調查沒有做完全？還是被投資公司有心隱瞞？有沒有可能有其他的隱藏性債務？」於是財會主管就請穩捷公司負責長投的會計同事小花，先向磐石公司的會計莉莉約時間過去拜訪。

與莉莉碰面時，莉莉說明她進磐石公司這三年來，每年都有存貨報廢，存貨報廢金額是生管部門經理給的，而莉莉只要確認生管部門經理給的存貨報廢申請單有經過總經理蓋章核准，她就入帳。莉莉表示這就是每年磐石公司的例行公事，並沒有特殊事

件發生，也請財會主管不用太擔心，如果有特殊事件發生，她也會自己通報小花。小花並補充說明確實磐石去年的損益表也有存貨報廢損失。財會主管心想：「每年都有存貨報廢，就代表這是例行事項、就代表這些都合理嗎？」但是又要怎麼確定合不合理呢？

作法

　　財會主管找到當初公司內部處理投資案的窗口，並且也是支持此投資案的投資部門主管，跟他討論了自己的疑慮，投資主管也表示：「不太清楚為什麼會有存貨報廢，但將近一年的投資合作討論過程中，我和總經理都是認為磐石公司核心團隊正派經營且態度積極，投資後的合作也都順利進行中。如果要懷疑磐石公司，需要更完整的理由，不然貿然詢問會讓兩邊的關係惡化。」財會主管想著自己這樣詢問每個相關人士，的確對方的觀感會覺得自己好像在懷疑磐石公司什麼。如果磐石公司真的沒有虧空公司或其他不好的念頭，在這個建立雙方互信合作的時間點上，自己也應該要釋出最大的善意。

　　但是財會主管晚上睡覺翻來覆去，還是覺得有一個點沒有想通。其實自己的主要用意是想釐清為什麼會發生存貨報廢，及未來有沒有可能減少或不做存貨報廢，降低磐石公司的成本。這才是財會主管認為在公司經營上每位主管的價值，而會計部門身為營運流程最末端，如果只想著「有拿到總經理簽名」或「這是例行公事」，那就不是財會主管一直以來的行事準則。但是磐石公司畢竟是穩捷公司的新投資公司，管與不管、問與不問的界線確實必須拿捏好。

　　財會主管在該月自結報表呈予總經理，報告本月財務變動及趨勢分析後，與總經理說明：「由於集團目前的投資已開始有非穩捷公司創始團隊或員工成立的公司，且因為集團新的結盟策略，讓穩捷公司看的投資案陸續增加。雖然穩捷公司已有子公司管理辦法，但是都僅止於規章制度和報表，若沒有更進一步地理解子公司經營範疇，還有核心團隊的文化，說實在話，整個會計團隊無法從報表上直接做出好的分析。」所以自己想要從下半年開始安排時間，進行子公司或採權益法投資的關聯企業的訪談，以及請被投資公司同事協助實地解說工廠製造流程等等。總經理肯定財會主管的想法，便也請財會主管邀請公司可能後續會有相關合作的部門主管一同前往，希望透過「更了解」而加深彼此合作深度，和找到穩捷公司自身發展立足的機會。

　　在三個多月的規劃到訪排程及巡迴訪談後，總算來到磐石公司。而磐石公司總經理也非常熱絡地介紹公司大紅大紫的產品銷售成績以及研發成果，對於穩捷公司會計團隊事先準備好的問題更是不厭其煩，甚至延伸說明及補充，這些都讓財會主管留下很好的印象，認為公司經營的透明度比自己想像的更高。磐石公司的工廠製造流程講解，更是由總經理協同工廠廠長一起進行。一群人浩浩蕩蕩地從一樓走到三樓，穿越天橋連結道和無塵室，走進生產線、庫存區及測試區。產線的動線人員管理及存貨的擺放標示，都如同當天會議室中的廠長報告。以一家傳統產業標榜二代接班而打出創新口號的公司來說，雖然表單自動化的程度尚不佳，但就人工作業方式上，確實也表現得可圈可點。

　　不過，此次造訪連帶進行的盤點抽查就不一樣了。在盤點時，會計

人員發現整個廠區有四區大約各 5 坪左右處，地上有些紙箱跟散落的機台組件，但有趣的是，小花抽盤的存貨清單裡剛好都沒有在這四區的存貨樣本。小花詢問工廠廠長這四區分別的功用爲何，工廠廠長說明這四區都是給研發人員進來撈寶藏用的，有可以用到的零組件就會拆走。財會主管聽了就問：「自己拆走喔？那誰會記錄拿走什麼存貨呀？」廠長說：「不會有人記錄喔，這些都已經沒有帳（倉管自身的存貨管理帳）了，同事有用到就拿走，還可以發揮殘餘價值。」

　　財會主管心想，這該不會就是那些報廢的存貨吧！隨即問道：「幾個月前的存貨報廢，大概 38 萬金額，請問還在工廠裡嗎？」廠長說：「當然啊！我帶你們去看。」一夥人便穿越天橋到了出場測試區旁邊的空間，這邊的紙箱排列得整整齊齊，但也看得出來箱子有拆過的痕跡。財會主管問莉莉：「這次存貨盤點不是有找會計師來看嗎？會計師沒有意見？」莉莉說：「我不知道存貨還在耶。我記得報廢那天，會計師來的時候我也有一起，最後也有看貨車載走呀。」莉莉也請廠長拆箱拿出來看，一臉問號地問廠長說：「那天不是有噴漆嗎？你們還可以用？」廠長則微笑說：「外殼噴漆而已。外殼就讓下腳料廠商收走了呀，那些還可以賣錢。裡面的東西廠商也不要，我們剛好就要。以前就跟廠商講好了，外殼給他，裡面的我們留下。這也是之前會計跟我們說可以這樣做的。你們不懂嗎？」

　　莉莉問：「所以下腳料廠商貨車載走後，又再把裡面的零組件寄回來喔？」廠長說：「沒有啦，哪有這麼搞剛（台語，意指『花時間』）。貨車司機我們都很熟啦，他就載到附近停，我們自己去拆的，

噴漆的那些就給他了，裡面的是靠我們自己裝箱再載回來。吼，啊妳來這都幾年了？妳都不知道喔？工廠要存活也不容易啦，還是要靠我們這種老經驗的。」財會主管聽完不發一語，覺得如果用聽故事的角度來看，廠長真的是「爲公司著想以及發揮存貨的殘餘價値」，也沒有舞弊或聯合外部廠商等等負面的想法；但若以管理的角度來看，磐石公司的管理漏洞的確很多，連身爲主管都不清楚什麼該做、什麼不該做，才會很公然地整理一個區塊放這些存貨。而且研發人員拿走後實際的用途是什麼？研發人員盜竊挪爲私用可能是個問題，但有沒有可能造成更嚴重的新產品成本設定計算錯誤，導致後續訂價錯誤問題？（因爲產品用料若使用報廢零組件，則帳上沒有記錄，不會被視爲成本。但若未來產品生產時仍需要用到此種零組件，則需要向外採購，造成成本增加，而訂價錯誤。）

　　財會主管結束一天行程後，回到家仍然在思索磐石公司工廠廠長自以爲聰明的一番話，心想：「會計帳若與營運脫鉤，就無法從會計帳做出相對應且適宜的財務分析工作。公司今天雖然可以省錢且節稅，但卻可能因小失大，讓管理階層沒有正確的數據爲基礎進行決策。」所以財會主管告訴自己必須要想出兩全其美的方式，讓磐石公司能夠兼顧省錢及健全管理的法子。

　　財會主管想到穩捷公司十幾年前的樣子，那時候公司還小，制度尚不健全。生管部門希望能提前模組化生產產品，降低產線人員工時以及提前出貨，但也會面臨因爲客戶需求調整、工程變更而造成的報廢。一旦要報廢，資材主管（倉管人員的頂頭上司）就會沿著台北橋下那條回

收街，拿著照片和樣品挨間去詢問回收店老闆有沒有收以及進行比價，確定自己公司的報廢存貨價值能夠談得最高。但通常再怎麼高，都一定是進貨價格的腰斬再腰斬，而且那些因為工程變更被汰棄的零組件非常新穎，可能部分是全新的，著實非常可惜。於是幾次下來，財會主管也跟資材主管討論出幾個對應的作法，如下：

1. 採購人員與供應商互動關係維繫良好。當工程變更發生時，採購人員立即詢問供應商，若為規格品且工程變更料件尚未拆封，則直接辦理退貨；若為客製化商品且尚未拆封，則以折價方式退回供應商；若供應商不願接受，則往下進入其他處理方式。

2. 公司設置工程變更倉，並每週將工程變更倉的存貨明細以 email 方式公告給產品設計人員，讓產品設計人員在新產品設計時，可以清楚閒置料件明細。公司那時也訂定呆滯存貨使用獎金，以鼓勵設計人員妥善運用閒置料件。

3. 工程變更倉的存貨明細除提供給產品設計部門外，亦提供給其他生產廠區及研發部門，倘若有可用到之處，亦可直接調撥，且內部調撥價格上給予優惠，較市面上售價為低（使所屬 BU[1] 計算 BU 損益時，能夠使該 BU 獲取更多獎金）。

4. 採購人員申請網路拍賣帳號，於二手市場拍賣。

---

[1] BU 即為 Business Unit 之縮寫，中文為事業單位。BU 通常用於較大型的公司，該公司依照不同的產品、市場或功能，將一個公司劃分為不同的單位或部門，各個單位或部門近乎獨立，可能有該部門所屬的獨立組織架構，且獨立負責盈虧。故在 BU 劃分制度下，各 BU 長獨立管理負責 BU，並向公司總經理匯報工作。

　　除了工程變更外，穩捷公司也可能遇到客戶機台退貨。處理方式如下：

1. 客戶機台退貨時，倉管人員製作退貨機台清冊，提供予業務部門，看看有無再次銷售機會，包含原機或客製改裝機方式，或以折價方式銷售。同時，公司制定的呆滯存貨使用獎金亦有搭配業務部門銷售獎金加成的規劃，作為員工激勵之用。

2. 一年後若該退貨機台乏人問津，生管部門應派工廠人員拆卸機台仍可被利用的零組件，並置入二手料倉進行管理。

　　如果上述流程都無法使機台及零件去化，穩捷公司亦會在倉庫存放五年（自退貨日或工程變更日起算）。若仍然沒有需求，五年後才由倉管人員送出報廢清冊，再由研發部門、業務部門、其他工廠廠長等相關部門會簽，依核決權限表找相關主管核准後，送國稅局申請報廢或請會計師陪同報廢（列報廢清冊，現場清點數量／確認金額，國稅局或會計師陪同銷毀，並目送資源回收，開立下腳出售發票給下腳料廠商）。由此可見，穩捷公司對於存貨報廢一事非常審慎。

　　財會主管與磐石公司總經理約了時間碰面，除了感謝磐石公司總經理的熱情招待外，也將穩捷公司過往建立存貨報廢前的處理方式分享讓總經理知道。她相信依照她對磐石公司總經理的認知如果無誤的話，總經理會想到對磐石公司更好的管理作法。

結論

　　公司為了要求生存，會有來自四面八方流傳下來不為人道的神奇省錢方式，但其實這些都不見得對公司整體發展而言是最好的。身為會計，若能幫公司想到兼顧省錢以及長久經營之道，那真的就能實踐會計的價值了！雖然很多營運的流程都不是會計有參與的，但隨著多看、多問、多有點好奇心，也許就會發現某些神奇省錢方式只是「救急」的暫時性止血方式；長期來看，還是需要靠參與流程的每個部門各自多留心一點，互相把前後流程接上。

　　譬如此個案裡，若倉管每次都等存貨呆滯很久後才提出要做報廢，那當然就只剩下報廢要不要做的選擇。但若公司調查出「為什麼存貨會呆滯很久？」以及「哪個部門會最先知道可能有存貨呆滯？」無論是哪個部門或哪個同事主導來討論的事宜，都有可能協助公司找到更多的存貨呆滯預防之道。而這個同事很有可能就是會計，因為會計畢竟是公司最後一關，要替成本費用及損失做記錄的部門，即使前面的部門都沒發現此事，若會計能做到提醒或召集討論會議，那也許就能幫公司省下不少錢呢！

第六講
穩捷公司落實存貨盤點的經驗

背景說明

　　在還沒公開發行之前的穩捷公司，也是走過靠著人工填寫表單領取存貨及人工表單管理存貨進耗存總表的時代。成本會計同事只要碰到盤點就會先拜拜，但也從來沒有一次盤差小於總存貨的 3%。開存貨盤點檢討會時，倉管就會各種為難，表示明年會再更小心，但財會主管也知道這是倉管的極限了，盤差就是必然現象。

　　再過一陣子，當公司正在為邁向制度化努力時，第一個首要之務便是替存貨相關流程建置流程與表單，也請到企管公司來穩捷公司做協助。但是，即使存貨相關的流程都梳理完畢，表單建置也在跨部門協作的努力下溝通完畢，流程倉庫的表單執行仍總是不夠落實，而造成雖公司有使用庫存系統管理，但還是造成料帳不符，而且年底盤虧金額仍然大於年底存貨 3%。眼見公司就要導入 ERP 系統，但存貨管理還是問題一堆，即使導入 ERP，想必問題還是不會被解決，財會主管一個頭兩個大，到底還有什麼可以著力改善的地方呢？

作法

　　財會主管希望藉由導入 ERP 之際，能夠一舉改善存貨料帳不符的問題，所以便到倉庫與倉管人員洽談，並深入了解導致料帳不符的可能原因。但財會主管發現，倉管人員真的好忙。整個倉庫已經有三位同事，包含管理責的主任、收料及發料各一位，也即將在下個月再補一位同事，乍看之下覺得人手應該是齊的，但是還是很容易出現只要有不同的領料單位一次來三位，大家就都炸起來似地來回奔走，還會有領料同事不斷催促的聲音說：「快點快點，我產線都在等。還是可以讓我自己領啊！單據你後面再處理？」財會主管就看著倉庫主任，剛好看到倉庫主任也看著她，倉庫主任跟領料同事說：「等我們五分鐘啦。我們還剩幾個料，拿完就過去了。」過了五分鐘，櫃檯前的領料同事就說：「今天真的特別慢，不等你了，我先拿喔，不然等會回去變成我被開刀。」財會主管就看到倉庫主任默不吭聲地點點頭，繼續應對眼前的備料清單以及各種料件。

　　就這樣看著搬運拖板車來回穿梭和升降機台的上下挪移，以及倉管人員清點多頁備料明細和此起彼落的討論確認，時間竟從九點半晃到了十二點多，倉庫才安靜下來。倉庫主任不好意思地看著財會主管，說：「原本今天是打算我不下去，但是最近料件量很大，也有很多新料，大家都有點亂。非常不好意思，今天真的花了您很多時間在旁邊等。現在倉庫會安靜到大家下午拿用不完的料回來還，還有一點時間，有問題我們可以來討論。」財會主管說：「今天的倉庫之旅對我理解存貨管理非常有幫助，不然我們坐在辦公室的，真的不知道倉庫有多忙。」憨厚的

倉庫主任抓抓頭說：「我們很願意做啦，倉庫就是粗重活，很適合我們這種粗人。如果坐辦公室，我反而坐不住。不過就是對你們很不好意思啦，我知道我們盤點每次都差很多，但我們真的很認真啦，妳看哪裡要我們改，我們都可以配合。」

財會主管心想，倉庫最大的問題可能就是出在「倉庫主任的配合程度太高了」，好人有時候反而是制度的殺手。財會主管便跟倉庫主任達成協議，未來幾天財會主管都會在早晨工廠及客服人員密集領料的時間（8:20-10:00）坐鎮倉庫櫃檯，請倉庫主任無論如何都不可以答應產線同事自行取料，也不能答應任何跟先前訂好的存貨流程有差異的要求，如果要領料就一定要有領料單（工單），從今天開始就沒有緊急口頭領料再候補單據的陋習。倉庫主任在達成協議時，不斷皺著眉頭問：「這個我知道，但是真的可以這樣嗎？」「同事都很急，我也不想他們被罵。」「我們系統不是很聰明，有時候等單要比較久，產線會來不及。」但這些問題財會主管都沒有回答，只是很堅定地看著倉庫主任說：「我會坐鎮，壞人我做。」

果然，經過兩週的每天早晨坐鎮觀察時間，財會主管發現一些跟存貨管理的問題，譬如：

1. 非倉管人員仍可以隨便進出倉庫，缺乏倉庫管理意識。
2. 緊急領用時以口頭領料，未拿工單來領取。口頭說明補填，但可能也沒填或是少填。
3. 材料單位換算（例如板材、線材）問題。譬如說領用某個長度的線材，但線材用量的計算太花時間，只能用秤重的，難免會有誤差，

所以倉管人員通常是憑經驗多給一點，就可能造成領用不實和盤點錯誤。

4. 儲位標示不清問題，因為增加新料件但沒有更多空間存放，所以倉管人員調整儲位卻沒有妥善更新系統資訊。倉管人員憑記憶找儲位，便會造成部分記憶錯誤，而來回尋找更花時間的情形。

5. 螺絲種類繁多，為了盤存數量會耗費很多人力，但螺絲單位價格極低，非常不划算。

而對應上述問題，財會主管找到倉庫主任的主管，即資材主管，共同討論出一些應變方法。分別如下：

1. 僅倉管人員可以進入料區，產線同事只能在櫃檯前等。領料明細也需最慢在 1 小時前先送到倉庫來，才能領料，嚴禁催趕。

2. 沒有工單，嚴禁領料。

3. 建置材料單位換算表，例如各類線材的重量對照米數；板材的面積對照公斤數。如此一來，就能用秤重方式完成工作，而非用倉管人員的主觀經驗判斷。

4. 倉庫整理整頓。透過跨部門人力調借，安排時間做倉庫大整理，也把儲位重新設計及安排，徹底解決空間不足及層架不足的問題。也透過重新規劃倉庫人力的職務，專人管理並對其工作內容負責。

5. 料件妥善分類，低價螺絲類不進行盤點，改用每月費用控管方式。

財會主管除了偕同資材主管討論出應變方法，也先找了工廠裡最具威望的廠長，尋求其認同，也希望廠長能幫忙下令讓產線同事能遵守規定配合辦事。待廠長答應後，財會主管便召開相關部門管理會議，

並要求廠長列席。會議中，可見大家雖然聽了不開心，眼神也一直瞄著廠長，而廠長則是席間不斷點頭，並在財會主管停頓時就跟現場主管們說：「到這裡大家有沒有問題？有問題提出來商量，我希望這件事情貫徹執行。」其他主管則是到會議結束前都完全沒有提出問題，最後也都同意配合布達給同事，並提醒同事要依照規矩辦事。會議結束後，倉庫主任崇拜地看著財會主管說：「太神啦！沒想到會議會這麼順利耶，妳看他們領料時都天天抱怨耶，結果會議裡都不敢提出來。」財會主管心想：「果真就還是要找最大的長官來坐鎮，才能讓大家這麼聽話。」再笑笑地跟倉庫主任說：「老天會幫助努力的人，我們都很努力呀，老天有看到。」

　　財會主管嚴格要求大家依照存貨管理辦法辦事之外，當然也沒忘了自己最重要的工作就是來查料帳不符。在這兩週的觀察期間內，財會主管歸納了以下幾個料帳不符的原因：

1. 為了要讓產線現場生產不斷料（因為產線停工待料會浪費大量人力成本），倉管人員來不及將已完成領料的工單實際鍵入系統扣料，又忙著接下一份工單，發完料後就忘了上一份要補登了。

2. 產線補料需求等緊急領料狀況時，僅口頭說明，卻沒有拿工單來作業，也可能看倉管人員沒空，便自己拿料。倉管人員有可能會自己記在記事本上提醒要追這張補單，但有時也可能漏了填在記事本，即使填了，也可能漏了檢查後續補的工單內容跟實際領料是否一致。

3. 原本下班後為了讓產線方便領料，竟然都不上鎖。倉管跟產線人員互相替對方著想，卻換來料帳不符。

4. 除了產線人員領料，還有七、八位客服人員因為機動性要到客戶工廠端進行維修或測試，每天 10 點半前各自到倉庫領料。有時客服人員接到暴跳如雷的客訴電話，就可能到倉庫緊急領料，又得趕時間到客戶工廠解決客戶使用問題。所以客服人員來不及做領料單時，就會先跟倉庫「借料」，等客服人員回來再繳回多備的料，並確認當日使用的料件數量再補填領料單。

5. 供應商直接送貨到產線現場，根本沒有先到倉庫。一直到廠商請款時，會計反應「沒有倉庫驗收核章」不給請款，才發現又是產線老師傅貪快而想避掉倉庫流程的壞習慣。

　　經過三個多月的嚴格控管、反覆溝通和問題調節後，其實歸納改善方法也就是先前建立存貨管理制度時的原則，包含以下幾點：

1. 倉管人員見工單／領料單才可領料。

2. 非倉管人員不能自行進倉庫拿料。

3. 嚴格執行倉庫上鎖。倉管人員下班之後，即使產線現場有急件需求，也拿不到料。

4. 設置維修倉，交由客服部門管理。方便客服人員優先領料，且可確認常用料件備料是否充足。前期由總倉倉庫主任協助派人導入管理流程及定期監管。

5. 規定貨若沒先送到倉庫進行驗收，會計便拒絕付款。

6. 除上述外，財會主管再要求成本會計同事需每週來倉庫抽盤，透過抽盤機制確認進出頻繁的料件數量與帳冊一致，落實料帳相符的工作。

　　透過倉庫現場管理及嚴格實行的規則，先確認人工管理流程的可落地實踐性及流暢度，再將該流程內建於 ERP 系統內，包含：(1) 使料件單位換算建置在系統內即可作業；(2) 負庫存警示提醒——當該料號出現負庫存時，系統會對下領料單／工單的同仁發出警示提醒，同時無法成功完成開單；及搭配「抗惰性管控機制」的 (3) 完工入庫單把關——若該工單未完成領料手續，則該工單無法執行「完工入庫」動作。「完工入庫單管控」也是出自於倉庫主任和財會主管共同討論出來的把關控制點，由於警示訊息只要關掉就可以，但若完全不讓產線同事有機會完工入庫，才能在根本上要求產線同事必須乖乖地做領料，而非把責任都丟給倉管人員，認為這是倉管人員的工作等等。

　　在財會主管出訪起算的四個月後大盤點，竟然出現了財會主管到任數年來第一次的盤點零缺失，這真的太振奮人心了！成本會計也打趣地說：「以後不用去拜土地公了，財會主管就是我們的土地公！」

結論

　　財會主管在這個案例中，不甘於只是被動接受盤虧的結果，也不甘於只是等待有天前端人手補齊後就會把流程做對。反倒是勇往直前，直接到倉庫端理解倉庫流程，更往流程前端追蹤，理解產線現場和客服領料的問題，不怕當壞人，也不怕麻煩地願意與相關部門一起梳理所有和流程相關的人事物。這種精神，將成本會計同事原先認為「不可能的任務」變成可能，也與倉庫主任產生革命情感，一起把「認為對公司好的事情」做好，而在幾年之後倉庫主任也因為庫存管理得很好，對於跨

部門的溝通能把持住自己的原則，又能有彈性地幫對方想辦法，因此被公司提拔為生管部門主管，再借調子公司做總經理。所以只要有心，肯做、肯調整，就會被看見；自助人助，藉由跨部門團隊的力量，讓公司走向料帳合一，才能使 ERP 系統發揮功效。

親愛的讀者們，您碰到「當下認為不關我的事」的工作難題時，態度是什麼？無論覺得煩惱或是困惑，也許跟其他相關部門同事聊一聊，再一起共商大計，都能幫自己及他人找出解決方案，抑或在這個過程中，還會遇到貴人俠女相助呢！大家都希望能遇到貴人，那您願意先成為別人的貴人嗎？共勉之。

第七講
倍捷公司人事費用居高不下

背景說明

　　新創公司的優勢就是反應速度快，能夠用很彈性的方式處理新型技術及客戶需求；但弱勢就是缺錢、缺制度及缺人才，這篇就專注在人才議題上做探討。由於新創公司沒有市場上的知名度，吸引人才本身就有一定的困難，尤其針對想在大公司中可以見多識廣、能一展長才及享受公司既有員工福利的年輕人們更是招募困難，所以往往就必須要祭出創辦人「偉大航道邀請您與我同行」的創業夢想，加上自由彈性公司文化的號召，再搭配較高額的薪資獎酬來吸引一級人才加入。

　　倍捷公司正是處在這個階段，執行長每隔一段時間就會找會計主管及人資一同開會，開會的原因可能有二，一是因為有同事在嚷著要調薪，二是對外廣告的徵才文沒有招到想像中的優質人才來投履歷，幾經挫折後，部門主管找執行長討論是否能調整薪資條件，以增加競爭力。而這天會議上，執行長提出調薪制度的建立可能性時，會計主管說道：「目前公司的薪資費用占全體成本及費用的 78%，但公司目前仍呈虧損狀態，我們持續擴大費用

總數，會離損益兩平時間更遙遠。」人資則說：「其實我們對照同業，並沒有存在薪資較低的情形，甚至是高於同業水平。我們現在真的缺的是調薪制度嗎？」執行長想了想回答：「找業務主管和技術主管一起來討論吧，大家也各自想想看怎麼解這個人才荒困境。」

過了一週的主管會議上，大家花了兩個多小時進行腦力激盪，從爭論到底是薪資給的不夠高，到流動率高，說明主管帶人的能力可能需要提升，再到員工解決問題能力不佳，多半仰賴主管處理問題，但主管時間不夠，導致員工認為公司的員工訓練做得不夠完整就要他們上戰場，又或者是員工認為對公司發展沒有信心等等。最後也因為還沒有產生任何結論，執行長表示：「這個議題比較抽象，可能不會這麼快有結論，但我們只要持續推進，我相信我們會看到成效。也希望各位主管這個月能夠朝著今天討論的問題思考一下改善方案，下個月的主管會議我們再接著討論。」

作法

會計主管拿出公司的財務報表，並製作出公司各月的人力薪酬占整體成本費用的占比如下表。由下表可知，公司營業收入尚未平穩，代表公司收入不穩定性仍高；而人力薪酬方面，因為每個月的員工人數都有差異，且大多月分都因為離職同事在交接而新進同事剛進來，公司除須同時負擔新進員工薪資及離職交接員工薪資之外，離職員工因為要離職難免表現變差，新進員工也因為還在上手中，尚無法對公司起太大幫助，導致雖然公司花費在人才上，卻未見其成效。

	1月	2月	3月	4月	5月	6月	平均
營業收入	1,900,000	150,000	490,000	(1,230,000)	180,000	255,000	290,833
稅前淨損	(1,100,000)	(2,351,500)	(1,210,000)	(2,560,000)	(1,670,000)	(1,413,000)	(1,717,417)
總成本費用	3,000,000	2,500,000	1,700,000	1,330,000	1,850,000	1,668,000	2,008,000
人力薪酬	2,447,000	1,580,000	1,374,200	1,345,300	1,399,800	1,265,230	1,568,588
人力薪酬占比	82%	63%	81%	101%	76%	76%	78%
員工人數	17	17	15	15	16	14	16
其他成本費用	553,000	920,000	325,800	(15,300)	450,200	402,770	439,412

於是，會計主管找到人資同事說明自己的觀察，並希望人資同事能因此提供出相對應給執行長的建言。無奈人資同事也只是兼著做人資，行政總務才是自己的專業，所以對於會計主管講的內容雖認同，卻沒辦法起太大的幫助。會計主管便轉向提供上表給執行長，並希望執行長能介入，透過薪資總表查看「新進及離職人員重疊時段的薪資金額」，用以說服執行長這個階段宜先建立公司 SOP，增加員工向心力及留任率，待團隊能力同步提升（而非只有部門主管）後再擴大發展，以免未來還需面臨部門主管心力交瘁，導致相繼離開的負面結果。

讓會計主管沒想到的是，當執行長聽完後，居然直接詢問會計主管未來可否監管人資事宜，因為執行長認為自己雖統管整個行政後勤部門，但其實沒有時間細看人資作業，若會計主管能肩負這個角色，則能讓執行長更有足夠時間處理前線業務及產品研發工作。會計主管聽後，心裡也不免嘀咕：「在新創公司，誰想做一點事就會增加更多事，這種文化怎麼會讓人想做事。」但口頭上又不好直接拒絕執行長，就說：

「我回去想想看吧，我不確定我有人資的能力。」執行長便說：「好，我非常需要妳，也感謝妳來跟我提這個我沒注意到的細節。如果有需要進修人資課程，可以提出來。」

會計主管回家與先生討論「究竟要不要兼作人資主管」，大約花了二、三十分鐘，看著先生時不時瞄向電視，根本沒有很專心，便氣著問先生：「你在聽嗎？我真的不知道該怎麼辦。」先生說：「其實妳有答案了呀。我聽起來妳就是沒得選，而且也已經在做人資管理的事務了。妳的顧慮是什麼？」會計主管突然當頭棒喝：「是呀！進新創公司之前就已經知道會有很多麻煩事情等著自己，而且這些麻煩事情都不是自己會的。但當初就是因為執行長想要達成的夢想打動自己，自己還告訴自己：『在大公司只能做螺絲釘，而新創公司有機會讓我見證我的潛力』。」想完後，就跟先生說：「我沒什麼顧慮，我只想確認你會支持我。」先生點了點頭，一切盡在不言中，接著就移動到電視機前面開心地享受他自己的 NBA 時間。而會計主管到十一點多上床前，都在上網研究「人資主管須具備的能力」及「人資管理課程」。

到了次月（8/9）的主管會議，會計主管拿出已準備好的表格如下，報告給各位主管（特別是部門 5 月補一人、7 月走一人的業務主管，及部門 6 月補一人、走三人，與 7 月補一人、8 月中將走一人的研發主管）知曉：「（表格數據說明）……因 7 月還沒結完帳，但可預期 7、8 月的『新進及離職同事占全體人力薪酬比例』會超過 10%，也就是說公司每個月都花 15 萬在測試同事留任以及招募新人，還不包括主管帶人的時間成本。今年至今已超過 100 萬，占了公司淨損將近一半。如果這

些成本能夠降低，對公司營運平穩、員工向心力及延後募資時程都有莫大幫助。」

	1月	2月	3月	4月	5月	6月	平均
營業收入	1,900,000	150,000	490,000	(1,230,000)	180,000	255,000	290,833
稅前淨損	(1,100,000)	(2,351,500)	(1,210,000)	(2,560,000)	(1,670,000)	(1,413,000)	(1,717,417)
人力薪酬	2,447,000	1,580,000	1,374,200	1,345,300	1,399,800	1,265,230	1,568,588
人力薪酬占比	82%	63%	81%	101%	76%	76%	78%
員工人數	17	17	15	15	16	14	16
新進及離職同事占全體人力薪酬比例[1]	7%	8%	17%	7%	13%	12%	11%

　　在這個會議結束之前，大家因為有數據的關係而迅速達成共識。包含以下幾項：

1. 新創公司確實相較於營運已穩定的公司，離職率較高。（大家會議結束後各自問問同業朋友離職率的對照。）但就算問了也只是參考用，重點是大家有志一同要把離職率往下調。
2. 離職率往下調的政策也搭配薪資凍漲及員工一進一出（沒人離職就不增補新人），先提升同事教育訓練完整度，以及主管更周全規劃協助同事處理工作困擾。

---

[1] 新進人員定義為到職三個月內之人員；離職人員則以人資有記載之提離職日起算或離職前兩個月，時間孰少者計算。

3. 「新進及離職同事占全體人力薪酬比例」要在三個月內降低到 6%，
會計主管於 11 月分主管會議再行提出檢討。

4. 未來每個月的主管會議，各部門主管增加報告「部門同事遇到的工
作問題及是否增加系統性解決方案」。

5. 會計主管（兼任人資主管）於 8 月中起每週都訪談兩位同事，確認
同事對工作的負荷程度、滿意度、對公司的期待以及抱怨等等，並
在主管會議中以「去識別化方式[2]」報告。

隨著三個月的時間過去，由於目標明確，且執行長特別重視的因
素，每個月人資議題在主管會議花的討論時間都超過一個小時，各個
主管平常碰到面時也是先彼此以「這個月有人提離職嗎？」的開玩笑方
式來問候，又或者是以彼此加班處理同事問題的時數來互虧誰慘。會計
主管也在這三個月中的每週，都會一對一地找到各部門主管討論同事狀
況，及可能的支持同事作法。遇到同事抱怨的耗時流程，在聽完部門主
管的不同立場困境及不悅後，也能安撫同事及主管，更溝通跨部門主管
一起來吐苦水，再想出先暫緩痛苦指數的因應方式，並把流程優化一事
訂出未來執行時間。因不僅主管，連同事們都參與問題討論的結果，能
理解不同立場的困難，以及明白公司有聽到了同事想法，也會在不久的
未來推動調整。

會計主管自己的會計分析，則因為花了很多時間在人資專案上，也

---

[2] 去識別化就是透過遮蔽方式，使該筆資料不再與特定個人有連結，讓其他主管不會因
為聽到某個關鍵詞就知道是哪位同事，進而產生挾怨報復、針對個人的心態。

請求執行長核准先暫時只做到會計記帳結帳工作，分析報表趨勢及銀行交涉等財務工作則先暫緩。但就算這樣，會計主管仍然從一早八點準備上班，忙到晚上都在查找資料、與研發主管通話討論管理辦法，再到半夜就寢，也在夢境中繼續，據先生說法，會計主管有幾天都在說夢話，包含：「好，我問問看」、「我們一起加油！」及「沒關係，這個不行，還有別的」之類的話。

到了 11/8 主管會議公布成績的時候，會計主管表示：「8/9 主管會議前已知要離職的同事有一位，而這三個月內只有一位同事離職，且非 8/9 會議已知的那位。」「因目前沒有離職及新進員工，所以 10 月『新進及離職同事占全體人力薪酬比例』為 0。」而各主管也陸續像在比拚成績般地報告自己部門增加了哪些 SOP 及共用範本等，讓同事處理客訴或報價時更為簡單，以及研發部門以超前三週的時間完成原本預計 11 月中後才會完成的平台開發模組。

執行長最後除了感謝大家的付出，及希望大家再接再厲，能把這幾個月中大家共同護持的員工向心力及解決問題能力先維持、再優化，更表示這三個月公司省下來的薪酬費用後續請會計主管計算出來後，再將費用的半數化作獎金，分發給各主管獎勵補償這段時間的加班及帶人的辛苦成果。另外也私下發了一筆大紅包給會計主管作為獎勵呢！

結論

公司身為法人組織，不是一人努力就能看到結果，需要身為不同部門的大腦、各器官及手腳等各自連結，有志一同地平衡能力並發展，才

會一同發揮功效，而最後的功效可能也比原本預期的更高。倍捷公司能夠在三個月內達到效果，當然除了非常幸運之外，也可以看出執行長及各部門主管的群體意識、溝通和處理事情效率都非常好，彼此搭配及良性競爭後就更見成效。原本執行長是想透過調薪來穩定同事情緒，但最後解決同事穩定度的方式卻是讓主管參與更多、讓同事體會到公司正在調整步調，這也是針對任何被提出的議題，盤點公司資源及弱勢之後，抓出問題假說，並對症下藥，透過檢討和調整方式找出更好的解決方案。

在新創公司裡，常常可見自己不擅處理的問題，有時候也可能無法馬上見到成效。人都是需要認同的，會計主管遇到能賞識自己，並給自己舞台展現的執行長，即使多承擔了新的責任，但也在這段時間學到新的能力，能自信地在主管會議中報告及監督各部門成效。相信這些都是會計主管未來成長的養分，因為有了成功的經驗，下次在面對新的挑戰時，就能更快且更有信心地接下任務，並在曾經建立的跨部門合作意識下，一起討論協商，解決公司營運的問題，擴大自己的視野及能力。而這個成功經驗對會計主管來說，除了上述的正面影響外，會計主管個人也因為這個過程產生了非常大的成就感，這是除了金錢回饋以外更大的精神回報！

第八講
倍捷公司客戶催款議題

背景說明

　　會計主管因為到任沒多久，還在各方面了解公司帳務。而在查看應收帳款餘額表時，該表以如下方式呈現。所以可知除今年新增的應收帳款之外，去年以前留下來而客戶尚未償還的金額為 107 萬元。

日期	摘要	金額		餘額
期初餘額				1,880,000
2022/1/8	客戶 A 專案	-	150,000	1,730,000
2022/1/25	客戶 A 專案	-	300,000	1,430,000
2022/2/7	客戶 B 專案	-	120,000	1,310,000
2022/2/24	客戶 B 專案	-	240,000	1,070,000
2022/5/18	客戶 C 專案訂金		85,000	1,155,000
2022/6/1	客戶 D 專案交貨金		200,000	1,355,000
2022/6/2	客戶 E 專案訂金		150,000	1,505,000
2022/6/28	客戶 E 專案訂金	-	135,000	1,370,000
2022/7/8	客戶 F 專案訂金		85,000	1,455,000
2022/7/13	客戶 G 專案訂金		150,000	1,605,000

　　但當詢問會計同事或業務同事這 107 萬元時，卻都表示不太清楚。因為之前業務人員的流動率高，而現任業務人員負責的案件中，沒有去年以前就發生且尚未收回的應收帳款；會計同事則是不知道需要控管應收帳款，都是業務說要開發票就增加應收帳款，銀行有收錢就沖帳，好像印象中有收到客戶來的折讓單，但有沒有沖帳就也不太確定。於是會計主管心想，要不要直接就心一橫，既然業務人員都說 107 萬元不存在，乾脆直接做呆帳損失，反正公司虧損也不差這一筆，未來盯好流程就好。

　　當想要跟執行長報告此事的隔天早上，只見執行長先把 18 萬現金給會計主管，說：「這是昨天晚上收的，上次聽妳說好像很多筆客戶欠款都沒頭沒尾。我大前天想到台中那個廠，之前就有說要我下去收，我自己忙壞了都沒去收。昨天我開車去雲林談合作時順道去了台中收回這筆錢，噢！晚上喝酒還喝到吐，結果車現在還停在台中，我坐計程車回來的。我太太昨天晚上氣死了，今天早上還不跟我說話。她真的不知道做生意很不容易耶，不喝酒錢哪收得這麼快⋯⋯不跟妳講這個了，妳找我有什麼事？」會計主管說：「我問完相關同事一輪之後，發現大家都不太清楚以前發生什麼事。我想要經過您的同意，把以前的帳拿出來重對一次，看看到底是哪個客戶欠錢，但是我需要一個月的時間，不知道您同意嗎？」

作法

　　由於執行長的收錢方式，讓會計主管實在無法脫口而出 107 萬呆帳

的結論，不對，應該是 89 萬。於是會計主管花了七週的時間（比原本自以為估得很鬆的四週更長），跟會計同事一起把所有訂單及過往開過的發票本逐一展開鍵入 Excel，並透過銀行存簿的歷史記錄逐一比對沖帳記錄，也將 401 申報書上銷貨折讓／退回的數字返回追溯客戶別，最後發現期初的應收帳款餘額應為 148 萬元，與帳本上的 188 萬元差額 40 萬元。

差額來自三處，有一筆客戶折讓 23 萬，只是雙方口頭答應，但雙方都沒有製作進項折讓和退貨折讓單，所以也未提供給會計師做申報。一筆 7 萬元，是客戶說明已經付給業務人員，也有拿到客戶提供的業務人員工程款收款簽收單；電聯業務人員，則說該金額已經帶回給前任公司會計；而公司前會計則表示已經過了兩年，沒有印象，但只要有錢進來她都會記錄在小白本上，要求現任會計自己去查，想當然地，過往的小白本也已不復存。另外一筆 10 萬元則是因為過往有筆三方合作案，這 10 萬元屬於第三方廠商的服務費，但該廠商當時並未開立發票給倍捷公司，也沒有與倍捷公司或客戶簽訂合約；客戶是直接透過銀行匯款匯給廠商，並沒有進到倍捷公司帳戶。

會計主管在釐清這些故事之後，也還剩 49 萬（過往 89 萬未釐清帳款減除 40 萬已釐清帳款）。而這 49 萬分別屬於四個客戶，會計主管先請業務主管協助指派同事處理，經過了兩個禮拜後，會計主管拿到的業務部門更新資訊如下表。

	應收款金額	應收帳款帳齡	業務部門回覆狀態
客戶 W	12 萬	14 個月	現已無合作；沒有客戶窗口聯繫方式
客戶 X	10 萬	超過 2 年	現已無合作；客戶窗口離職
客戶 Y	7 萬	超過 2 年	公司電話是空號
客戶 Z	20 萬	17 個月	預計於本月底匯款

　　會計主管看到客戶 W、X 及 Y 的狀態時，心裡暗自想：「我們業務同事處理問題的能力這樣可以嗎？撥電話找不到客戶就不找了嗎？」再請業務主管想辦法時，業務主管也表示：「現在這些同事都是新人，沒有處理之前的案子，而且有些案子也跟現在賣的產品不太一樣了，讓同事催款這事，大家也有一些反彈。我會再處理，有更新消息再跟你們說。」但時間又過去三週，業務主管仍然以「還在努力中」的說法回覆著。急性子的會計主管在聽到業務主管第三次回覆的「還在努力中」後，就決定要自己試試看，不然之前都花這麼多時間把資料整理出來了！於是會計主管透過網站搜尋公司的總機電話，逐一撥打並轉接會計人員，因此發現在經濟部商工登記網頁的 Y 公司狀況寫的是「清算完結」，代表公司倒閉，也就是說符合查準說明的呆帳損失認列要件[1]，無法收回的呆帳也只能認賠。

---

[1] 營利事業所得稅查核準則第 94 條呆帳損失第五款載明「應收帳款、應收票據及各項欠款債權，有下列情事之一，視為實際發生呆帳損失，並應於發生當年度沖抵備抵呆帳。（一）債務人倒閉、逃匿、重整、和解或破產之宣告，或其他原因，致債權之一部或全部不能收回者。（二）債權中有逾期兩年，經催收後，未經收取本金或利息者。上述債權逾期二年之計算，係自該項債權原到期應行償還之次日起算；債務人於上述到期日以後償還部分債款者，亦同。」

　　經由撥打客戶 W 公司總機，在敘明來意後，公司轉接到會計人員，而會計人員詢問發票號碼之後，也說明他們有入帳、可以付款，只是沒拿到匯款帳號就沒有匯款，而廠商也好像沒事一樣沒催，就繼續放在帳上。「天啊！」會計主管心想，「就這麼簡單？只要撥個電話就能收回 12 萬，我也太幸運了吧！」但撥打客戶 X 公司就沒這麼順利了，公司總機被轉接到採購部門，而採購部門卻沒印象有這筆採購，且公司總機也在詢問委外會計師後，說明公司查了帳務後並沒有入帳這筆發票。會計主管請業務主管協助提供當初的報價單以及交易過程中的信件往來，並提供給客戶 X 公司的採購部門，但卻又過了兩週，回覆都是在「釐清中」。畢竟是要收錢的客戶，且當初的聯繫窗口也都不在了，著實比較難處理。在會計主管三天問候一次的狀況之下，X 公司的總機有一天主動向會計主管說明：「我們猜您今天會撥電話來，昨天有找到之前負責此案的研發同事了，但據他表示這是訂金款項，還沒有結案。後來實際合作過程中，發現貴公司的解決方案不太適合我們公司，加上預算問題，後續就沒有繼續合作囉……」

　　會計主管在與業務單位確認此案確實沒有出貨驗收的記錄後，也懷疑可能是業務單位資料留存疏失導致沒有出貨驗收記錄，所以轉向執行長報告此案的狀態，執行長亦表示：「這樣講一講，好像我也有印象當初有爭議，但因為大家都忙，就沒有往下追，這案子便擱著。我們也沒有太大的損失。那這筆就不收了吧？」會計主管回覆為好。回到自己座位的會計主管開始想：「那這筆帳不算呆帳，我還是需要請對方在銷貨折讓單上用印發票章，再做我司退稅。」便再聯繫 X 公司的總機，要

求 X 公司協助完成折讓完整流程。

在收到 X 公司的折讓單正本後，會計主管一邊輸入銷貨折讓傳票，一邊就在思考：「咦，那客戶 Y 公司有沒有可能也沒有申報折抵營業稅？我應該要試試看有沒有稅局自力救濟方案，至少拿回營業稅額吧！」會計主管隨後撥電話給國稅局管區[2]尋求協助。在說明此案來龍去脈後，管區也非常幫忙地查詢到該發票號碼沒有被申報過進項稅額，可以辦理專案退稅。於是對公司來說的呆帳損失就轉變成是銷貨退回的記錄，而銷項退回稅額可於次期折抵營業稅，也相當是幫公司守住數千元的最低保障。

在會計主管三個月多的努力之下，應收帳款舊帳的 107 萬元處理狀態如下，包含實際收回金額為 50 萬元；過往繳納之營業稅因銷貨折讓退回或取得廠商進項發票而可於未來折抵的退稅款 2.5 萬元（50 萬元×5%）；銷貨收入淨額減少 50 萬元；其他損失認列 7 萬元。

	應收款金額	應收帳款帳齡	最終處理狀態
客戶 A	18 萬	9 個月	執行長現金取回
客戶 M	23 萬	11 個月	銷項折讓單開立
客戶 N	7 萬	13 個月	其他損失認賠
客戶 O	10 萬	14 個月	代收代付款取得廠商發票認列銷貨減項
客戶 W	12 萬	14 個月	收到客戶匯款

---

[2] 國稅局每個稽徵所係用每家公司所在地的地址，來劃分負責的承辦人員，所以在會計界中，會計人員習慣稱呼國稅局的承辦人員為「管區」。

	應收款金額	應收帳款帳齡	最終處理狀態
客戶 X	10 萬	超過 2 年	銷項折讓單開立
客戶 Y	7 萬	超過 2 年	銷項折讓單開立
客戶 Z	20 萬	17 個月	收到客戶匯款
合計	107 萬		

結論

　　會計主管的能力不是一蹴可幾，透過實務經驗的累積才能讓會計主管能力不斷躍進。如果不是執行長的積極收款舉動，也許會計主管只會認為過去的事情就過去了，不須深究；如果沒有遇過這些呆帳收回的困難，也可能沒有切身之痛訂定公司檢查帳齡表的內控規定，要求業務部門回報逾期款項狀態；如果沒有遇過與客戶交涉拖欠貨款，也不知道原來大家不一定是無良客戶，只是公司業務不一定有把客戶消息傳回公司，且業務同仁可能也不清楚開立了發票後公司就已經承擔銷項稅額，而不僅僅只是「沒出貨沒損失」的觀念；如果沒有在處理過程中越來越捨不得公司已經承擔的稅負成本或帳上損失，會計主管也許不會自己撥電話催款，也不會想到原來可以向國稅局申請專案退稅，把損失降到最低。

　　在扎實地體驗痛苦和摸清商業實務後，會計主管也必須想到「長久治本方式」就是預防性措施，切莫等到問題已經發生了才來解決問題，要想辦法讓未來不要遭受一樣的辛苦，這就是會計主管的商務實戰養

成。我們在第九講〈倍捷公司客戶收款政策調整〉時再來好好談談會計主管想到了什麼預防性措施。

雖然這個議題中，營業稅管區協助公司確認買方沒有申報過進項稅額，但不是每個公司的管區都這麼願意私下幫忙，而這也非管區的工作項目。所以建議讀者與管區交手時，還是要盡可能地展現專業，不要增加管區的麻煩，也不要自以為管區應該要幫自己的忙。因為錯誤的認知，可能導致管區對公司產生不良刻板印象，造成您公司未來在各個檢核點上受到管區的密切關注，那就不好了！若管區真的有額外幫到忙，一定要有禮貌地道謝喔，畢竟與管區和平相處絕對是會計主管必要的工作之一。

倍捷公司客戶收款政策調整

背景說明

在第八講中我們聊到會計主管花了三個多月，把過往的應收帳款釐清並收回款項。相信讀者也可以理解，公司在擴大過程中，如果不先把該收款制度建立好，會造成未來耗費大量時間和損失金錢的彌補措施。透過第八講的應收帳款科餘表和未收回款項明細表，可知倍捷公司交易量不多，也就是說若公司規模更大，但卻還沒有相對應的收款政策配合，很有可能倍捷會計主管的三個月，到其他公司上變成六個月，甚至更久；也很有可能讀者沒有倍捷公司會計主管的這個幹勁，加上其他庶務工作量大，應收帳款整帳整到一半就宣告放棄或想離職，其實這些都是為什麼很多中小型企業的會計體制很難穩定的原因。

倍捷公司在應收帳款整完帳後，發現有 57 萬的應收帳款無法收回，相當於 53% 的舊帳無法收回（57 萬除以 107 萬）。當會計主管向執行長報告最後結果時，執行長當然是很揪心，每個案子都是花了業務、設計及工程部門的諸多心力和時間才完成，最後卻面臨客戶糾紛沒有及時處理，甚至時程已久，沒有挽回餘地

的處境。又或者依照公司制度，當業務單位接單之後就會發放獎金，但該張訂單並未完成收款。其實對公司來說，就是風險和成本都由公司承擔，著實造成龐大財務壓力。於是，執行長除了在當月的主管會議上，情緒性地表示每個部門這個月的表現都不符合預期，及吹毛求疵地針對細節進行一連串的懷疑和質問外，更是心灰意冷地告訴會計主管：「我反省我自己真的沒有好好管理公司，我也問自己是不是沒有能力。」

如果您是會計主管，您要怎麼辦呢？

作法

會計主管把這些都看在眼裡，雖然當下說不出什麼話來，但也告訴自己要想辦法把預防性管理措施做出來，一旦大家都能夠遵循同一個規定運行，就能各自把關屬於自己部門的責任，在開心接單的同時也能比較放心未來收錢的完善性。

會計主管上網查了很多客戶信用評等的作法，先將不同資訊融會貫通，刪去對倍捷公司不適用，或太繁複、不適合公司階段的方式，再將可適用之作法調整成自己想像的方法。會計主管想要藉由建立客戶的信用等級，讓相關部門把精力放在較低信用等級的客戶上，提前預防可能有的後續服務和收款問題。大抵上，會計主管認為要從兩個角度著手，一是經營風險，二是財務風險。經營風險包含：(1) 客戶未來事業發展的能力；(2) 過往合作是否有溝通困難或刁難情形；(3) 實地走訪客戶辦公室，驗證客戶的辦公室環境、工廠環境及員工人數等，是否與其主張業務內容一致；(4) 同業友人對該公司及老闆等的相關評價；(5) 公開資

訊是否有該公司之負面新聞。而財務風險則包含：(1) 公司資本額及營業額，透過取得公司最新變更登記表及最近期自結財務報表；(2) 是否上市櫃或公開發行；(3) 過往交易是否有繳款延遲情形；(4) 該公司提供資訊是否與經濟部或公開資訊觀測站的公司資訊一致。

先有一版自己的想法後，會計主管便約業務主管及其團隊討論客戶習性，包含：「談案件的時候有沒有哪類型客戶特別覺得安心？」「聽到哪些客戶說的關鍵字時會覺得可能會有糾紛、收款風險？」「過往經驗中沒成功收到錢的都是因為哪些原因造成？」「如何因應客戶談判困難？」「客戶通常會很在乎付款條件嗎？」「哪些作法可能會讓客戶願意提早付款？」等等。

與業務部門的會議後，會計主管也編列出將客戶分級的作法如下。付款條件僅能優於該客戶級別規定，而不能差於當級級別規定。經營風險及財務風險皆要同時滿足時才能稱作該客戶級別，若其中有一風險評估較差，則以較差之客戶等級稱之。譬如經營風險評等為 C，而財務風險評等為 B 的客戶，該客戶級別為 C。

客戶級別	經營風險	財務風險	付款條件
A	無任何可預見客戶經營風險	上市櫃公司	30% 預收款，70% 應收款 60 天 T/T
B	無任何可預見客戶經營風險	1. 過往有合作經驗，但無繳款延遲記錄（延遲超過兩個月）；或無合作經驗之公開發行公司。且 2. 交易金額低於資本額及年營業額 1/10 以下。	50% 預收款，50% 應收款 60 天 T/T

客戶級別	經營風險	財務風險	付款條件
C	除存在不重大且合理條件下可消除之疑慮，其餘無任何可預見客戶經營風險	1. 過往無合作經驗，但公司可提供資本額及營業額資訊，且公司資訊與公開資訊相同。交易金額低於資本額及年營業額 1/10 以下。或 2. 過往有合作經驗，但無繳款延遲記錄（延遲超過兩個月）；或無合作經驗之公開發行公司。且交易金額低於資本額及年營業額 1/10 以下。	70% 預收款，30% 應收款 30 天 T/T
D	存在經營疑慮	過往合作曾有款項無合理原因未支付。客戶提供公司資訊與公開資訊不同。	一律採用預收方式收款

　　在與業務部門討論該結論時，也經過一些條件的協調，包含預收款項比例的調降滿足業界一般規範，以及如果有特殊情況時，允許上簽到執行長放行的例外條款，而修改成以下內容。

客戶級別	經營風險	財務風險	付款條件
A	無任何可預見客戶經營風險	上市櫃公司	30% 預收款，70% 應收款 60 天 T/T

客戶級別	經營風險	財務風險	付款條件
B	無任何可預見客戶經營風險	1. 過往有合作經驗，但無繳款延遲記錄（延遲超過兩個月）；或無合作經驗之公開發行公司。且 2 交易金額低於資本額及年營業額 1/10 以下。	30% 預收款，70% 應收款 45 天 T/T
C	除存在不重大且合理條件下可消除之疑慮，其餘無任何可預見客戶經營風險	1. 過往無合作經驗，但公司可提供資本額及營業額資訊，且公司資訊與公開資訊相同。交易金額低於資本額及年營業額 1/10 以下。或 2. 過往有合作經驗，但無繳款延遲記錄（延遲超過兩個月）；或無合作經驗之公開發行公司。且交易金額低於資本額及年營業額 1/10 以下。	50% 預收款，50% 應收款 45 天 T/T
D	存在經營疑慮	過往合作曾有款項無合理原因未支付。客戶提供公司資訊與公開資訊不同。	一律採用預收方式收款

除此之外，會計主管也與業務主管討論業務獎金能不能等到客戶收款後再發放，激勵業務同事在預期款催款時能更有效率地催款。然而，業務主管卻是一臉為難。業務主管說：「可是我們在面試時就說有接單獎金，現在要把接單獎金改成是收款獎金，我很難處理。這樣也會讓大

家接單的動力下降。」會計主管能理解業務主管的難處，畢竟業務主管如果直接答應，會讓員工認為其不保護自己團隊，若因此喪失信任感後，業務主管未來也很難管理同事。但是這個收款獎金問題仍然是需要被解決的，所以會計主管找上執行長，詢問有沒有能達成平衡的建議作法。執行長說：「如果先發獎金，但沒收回款項時要讓業務同事吐回獎金。這樣大家應該就會願意了吧。」

於是會計主管和業務主管討論出的作法就是：「業務成功與客戶簽約後先拿接單獎金，但若應收款項逾期超過兩個月，則該獎金於當月薪資內扣除，若薪資金額不夠抵減，則於未來月分接續扣除。」但會計主管想到，如果員工離職了呢？就像大學審計課本上教的：「業務與客戶串通收單，待收到業務獎金之後離職，客戶也拒付款，導致公司承擔損失。」於是，會計主管要求業務主管答應：「若該員工欲離職，在離職時應確認是否有客戶還沒收款的交易，交由業務主管評估收款可能性，若業務主管評估能收款但尚未收款，則交接予其他同事；但若業務主管評估不能收回款項或收回款項困難，則先扣除該離職員工原已發放獎金，若未來實際有收到客戶款項，該款項亦無須返還該離職員工。若離職員工有不服業務主管決議之情形，需由離職員工提出反對意見之合理證據。」也就是說，業務主管必須在每個業務同事離職前，都要深入了解未結案客戶的進展狀況，以明白有沒有業務同事鑽公司管理漏洞之情形。

由於客戶銷售流程如下，會影響收款的因素主要在合約簽訂時是否已完成客戶風險評估、合約條件是否能達成，以及收款是否及時，而前

面會計主管已完成的項目是在簽約時的客戶評等制度，及訂單獎金最好等收款時再支付給員工以達成準時收款的情形，但因為與業務主管討論完後的妥協，所以要另外規定業務部門必須盯緊「客戶收款」。

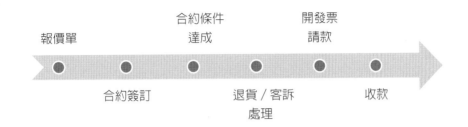

對於「客戶收款及時」一事，業務主管說明想法是：(1) 業務部門應在客戶預計驗收當月就確認客戶滿意度，如果有任何客訴，業務主管會先行處理，並以信件方式告知會計部門可能需要延後開立發票或因應方式；(2) 業務部門內部有共編表單，用以控管客戶溝通狀況，所以業務主管會請同事在該表單中，增加一欄「預計收款日期」，在預計收款日期前兩週就提醒客戶窗口收款有沒有問題；及 (3) 財務部門每月定期發送的逾期款警示給業務部門，因倍捷公司的帳齡表是使用開發票日為基準計算，所以只要開發票日後一個月即彙總至逾期款報表提供給業務部門。若非為實際逾期款項（尚未達合約約定的客戶付款日），業務部門也可拿來提醒客戶。若為實際逾期款項，業務主管必須將其列為主管會議例常報告事項。

當這些事都完成之後，會計主管不僅不覺得累，反而覺得自己真的幫自己和公司做了件大事，內心成就感十足，也很肯定自己，整體志氣高昂。回想在這四個多內，時常懷疑自己要不要堅持下去的內心拉

鋸戰，以及各部門的不想討論、不想處理還有執行長的眼神關切，好像對會計主管來說都已經過去好久了。所以也驗證，「自信是自己給自己的，不是靠著別人告訴我『你行』，我就真的行。但是自己做出來後，就算別人不懂，自己也會覺得『我行』。」

結論

在會計主管主導的收款流程調整案結束後，其實接續的幾年內，也會有業務部門不定期地認為信用評等制度規定得不好或太僵硬，可能延伸其他的弊端，所以後續變成有十個客戶評等級別（包含 A+、A、A-、B+、B、B-、C+、C、C-、D），而每年 8 月，業務部門及會計部門各別抽選 10% 的客戶進行信用評等定期查驗，確保老客戶的信用評等沒有降級的疑慮。而在不斷地調整之中，也讓會計部門及財務部門逐漸理解彼此專業上應有之注意，雖然仍然有不同立場、有各執己見的時候，但也能透過經營風險和財務風險負責部門的不同，互相尊重對方，並增加跟客戶的溝通，以求更了解客戶。

值得一提的是，倍捷公司的會計主管兼任人資主管（原因請詳第七講），所以業務人員離職時的結算薪資一定能知會會計，會計能同步確認呆帳收回可能性，進而做到扣抵薪資之實務操作。但若讀者的公司較大，或會計主管與人資主管分別設置，則可能採用的方式是將業務人員的業績獎金拆分比例發放，一部分於客戶合約簽署完成後發放，一部分則於客戶款項收回時發放，常見比例為 30:70，又或是 40:60 等等，依照交易金額或公司習慣而定。業績獎金於客戶合約簽署完成後發放，

是爲了滿足「及時獎勵業務之效果」；而業績獎金於客戶款項收回時發放，則是爲了滿足「公司資金安全」，避免業務爲了拿業績獎金而不顧客戶信用不佳的風險，抑或是業務與客戶串通好詐騙公司之情形。

公司任一管理政策都是先求有再求好，先匯集各方想法，再統一規則，並經由大家討論出較爲簡單且多數能接受的管理方式。後續透過實際發生的問題，用以調整原有制度，找出更適合公司的管理方式，這都需要時間，小的規則也許半年、一年就可以調整得很順暢，但大的規定有可能每一年都需要進行評估，終其公司各經營階段都在不斷地調整，沒有完美的那一天。所以會計主管千萬不要想著「一次就要做好」，不然很有可能遲遲不敢開始做，反而可惜！

穩捷公司信用狀及銀行保證函應用

背景說明

　　有一次在經營會議上，A BU 的業務主管報告最近有筆老客戶的訂單金額很大，是公司應該要爭取的機會，因為老客戶要在中國東北建第二個廠，其原先成交訂單的金額是 250 萬美元（約略 7,500 萬台幣），穩捷公司與客戶關係也不錯，好客戶應該要把握。而這次的訂單金額是 500 萬美元（約略 1.5 億台幣），更是會讓公司賺得盆滿缽滿的案件。但比較麻煩的是，雖然這個交易沒有遇到客戶收款問題，但先前交易尚有 10% 款項，客戶自認為是保固款項，要求於驗收一年後再付款，換算就是有 750 萬台幣尚未收回。又由於之前工程拖延驗收之故，原保固期一年尚未到期，但應收帳款帳齡已經超過一年。從驗收後再起算保固期一年，就會造成該案件帳齡很長、客戶信用不佳的狀態，但其實客戶端卻還沒到達保固期一年，也還在無須付款的狀態。但若在保固款未付清的狀態下，依照公司客戶信用評等政策，將使此客戶

的可使用信用額度低於此交易金額 1.5 億，而讓穩捷公司無法承作此交易。

於是總經理看向會計主管，要求會計主管盡全力協助 A BU 的業務主管，在滿足現行公司客戶信用評等政策的狀況下能讓此案順利進行，不要因為原則而壓制業務機會，特別是這個客戶過往有很好的合作基礎。所以會計主管應該怎麼辦呢？

作法

會計主管於會後找到 A BU 的業務主管，詢問客戶有沒有可能提前付款再進行下個案子。想當然耳，業務主管退回這個想法，畢竟依照穩捷公司跟客戶簽的合約，客戶沒有必要提前付錢，這只是為了滿足穩捷公司的內部政策。而且客戶是陸資企業，原本的付款條件就花了蠻多時間談判，財務部門的態度也很強硬，這時候去談提前付款，會讓客戶覺得觀感不佳，也會毀壞花了許多時間經營起來的客戶關係。

於是會計主管便開始詢問同業好友們有沒有可行的作法，最後找出「以開立信用狀的方式做新訂單的付款，而舊單則以銀行保證函方式處理」。依照穩捷公司的應收帳款收款政策，必須要先將舊訂單剩餘款項收回後，才能承作新訂單。所以會計主管便想出與客戶協商，用「銀行保證函」來取代捷公司被扣押在客戶那的保固尾款，並順利將前筆訂單的保固款收回，使得該客戶的信用額度增加，能讓穩捷公司成功與客戶簽新訂單；而新訂單的保固款亦由銀行保證函來取代，即能因早日收款，而改善應收帳款收回天數。

　　新訂單的部分，由於客戶應先支付 30% 訂金款項，並於出貨前支付 40%，驗收後收款 30%。但是依照這個案件金額及過往交易信用，搭配核決權限表可簽到總經理核准，用以豁免 30% 訂金款項，也就是說出貨前收到客戶的 70% 款項，財務就會在收到錢後，通知業務開立「出貨單」，送主管簽核後讓倉庫放行出貨。所以只要能解決出貨前客戶要自籌 70% 的貨款交付，那就能順利進行此案。

　　雖然大學時代曾學過「信用狀」，也會聽到銀行貸款窗口說起「申辦核准信用狀額度」等字眼，但對會計主管來說，在二十多年的工作生涯中倒也幸運，公司資金調撥從不曾遇過要開信用狀給廠商的情形。會計主管便於下班後到書局找書查看「信用狀」的相關應用和注意事項。一翻書才發現原來在有了電匯 T/T 之後，信用狀付款的應用機會大幅下降，真是拜了科技之賜，商業往來更加簡單活絡。而信用狀的出現則是因為在大金額的買賣交易過程中，買賣雙方難免會有立場不同的狀況，買方想先收貨再付款，而賣方想先收款再出貨。所以因應而生的中間人就是銀行的角色，可以透過銀行保證此筆交易，保證讓賣方出貨後立即可以向銀行收取貨款（銀行只需進行文件審核，確認信用狀上的條件都達成），買方也可以收到貨後再以分期付款方式繳交給銀行，如此一來，滿足了買賣雙方交易的需求，且又能讓銀行賺取手續費及客戶資金於該銀行動用的機會，打造三贏的局面。

　　依照上述，就不難想像信用狀必須要以「信用卓著」的銀行開出

來的才有保證價值。如果有些銀行信用評等不佳，隨時可能會倒閉[1]，這種銀行開出來的信用狀，對賣家而言，可能風險仍然很高。而中國因為金融體系特殊，地方型中小銀行特別多，但各區經濟狀況及銀行內部管理狀況參差不齊，所以會計主管就特別在發信說明可建議客戶開立信用狀方式付款時，也提醒業務主管必須要確認信用狀的開立銀行是誰，能否確認其信用良好。另外一個重點則是需要開立「不可撤銷的即期信用狀」，公司不能接受遠期信用狀，因為這樣會造成公司可能的資金缺口。

　　而後三天之中，業務同仁與客戶有密集的討論，確認出的方案是：「假設合約簽訂日期是 5/1，依照該客戶的需求，機台製造時間約需要 3.5 個月，再留彈性調整時間，出貨日期預計是 9/1。所以請客戶趕快在這兩週（4 月底前）開立不可撤銷的即期信用狀，如果會計主管確認沒有問題，工廠就開始生產了。」會計主管詢問：「那請問信用狀開立銀行是誰呢？」業務同仁回覆：「浙江興業銀行。」會計主管遲疑了一下，說：「浙江雖然是很大的地方，但是興業銀行還是我們沒聽過的地方型銀行，能不能請客戶換一家銀行？我想我們能同意的銀行應該就是國家級行庫開出來的信用狀，譬如中國工商銀行。」業務同仁與客戶協

---

[1] 在筆者寫書之際，便有則新聞是「中國河南村鎮銀行弊案」（新聞日期係 2022/7/19），報導中表示數十萬的儲戶餘額歸零，且有數百億的資金被凍結無法使用。雖然政府立即鐵腕處理此事，避免地方銀行金融危機產生，但也可知與中國地方銀行交易的安全程度需要注意，如果發生這類行為，雖然政府參與協助及監督後續進行，但資金凍結在銀行仍然需要幾個月的時間才能動用。而資金若又是公司營運周轉的救命稻草，很有可能造成公司的信用危機，不能不防。

商後也表示：「客戶完全配合，沒問題！」會計主管回覆：「那我沒問題了！」雖口頭回答沒問題，且這件事情（交易及收款）在權責劃分上是業務部門的工作，而非會計部門承擔風險，但會計主管心中難免有點緊張，畢竟這是 1.5 億台幣的交易呀，真的是希望能順利完成。

雖然跟客戶討論的時間是 4 月底前要收到信用狀，但由於銀行說明三個月為一期，如果開立信用狀時間會超過三個月，就要收兩期的錢，所以客戶也詢問能不能互相體諒一下，在 6/15 再做開立？而當業務主管來與會計主管討論能否調整時間時，會計主管的態度便是：「其實信用狀保證這件事不歸我管轄範圍，如果總經理也願意讓客戶延期開立信用狀，且你們評估客戶信用可以接受，若還沒出貨，我們頂多就是損失備料退回的運費和部分成本，我這邊沒有問題。」所以雙方也都退讓一步，買方接受透過中國工商銀行開立信用狀；賣方接受先簽訂合約，但是穩捷公司要在 6/20 前收到信用狀。

有趣的是，在 5/2 合約簽訂完的隔天，製造部門廠長也特別在接到該製造申請單生產之後，撥電話給會計主管說：「請問這個單真的可以生產嗎？他們錢確定會付嗎？這張單如果有問題，今年大家的努力都會泡湯耶。」會計主管打趣地回問：「依照內控規定，廠長接單後不就要開始生產嗎？你還可以選擇不生產嗎？」廠長說：「我們是開始備料了啦，但是這麼大的單，我還是關心一下妳工作有沒有好好做啊，沒有盡責不行耶。我們都要為了公司大訂單加把勁啊。」會計主管遂也解釋信用狀的用途，告知廠長未來會先向銀行收錢，所以安全保障都會比較高。會計主管心想：「這就是全員總動員的概念吧！因為業務部門接了

一張大訂單，但這不只是業務部門的戰功，反而是有著各個部門的戰友們互助合作，才能在有限時間內達成最大效益。大家雖然都在各自崗位努力，但是碰到大事時，也會幫其他部門多想一下，這種爲了 BU 共同目標合作的感覺眞好。」

　　隨著時間推移，但因爲零件生產地突發罷工事件，導致零件出貨延誤的情形，連帶地導致零件到港速度拖延，眼看時間來到 8 月中，零件尚未到達的狀況下，8 月底勢必不可能完工。但由於信用狀 9/19 就到期了，製造部門生產進程說明「零件到達後估計 2 週完成」，所以業務同仁又來與會計主管溝通：「不能如期出貨，要修改信用狀。修改信用狀的費用，我想應該要由穩捷公司負擔，不知道會計主管能否同意？」會計主管回問：「修改信用狀由我們負擔一事，申請單只要 BU 長簽名核准即可，我沒有問題。但是出貨前一定要收到修改後的信用狀，不然我不會放行出貨喔。」心裡面則想著自己可能要關心一下廠長。BU 長收到這個大單延遲，一定不會開心，氣肯定會往廠長那去了。

結論

　　由於「信用狀」及「銀行保證函」可能不是讀者常見的應用項目，所以也提醒幾個注意事項供讀者參考：

1. 銀行保證函的保證額度需事先申請，緊急時亦可用定存單質押，會是降低應收帳款收款天數的好方法，同時也能制住「客戶緊咬著保固尾款 10% 拒付款」的惡習。
2. 開立銀行保證函的銀行通常都有標準格式範本，所以建議讀者實務

應用時，可以事先提供客戶法務審閱，以縮短文件往返時間。

3. 信用狀付款屬於「文件審查形式」，而非實物審查形式。故若信用狀上記錄的商品資訊與報關文件資訊不一致時，可能導致開立信用狀銀行拒付款的情形。所以讀者務必要先行確認「銀行付款時要求繳交之文件內容」是否與信用狀所載資訊一致。

穩捷公司匯率避險應用 I

背景說明

　　由於穩捷公司的獎金計算方式是依照各 BU 結算的營運指標，包含收入、毛利、淨利、收款及時等數據，加計 BU 相對應各部門的貢獻率，用以計算員工獎金；而行政單位則因為沒有拆分 BU，所以行政單位的獎金計算方式，是依據各 BU 計算出的獎金乘上固定比例，故行政單位的獎金與 BU 獎金連動，讓全體同事能合作密切，共同創造員工獎金。

　　但問題就來了，由於穩捷公司收入認列時點與收到美元外匯時點可能不同，因為收入認列時點係依照產品驗收完成後會計依據入帳，而收到美元外匯時點可能存在訂金、出貨前、驗收完成及保固期終了時，所以自應收帳款立帳到沖帳中間產生的匯兌損益，究竟是應該由業務部門承擔還是財務部門承擔？這向來在穩捷公司都是灰色地帶。而在匯率波動大的時段，譬如 2021 年至 2022 年的美元降息和升息，又例如 2017 年的美國前總統川普當選後的升息等等，有可能是突發性的升息，也可能是市場預期結果，但無論是哪種，依照穩捷公司的單筆交易金額大但全年交易

筆數少的特性來說,都會對損益表中的兌換損益產生極大的影響。

　　接續第十講的內容,穩捷公司於 6/20 收到信用狀,350 萬美元原預計於 9 月下旬押匯收到,而後因交貨時點延期,故修改信用狀,所以 350 萬美元貨款預計於 10 月中收到。另外,因預估產品驗收日期為 12 月中旬,所以 12 月中旬係公司預計銷貨收入認列時點。那麼,現處 2022 年 6 月的穩捷公司又該如何因應呢?

作法

　　會計主管在 5 月的營運會議上提醒業務單位,若要接這張 500 萬美元的訂單,務必確認訂價需考量現實匯率變動,不能僅用過往的訂價慣例。總經理在聽到這個提醒之後,便問:「前陣子才升息一波,確實要多留意匯率。匯率波動是財務部門在行的範圍,是不是先讓財務部門看一下再報給客戶呀?」會計主管一聽大驚:「這樣的話,財務部門就要涉入報價流程了耶,依照財務部門目前的人力狀況,可能會拖延到客戶報價。」

　　某 BU 長:「我也建議不用到財務部門。報價後,客戶也不一定會承作。若讓財務部門一起參與,業務跟財務你來我往的溝通時間也有些耗時費日。之前財務部都有採用避險方法,我想現在財務部門應該更上緊發條,直接依據財務預測數來管控匯率比較恰當。」會計主管見總經理頻頻點頭,便急忙解釋「收入認列時點和收款時點間的差異」,並說:「財務預測數是指各 BU 每年或每個月要達到的目標,畢竟是預測值,提早一點或延後一點的變動方式大家都能接受。但是匯率波動,

從 2 月的美元價 28 元到現在已經超過 30 元,而我們送出去的報價單若是以 2 月價值爲基準,換算 500 萬美元就相當於賺了 1,000 萬台幣的匯差。但若送出去的報價單是以現在的美元價爲基準,在客戶付款前匯率掉回 28 元,就相當於我們這張單現成虧了 1,000 萬台幣耶。」

　　見大家都還在思索這個美元匯率波動的議題而不發一語時,會計主管接著說:「這次 350 萬美元收款若在 9/20,且假設匯率是 30 元,就相當於收到 1.05 億元台幣。但產品驗收日期是 12/15,這天才會是會計將收入入帳的時間,也就是收入認列時點,公司收入增加 1.6 億台幣(即 500 萬美元乘匯率 32 元)。又因爲美元收款匯率跟收入認列之間的差異,會在 12/15 產生 350 萬美元對應的台幣匯差,即是將 32 元減除 30 元後乘上 350 萬美元,即 700 萬台幣兌換損失。爲了要因應這個損失,是不是財務部門在 9 月都不能做美元換回台幣的措施,要等到 12 月美元匯率成長後再換回台幣?但若 12 月匯率不是如預期的成長,而是下降,財務部門就不能等,應該馬上出售美元。我們的專業都不是匯兌,若穩捷公司要來承受匯兌風險,著實需要成立一個專業的財務投

資部門，專門看大盤走勢和國際情勢變化預期匯率的狀況。」

　　只要牽扯到財務數據，在場的大家都會滿頭問號，只有鎮定的總經理問：「以往都是怎麼因應的呢？」會計主管：「基本上銀行存款有外匯打進來，我們就會先還美元借款，或兌換成台幣，以充實營運資金。但這前提是要有錢匯進來，我們才會知悉，才開始作業。所以在簽約後但錢還沒匯入之前這段時間就產生的兌換損益，就不是財務能夠因應的議題。」總經理充滿困惑地跟會計主管說：「依我對妳的了解，會計部門能接下的工作，妳不會這麼反彈。我相信這中間有妳的為難，但我聽完這麼多，還是沒辦法知道為什麼匯率不歸財務部管。我們先暫停在這，妳等一下會議結束再解釋給我聽，我想想看到底我哪裡沒搞懂。」

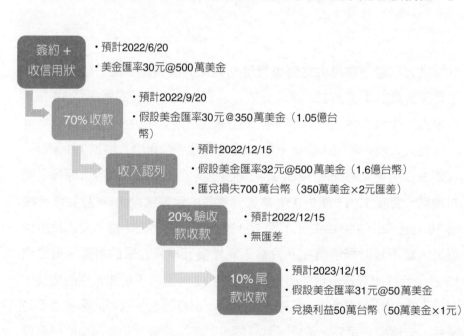

　　待營運會議結束後，會計主管與總經理繼續談論起匯率問題。會計主管走向白板，把時間軸畫出來（如上圖），標記上匯率變動可能造成的影響等等，甚至把會計分錄都寫給總經理看，但二十分鐘過去，總經理好像仍然處於似懂非懂的狀態。總經理說：「我大概懂了。那妳建議以後怎麼做？都不要收美元嗎？海外客戶不太可能有台幣耶。」會計主管說：「我的想法是拆分兩塊責任歸屬，如果是收款之前的匯兌損失便由對應 BU 的業務部門承擔，但如果是收款之後的匯兌，則由我們來處理。好處是能讓業務部門在報價的時候就做第一關的匯率管控，大環境物價和匯率趨勢變化，也應該是業務單位跟客戶討論價格時，客戶會提出來議價的理由，如果我們的業務沒有充分了解，就很有可能把匯率風險挪回我們公司承擔。通常匯率風險在報價時就開始了，我們公司的報價單上都有顯示報價的有效期限，這就代表報價應會受到匯率波動而有所差異。也就是說，業務的責任，表現於價格達成及毛利率上，財務的責任則在財報中的匯兌損益數據波動。另外，我也在思考要將應收帳款認列方式，改成以訂金及驗收時點平均匯率認列。」

　　接著會計主管與總經理講起「穩捷公司財務部門的避險策略」，包含透過自然避險（美元資產－應收帳款及美元負債－應付帳款及借

款）、遠期外匯（Forward[1]）、換匯交易（FX SWAP[2]）及外匯選擇權交

---

[1] 遠期外匯，係依事先約定的交易條件（包含幣種、金額、匯率及交割時間等），等到期才進行實際交割的外匯交易。由於已事先將匯率約定好，所以無論到期當時的市場匯率爲何，仍須依約定匯率互換，因此可規避匯率波動的風險。

舉例來說，若與銀行簽訂預售美元遠期外匯契約，假設一個月換匯點 -0.040，即期匯率 29.72，訂定於一個月後以匯率 29.68 賣出美元 100 萬，換得台幣 2,968 萬。

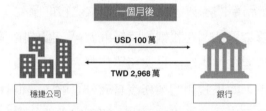

[2] 換匯交易，係指同時間進行即期與遠期但方向相反的外匯交易方式，譬如使用即期匯率賣美元及用遠期匯率買美元。通常承作期間可能爲一個月到十二個月，也可以指定天期來操作。優點是：(1) 到期時可用較少台幣換回原美元金額，差額可補貼匯損，最終仍保有美元，無匯率風險；(2) 流動性佳，可提前交割或展期；(3) 適合短期資金操作，可降低資金借貸成本，相當於公司以閒置美元付銀行，並借入台幣，但無須支付台幣利息。

舉例來看，若承作本金爲美元 100 萬元，承作時間爲一個月，訂定即期賣匯匯率：USD/TWD = 29.68 及遠期買匯匯率：USD/TWD = 29.62。SWAP 一個月減點 0.060，約可賺得台幣 60,000 元價差（美元 100 萬 ×0.060）；取得台幣後償還台幣借款，以目前借款一個月 / 年利率 1.5% 設算，節省之利息成本爲台幣 37,100 元（2,968 萬元 ×1.5% / 12 個月），約整體匯兌操作利益爲台幣 97,100 元。

易（FX OPTION³）的方式來進行。在新產生的應收帳款抵銷完原先訂

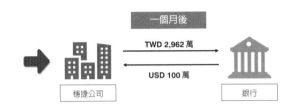

一個月後

TWD 2,962 萬 →

← USD 100 萬

穩捷公司　　　　銀行

³ 外匯選擇權交易，係買方支付權利金給賣方，而買方有權利於未來某一特定日或某特定期間以約定的匯率（即履約價格）向賣方買進或賣出一定數量的外匯，賣方有履行的義務。若為買進外匯的權利，稱為外匯買權（Call），買方支付權利金；若為賣出外匯的權利，稱為外匯賣權（Put），買方收取權利金。外匯選擇權交易通常會含有以下幾項內容：

(1) 標的物較常見的就是常換匯的項目，譬如 USD/TWD、USD/JPY、EUR/USD；

(2) 契約金額；

(3) 履約價格：或稱執行價格，執行選擇權時應支付或收取的單位價格；

(4) 到期日：即為比價日；

(5) 履約型態：僅能在到期日當天執行；

(6) 交割方式：現金交割；

(7) 權利金：選擇權的價格，買方為了取得權利所付出的價格。

舉例說明，賣出一個美元買權（Sell USD Call TWD Put），即為穩捷公司將美元 100 萬的買權，賣給銀行換取台幣。穩捷公司（賣方）於交易當下收取權利金 400 美元，並約定履約價 29.5 元（實務來看，為達避險功效，履約價／匯率應高於原始應收帳款立帳匯率），於比價日比價。假設約定三個月期，於 2022/7/20 承作，即於 2022/10/20 比價。低於履約價即不交割；若高於或等於履約價，則須實質交割。此交易可使公司賺取權利金，用以補貼匯兌損失；另將履約價設定在應收帳款立帳匯率換算之金額以上，有達到履約價，即進行換匯；未達履約價，則穩捷公司仍可保有美元。若比價匯率為 29 元，則穩捷公司獲得權利金美元 400 元，2022/10/20 無交割產生，穩捷公司繼續持有美元；若比價匯率為 30 元，則銀行收取權利金美元 400 元，2022/10/20 需以 29.5 元賣出美元 100 萬元，獲得 2,950 萬元台幣。

外匯選擇權操作原理相當於遠期外匯及換匯交易，但是選擇權本身較為複雜，此處僅擇一個例子作闡述。若有興趣者，可以參考選擇權交易相關書籍延伸學習。

金預收款後，剩餘的應收帳款先行推估可能收款時點，依照該時點公司存在之所有美元負債，包含美元應付帳款及美元借款。將美元應收帳款減除美元負債，若仍有剩餘，再考量若以該金額用避險工具進行時相對應產生的避險成本（包含銀行交易手續費、匯費及利息成本等等），決定要將餘額的多少比例進行避險。上述稱為自然避險，係「將資產的到期期間與負債的到期期間相配合，以抵銷匯率風險」的避險方法。若收款當下匯率較美元負債還款匯率為低，如換匯成台幣，則使得未實現的損失轉為已實現，虧損就產生了，所以穩捷公司政策是等匯率較美元負債還款匯率高時再行換匯。而還沒換回台幣時的美元資產，也需要將之配置於保本保息的產品，賺得的利息補貼匯兌損失。

又由於公司的美元負債餘額較低，因為料件進貨幾乎都是台灣廠商，都用台幣進行交易。為了要讓自然避險能夠派上用場，所以公司這幾年都是以美元借款形式向銀行借款，每月當應收帳款美元部位產生時，財務部門同步增加美元借款鎖住匯率，待收回款項時再償還借款。由於美元借款利率較台幣借款利率為高，譬如台幣借款利率為 1.5%，美元借款利率可能為 2.6%，中間的利息價差即可被視為因避險而產生的避險成本。

總經理聽完會計主管的說明之後，便於次月營運會議上告知各 BU 長業務與財務部門各自負責的匯率風險承擔領域：「業務部門為自報價單後開出至驗收日或收款日前；財務部門為自驗收收入入帳日後至收款日前。若收款日期早於驗收日期，亦在財務部門的風險規避管轄範圍中。」另外也補充：「財務部門有一系列的避險措施，我上回聽會計

主管講，有些還聽不懂，我建議大家都應該來學習匯率波動的影響。我也邀請會計主管來幫各 BU 業務們上一堂『國際匯率如何影響收款』的課程，相信大家在報價設定以及談判價格時，會更有概念。這堂課看各 BU 長要請哪些同事與會，課程時間再請我的特助與會計主管討論後安排，這個課程我也要參加……」

結論

匯率避險是有採用外幣進行交易的公司中非常重要的考量項目，特別是在國際政經情勢波動劇烈的時期，更需要考量。彙總給讀者可以思考的角度如下，供讀者參考。

	美元走升趨勢	美元走貶趨勢
公司有台幣及美元借款	評估美元走升幅度及節省借款利息成本，判斷是否先償還借款	償還借款，賺取利息
公司無借款	持有美元及保本升息的產品（美元定存 & 債券附買回交易）	轉換強勢貨幣（保本升息）

雖然較大型的公司因應專業不同，會把財務部門跟會計部門分開，但是別忘了大型的公司也是從小做到大，所以在公司規模較小時，很可能公司仍然沒有完整財務投資專業的同事，而避險又是有做國際貿易的公司必然遇到的考驗，所以身為會計主管的您若有機會能學習匯率操作，或是在公司實際遇到美元波動時，能動動腦想一想因應方式，絕對能讓會計專業更上一層樓，也能讓自己的經驗值大大提升！

穩捷公司匯率避險應用 II

背景說明

　　會計主管準備了一堂 2 小時的匯率避險課程，僅有一點點的學理基礎，更多的都是依據過往避險交易累積的實戰經驗，課程講起來生動活潑，如臨實境。雖然全場精彩，但是總經理卻聽到越後面，臉色越凝重，讓人不知道公司是不是出了什麼大事。

　　課程結束後，總經理撥了電話請會計主管到總經理辦公室一趟，先是感謝會計主管過往的辛苦，再來也提問遠期外匯和選擇權操作的實務問題，之後才帶出總經理最想詢問的話：「會計主管，我很想知道為什麼公司一年要花這麼多心力去做避險？我也看得出來你們花很多時間在思考要怎麼避險避得完整。」這時，會計主管回：「避險避得完整，才能免除因應美元匯率波動而造成的匯率損失。業務部門和製造現場的同事，花了這麼多心血才把案子跟完，我們這點努力不算什麼。」總經理心想：「會計主管完全會錯意。」其實總經理在意的是：「避險變得完整代表沒有損失，但也代表沒有利益。如果知道未來可能有利益，且利益

部位可觀，爲什麼一味地想著規避損失，而不是享受兌換利益呢？」

　　總經理想完便回覆會計主管：「妳有沒有想過公司可能損失了一些我們也許會得到的兌換利益。今年看起來都會升息呀，升息對於出口就會賺，結果我們避險避光光，好像有點可惜。」會計主管才意識到，原來總經理是在「挑戰」，而非「提問」。如果您是會計主管，您要如何回覆總經理呢？您對於避險的想法又是什麼呢？

作法

　　會計主管告訴總經理說：「我懂您的意思。您讓我回去想想，我再跟您報告我完整的想法好嗎？」便回到自己的辦公室去。接著，會計主管捋捋自己的思緒，說實在話，也想不出來爲什麼自己要完整避險，好像就是大家所謂的「會計保守性格」，是這樣嗎？會計主管又想起之前去上的避險課程，老師曾經說過讓會計主管印象深刻的話：「大家千萬不要想在避險領域裡賺錢，別忘了避險是有成本的。避險工作的宗旨就是把避險部位避得完整。而且，匯率的走勢誰都看不準，只要有外幣部位，就想辦法透過自然避險或避險工具將匯率風險降到最低。」會計主管想起自上完課後，常常在避險時想起老師的話，自覺自己操作得宜，都沒有讓公司有過跌跤的匯率損失，所以也常對同事耳提面命：「不要有僥倖心態，要完整踏實地想完避險流程，確定沒有漏掉沒避險到的部位。」難道這樣想是錯的嗎？

　　會計主管爲了確認自己的想法和觀念是不是眞的有錯，就找了同業的會計主管，以及公司的獨立董事進行討論，經過兩週的四處訪查，有

幾個歸納的想法：

1. 大家採行的避險作法以自然避險為主，幾乎沒有使用遠期外匯、換匯交易或選擇權等的避險方式。

2. 為了採行自然避險，同業作法盡量將自己與廠商交易的帳款都用美元計價，造成美元負債（應付帳款）的增加，進而降低美元資產（應收帳款）單獨存在而無美元負債相抵減的風險。

3. 若有使用避險工具的同業，則因為製造產品與穩捷公司不同，存在較規律的產品進貨和出售日期。所以同業可採取預售遠期外匯方式。已知應收帳款現今匯率，且預計 90 天後會收到美元 100 萬，於是找銀行敲匯，銀行則會告知 90 天後的匯率減點，讓公司預售。於 90 天後，公司以 100 萬美元向銀行換回約定匯率（現今匯率扣除減點）的台幣。減點則可視為公司避險成本。（讀者若對於減點有疑問，可參考第十一講之內容說明。）

4. 同業說明若使用上述辦法後，基本上淨部位（外幣資產減負債）已降到很低，則無須再思考其他避險方式。

　　但會計主管檢視穩捷公司的廠商，幾乎都是台灣公司，且台灣廠商都較穩捷公司來得小，依據過往交易經驗，都不願意收取美元款項，所以要轉嫁匯率風險到廠商的可能性極低。且穩捷公司的產品時常有客戶拖延驗收之情形，無法推定收款日期；進貨到驗收時點之間耗時較長，亦無法延遲到客戶收款時點時再做廠商貨款付款。但思考完這些後，會計主管仍然沒有頭緒。聽起來同業們和穩捷公司獨立董事都是以完全避險為避險方式執行的公司，那自己又要怎麼說服總經理呢？還是應該要

接受總經理的論點呢？

　　會計主管心想：「完全自然避險我們做不到，但現在去跟總經理說要做完全避險，總經理也不會買單。我還是得找更多有利證據支持……」於是會計主管找上銀行承辦人員，講了自己的困難點。銀行承辦人員也非常幫忙地找了銀行外匯室的主管來到穩捷公司分享經驗談，因為銀行外匯室會準備每月匯率報告寄送客戶，所以透過一對一的經驗分享，能讓會計主管獲得避險的實務操作學習。例如說：

1. 如果收款天期可以確定，就可以使用遠期外匯方式避險，因為就算天數拉得很長，匯率減點也差異不大。譬如 30 天期的 29.812 對比 120 天的 29.652，其實差異就是 0.16，避險成本亦不高。

2. 對於驗收期長又不確定應收款之收款時點的公司而言，想要操作避險，選擇權的作法，相較遠期外匯會讓避險成本便宜許多。基本上用 Sell Put 的方式承作，又可以收到一筆權利金。雖然遠期外匯觀念較簡單，但是相對貴，且若不能確定應收款的收款時點，也會導致遠期外匯操作到期時，客戶無美元匯入，而需要靠其他美元支應的窘境。

3. 若需要美元現金，找銀行買附買回的美元債券比美元定存好，因為利息收入相同，但又較有彈性。附買回的美元債券等同美元定存，除可賺取利息收入及保本之外，還能提前贖回免打折，而定存則會按定存利率或活存利率打 8 折。

　　除此之外，會計主管也與交易室主管討論美元匯率波動看法。依照 2022/7 的局勢來看，美元強勢升息，而且已經在近兩年升息三次，

2022/7/25 的美元即期買入匯率約為 29.86，已經是此二年最高點，雖然大家預測美國聯準會在 2022 年 9 月還會再升息，但是美元匯率還會再上漲嗎？依照會計主管跟銀行外匯主管的討論結果，會計主管自己下定論這波不太會再上漲，所以今年年底的美元預計會到 30 元至 30.2 元。

　　依照現在看到的匯率趨勢是美元持平或略微上漲，如果局勢依照預期，穩捷公司應該不進行避險工作。但會計主管心中仍存在的疑問是：「萬一局勢不如預期呢？有沒有可能又有哪個總統當選，如同 2017 年一般，美元升息腳步未如市場預期？當年川普總統一當選後，為了振興美國經濟，故意放緩升息腳步，使美元大幅貶值。」所以會計主管就找了總經理，請教總經理目前依據銀行外匯室的報告、與銀行外匯主管討論美元市場走向的看法等等，總經理若是會計主管，會怎麼決定？

　　總經理說：「我當然是衝啊。市場都說看好美元升值，結果我們縮在一邊，這樣不好。我當年做業務的時候，也會遇到一些產品製程有問題……（省略好漢當年勇事蹟 3,000 字）但是我們都還是衝啊，找廠商想解決方式、找客戶討論可行的解法，不然就放棄嗎？怎麼可能，每一個業績、每一個產品的生成都要非常花功夫，不能因為怕失敗就不去做，這樣怎麼可能打下市場……我知道財務保守，但是全部避險這件事就我看來有點像『規避責任』，從此也無須關心匯率波動，衍生其他相關議題時如果也用這個心態做事，財務部門不會進步。」

　　會計主管雖然心裡還是覺得：「自己不是不衝，若碰到問題時也都是盡力解決。但這件事情不是衝不衝就能處理的，避險就是降低風險，我們做避險，還要考量留空間給可能的獲利，就跟避險的原則不一

樣，實在很難判斷。」會計主管又思索了兩天，內心兩派在打架，不可諱言的是，確實同業、獨董及銀行的經驗協助都讓自己更理解外匯避險的邏輯和作法，雖然大家的方式對自己來說不見得真的適用，但是會計主管也問自己：「這間公司文化是我喜歡的嗎？是我想要繼續待的公司嗎？」會計主管最後決定：「不管自己本性保守與否，因為公司老闆想法就是要積極處理外匯，這件事情雖然與自己本性不一致，但其實規則出來，老闆也接受，好像就不需要搞得自己要承擔很多責任。」

於是，會計主管想出了一個模式，若看不清楚匯率趨勢時，先避險一半。因穩捷公司是應收帳款淨部位較大，滿手美元部位的狀態下，現在市場趨勢是看美元升值，約略避險 25%；但若市場趨勢看美元貶值，則可能考量避險 75%。將此作法告知總經理後，總經理說：「想好就好！作法妳決定。妳身為財務部門的頭，有責任具備要帶領大家的心理素質。我相信當妳做得到這個挑戰，能承擔更多責任時，同事就有更大的空間可以發展成長。」

結論

會計肯定是公司裡最保守的代表。所以會計主管在匯率避險議題上的學習，除了專業以外，更多的是心情的調適。當沒有規則可遵循的時候，會計主管是否能自己幫自己制定可以遵循的規則，且有勇氣地平衡會計保守的特質，將會是會計主管能不能跨足財務投資領域的重要門檻。做什麼就要像什麼，如果在檢查帳務及憑證時，小心謹慎當然是根本態度；但是跨足財務投資，必須要在風險評估得宜的狀況下，判斷對

公司的最適決策，不要一味保守固執在「我不可以」；不過仍然需要注意「投資理財，小心謹慎」。

選擇權避險是財務投資的一門專業，艱澀且需要經驗，可能還需要更多想學習的熱情。對於會計主管而言，不見得真的能完整掌握選擇權避險專業，所以，筆者在此想再提醒身為會計主管的您們，切記在操作選擇權之前，一定要清楚您選擇選擇權項目的方向（買一個買權、買一個賣權、賣一個買權及賣一個賣權）是正確的，且建議僅挑一個方向徹底熟練，以免混淆，導致因為不熟悉而使公司承擔的匯率風險加劇。另外，也再度提醒，公司選擇避險方式就是避險，是用來降低風險，而非為了獲利。

時美公司海外進貨困境

背景說明

　　時美公司是一家生活家居選品店，分為線上和線下銷售。主要客戶族群是 28 歲到 45 歲的女性，在台灣共有三家店，旗艦店在台北，而新北與台中皆有一分店。公司理念是「提倡知性生活美學，堆疊生活品味細節」，讓輕熟女對於家具飾品、生活電器及相關選物的美好想像可以一次滿足。代理商品來源主要係北歐、西歐、日本及東南亞品牌為主，透過不同風格的商品，為握有經濟自主權的輕熟女們打造獨特自信魅力。

　　台灣總公司員工共有 42 人，分別是執行長、營運長、門市店長及店員 10 位，採購部門 4 位，品牌研究部門 3 位，行銷部門 9 位（包含社群及文案小編、設計美編、行銷企劃、廣告投放及網路商店老闆等等），行政後勤部門 7 位（包含執行長暨營運長祕書、財務、人資、資訊維運及總務），倉管與物流部門 5 位，以及客服部門 2 位。

　　由於電商競爭激烈，時美公司每每在做業績檢討時，都不斷

發想還有什麼是公司可以嘗試的品牌機會。品牌研究部門近來在思考，如果訂價不能再提高，但若能找到品質優良的合作廠商且成本較低廉，也許就能讓毛利空間撐大，讓公司更有競爭力。所以自然而然，想著是不是直接向中國工廠採購其製造的白牌產品[1]，藉以降低進貨價格。於是品牌研究部門就開始研究起中國的網拍平台，試圖找出有競爭力的產品。

那麼，這件事跟會計主管又有什麼關係呢？難道是最近炒得火熱的台海關係，而讓有政治偏好的會計主管不願購買中國產品嗎？當然不是。會計連日發現公司這兩個月的信用卡刷卡記錄中，都存在沒取得憑證的記錄。會計便催總務要求快點提供憑證，但總務卻表示都是品牌研究部門來申請的刷卡需求，憑證都沒有提供。會計遂整理了這兩個月尚未取得的十三筆刷卡記錄，共計 18 萬，並提供給品牌研究部門的同事，要求盡速補上憑證。但品牌研究部門的同事卻表示這些都是來自網路交易，沒有相關憑證。會計主管該怎麼辦呢？

作法

若依照《商業會計法》及《所得稅法》的不同規定，如果無法取得外部憑證但內部可提出證明有支出，仍然可以用填「支出證明單」的方式來做財務憑證，進而入帳。但是此交易因為沒有外部合法憑證，需要在報營所稅時做剔除。就是說假設客戶購買金額是 1,000 萬，如果沒有

---

[1] 白牌產品意指製造廠本身無品牌名氣，所以專門生產商品供給本身無製造廠的品牌商。該廠商由品牌商貼上自己的品牌 logo，視為該品牌商品。

證明成本的憑證，時美公司成本即為 0，那 1,000 萬都需要實實在在地課營所稅 20%。做這筆交易，如果訂價設定不夠高，基本上很有可能導致虧損！但是除了營所稅之外，還有代扣繳的問題。當會計主管研究代扣繳稅額的方式及豁免辦法後，結論如下。

先講正規作法：購買海外商品分兩種，一種是實體商品，一定需要進口；另一種是虛擬服務或軟體，無須進口，購買後直接可以被授權使用。前者假設金額超過 2,000 元[2]，因為會報關，報關行會直接根據貨品種類徵收關稅跟營業稅，只要付了關稅和營業稅，自然而然就能拿稅單以及當初購買網路平台商品的證明文件（譬如確認付款及商品圖示價格的截圖）作為成本證明文件。

後者雖然不是這次的議題，但會計主管也先了解作法，以備不時之需[3]。

---

[2] 若海關認定產品價值為 2,000 元以下，則免關稅及營業稅。但寄給同一地址或同一人的頻率過高，在 180 天內寄了超過 6 次，則無免稅優惠。也可能遇到報關行申報產品價值為 2,000 元以下，但海關認為該價值與市價有差異，明顯有低報行為，也可能將認定價值提高喔！不得不注意。

[3] 依據各類所得扣繳率標準，一般境外居住者在台灣適用扣繳稅率幾乎為 20%，包含一般常見的佣金及權利金。除非境外電商業者或自家幫境外電商業者申請台灣國稅局「在台銷售電子勞務核定淨利率與境內利潤貢獻度」，否則稅負無法降下來。以臉書為例，台灣公司在臉書刊登廣告，如果臉書或台灣公司未向國稅局申請適用的淨利率與境內利潤貢獻度，台灣公司必須要幫臉書扣繳 20% 的廣告佣金收入。當然，如果臉書或台灣公司有提出申請，則依照廣告產業在台的適用淨利率 30% 及境內利潤貢獻度 100% 來計算，台灣公司需要幫臉書代扣繳的稅率為 6%（30% 淨利率 ×100% 境內利潤貢獻度 ×20% 扣繳率），而不是原先未申請前的 20%。然而，實務上台灣公司容易碰到境外電商未提出申請，更甚者是多數的境外電商不願自己扣繳稅額，導致台灣公司除了需要自行處理這塊扣繳義務行政手續外，仍有額外需承擔的稅額。

　　會計主管同時也從同業聽到其他作法，譬如缺憑就算了，因為也很難要求廠商真的合規作業，畢竟是透過網路交易來的。但等到申報營所稅時，需要用同業利潤標準的淨利率 12%（參考 2021 年屬非店面零售業的經營網路購物的數據），就算沒有進項憑證也沒關係。但是會計主管考量時美公司平時的淨利率約莫 5%-8% 左右，高出的稅收對公司來說也是不小的負擔。譬如時美公司的年收入假設 3 億，A 若用淨利率 12% 計算，稅負則為 3 億 ×12% 淨利率 ×20% 營所稅率，即為 720 萬元；但 B 若用平均實際淨利率 7% 計算，則稅負為 3 億 ×7% 淨利率 ×20% 營所稅率，即為 420 萬元。哇，那這相差 300 萬的稅負成本便不是說說就好的。

　　會計主管便撥給熟識的會計師朋友討論：「開兩家公司真的比較好嗎？」如果公司這塊拿不到進項憑證的營業額持續增加，是否要考量拆分不同家公司進行，把不同行業的淨利率分開，營所稅課徵時才不會侵蝕到原本經營項目的盈餘。雖然會計師朋友同意此作法，但卻也提醒「公司要擴大經營時必須承擔的合規成本」。如果存用不同的流程作法，對於同一公司的同事而言，會不會有兩套標準，或自行錯誤解讀並套用到別的商品而導致後續會計除錯成本加重的可能？這時會計主管便也膽怯了，想到同事們很常詢問的詭異問題，都在在表示公司同事其實大多不熟悉商業慣例，甚至無法先行思考就做了決定，或都需要會計來了解之後，由會計下定論等等。如果再讓同事判斷何時需要合法憑證、何時又容許不需要，會不會除了進貨以外，連其他的日常代墊費用都開始出現沒有合法憑證的問題？會計主管心中的擔憂並沒有因為得到較多

的答案而顯舒緩，反而更加擔心新興事業的崛起，會對公司流程有鋪天蓋地的影響。

會計主管轉而詢問營運長有關時美公司對於「電商交易的版圖和未來」怎麼看待，營運長說明：「公司只是嘗試不同方式，再找公司的下個機會而已。現在要決定未來的版圖還為時尚早……」會計主管便主張自己的想法：「如果只是研發階段，我想我們就先置之不理。雖然可能沒有拿到合法進口報關單，我們現在也就先不追，這18萬我也會請會計師在報稅時協助扣除。等到公司真的要開始大量做這類型網拍進貨交易時，我們需要研討不同的方案，也需要設算額外的成本喔。除了稅負成本外，還有公司流程重新設計及教育成本都需要考量在內。」

營運長納悶：「到底差在哪裡呢？我們的供應商一直都是從海外廠商，進口流程應該都很順暢才對。還是是因為政治考量，國稅局對於中國廠商的立場不一樣？」會計主管回答：「這倒沒有，還是要看供應商的作法。畢竟網路平台上的廠商太多了，也有很多廠商才剛開始做電商交易，對於法規不甚了解。如果我們都是線下接觸，自然而然大家都必須要自行委託報關行進行報關流程，若廠商內部也有專業的關務人員，國際貿易慣例對大家來說都不是問題。但是若來源來自網路交易，網路交易平台相對自由，如果該廠商並不熟悉國際貿易慣例，很有可能就會觸法。而我相信我們的品牌研究部門要購買產品時也不會想這麼多，直覺認為賣家會處理好，所以才會導致這個困難。若要從根本解決這個困難，最好是可以在確認要跟某個網路廠商合作時，透過過去我們找原廠的作法，要簽訂合約，規定權利義務，大家循規蹈矩作業，才比較長

久。如果該廠商不願意配合我國法令，那我們也需要考量是不是要找 second resource（備案），對公司發展比較安全。」

營運長：「我會再找品牌研究部門聊一聊目前的進展狀況，遇到品質好的廠商最好也先摸摸對方的底細，除了品質以外，也需要注意公司規模以及歷史信用狀況。這些都應該跟時美公司過往任何一個建立與供應商關係的流程一樣。感謝您的提醒，有最新的進展，我也會召集會議讓大家同步，把未來作法步驟以及要注意的地方都一次講清楚。」

會計主管在與營運長聊完後，便也鬆了一口氣，心想：「我把公司想得太衝動及格局太淺薄了。公司有穩定順暢的進口流程，我好像忘記大家都有自己的專業，只是現在還沒到需要採購部門拿出專業的時候。畢竟現階段還停留在品牌研究部門，而品牌研究部門的專業則是審核產品品質、調查市場接受度及市場訂價等等。」

結論

科技進步快速的同時，自然而然會產生新興商業交易，而每一種新型交易都可能對會計入帳及稅務申報造成影響，所以身為交易流程最後一關把關者的會計，都需要額外花一些心力了解交易及營運背景，才能幫公司判斷最適作法。

如解法最後一段提到的，會計主管聽完營運長的說法後便也鬆了一口氣，心想：「我把公司想得太衝動及格局太淺薄了。」會計主管因為沒有參與品牌研究的發想，也不知道公司打算要怎麼做，很有可能因

為自己會遇到問題就感到緊張害怕，把每件事都想到最壞，譬如：「如果公司打算違法，那我要待下去嗎？」「如果公司未來要交很多稅，那我會不會被罵？」「我對於網路交易真的不懂，我真的適任這個工作嗎？」同為會計主管，我們想提醒您的是「降低過多的內部評估」，就問吧！問同事、問主管、問同業，或者也問會計師等等，當自己更加了解狀況，大多時候便能撫平心中的擔憂，轉向與跨部門同事一起朝同一個公司目標走去。

第十四講
時美公司主管覆核機制 I

背景說明

　　時美公司有執行長和營運長，對外的品牌塑造和商業合作
都由執行長負責；對內的營運整合和簽核細節則由營運長負責。
由於執行長性格海派、著重大方向，花錢與用人相關的營運細節
都會習慣性地與營運長討論完，再由營運長決定作法和照看後續
追蹤；而營運長每件事都會看得很細，是大家眼中的工作狂，好
像不用睡覺、不用休息，也沒有週末和家庭似的。只要有急件，
就寄到營運長信箱並且用通訊軟體留言，隔天就會收到完整的回
覆。雖然大家收到回覆時，看到的可能是一連串的疑問和代辦事
項需要處理，但是還是非常依賴營運長的指示和核准。

　　也許業務部門需要找會計部門溝通，但是會計部門也會說要
找營運長確認，那業務部門就想著「幫會計部門節省時間」，直
接先找執行長與營運長溝通確認。執行長與營運長通常會在同一
個會議中出現，除非是與對外宣傳或品牌相關的議題，不然執行
長都尊重營運長的想法。營運長則會在想法定案後，先在會議中

跟業務部門說明，再由營運長對會計部門下達完整指令。所以這幾年下來，大家也都習慣了這樣的處理方式。

但有一天，營運長因為至親過世，悲痛不已，向公司請了一個禮拜的喪假。由於職務代理人是執行長的關係，執行長的性格跟營運長不一樣，所以收到的核准訊息都是「好」，或是「這件事的前情提要我不了解，請來找我說明」，又或者是「這個我要看什麼？」的無厘頭答案，大家就突然驚覺「營運長的重要性」！於是大家手忙腳亂了一週，更不提有多少封傳給營運長的「拜託救我」以及「讓我占用五分鐘就好」的訊息，還有採購下單延遲、付款延遲、設計進度延遲以及廣告投放延遲等等的問題。而在營運長回來的那天，執行長跟營運長說：「我想讓你好好休息，但很抱歉公司不能沒有你。」而營運長跟執行長說：「沒關係，我心情很差，睡也睡不著，就處理一點公事。但，今天依據同事抓我緊急討論的程度來看，為了公司著想，我必須要少花點時間在公事上了！」

執行長一聽，急忙問：「是覺得沒有休息到嗎？還是再休息一個禮拜⋯⋯」而營運長說：「因為媽媽過世，我突然發現人說走就走了。為了公司著想，我們不能讓公司少一個人就無法運作。過去，可能是我太抓著每件事不放了，沒有讓公司各部門的主管有能力決策。才會導致這個禮拜我的缺席，延遲了好多公司應該要有進展的項目。」執行長說：「我很抱歉我沒有幫上太多的忙。我也是在覆核的時候，才發現我有好多細節都不清楚。以前有你在，我只要蓋章就好；但上一週，我問同事時就發現我問一個問題他們答一個，但不一定答到點上，所以我就請他

們再回去跟廠商確認，或要再想想看績效怎麼訂定。結果不知道怎麼搞的，這些同事就沒再來找我放行。」

作法

　　由於這次的營運長休假事件，執行長與營運長決議要「與主管們坐下來好好討論如何調整覆核機制」。於是召開一個主管會議，邀請採購主管、品牌研究主管、行銷主管、會計主管、人資主管、倉管主管及客服主管與會，一起聊一聊這一週關於營運長休假的觀察和未來可能可以調整的覆核方式。會議花了約莫兩個半小時的時間，但大多時間都聚焦在「營運長不在」造成的痛苦指數遽增，而對於開會目的「未來可能可以調整的覆核方式」，卻各說各話沒有聚焦。

　　主管會議結束後，營運長與執行長回到執行長辦公室面面相覷，除了感嘆時美公司還沒培養出能綜觀全局，且有足夠承擔性的主管外，也不免對於公司要擴大經營，但卻東一個行政缺口、西一個流程問題等事，感到十分憂心。而這時，會計主管敲門示意需要執行長用印網紅合作合約。當執行長用印合約時，營運長問會計主管：「你能說說對於今天會議的看法嗎？」會計主管笑道：「我認為大家都很需要營運長。」又看向執行長說：「執行長平常不看這些細節，突然看起來會給大家很大壓力。營運長比較親力親為，執行長則是問題很多，我們私下有討論，大家好像都不知道怎麼回覆執行長，才能回答到執行長想要的東西。」

　　執行長：「我舉一個例子來說，我看採購給我的 email 是採購單，

裡面只有數量和單價，要我覆核。所以我就問他：『為什麼要這個數量和單價？』他就打開平常控管庫存的數量說：『從那張表來的。』但數字根本對不到，採購又說：『因為雲端表格每天都會更新，所以今天的資料已經跟昨天不同了。』那我要說什麼？我也請問他：『那單價呢？』採購回我說：『是廠商給的報價單上的價格。』我就回說：『資料呢？』他又傳給我一張日期是一年前的報價單，我問說：『這個價格有議過了嗎？都過一年了，價格都沒有動喔？』採購說：『我再問問廠商。』那我又要說什麼？」隨著執行長越講越急、越講越有情緒，營運長回道：「對啊，所以你就知道我有多忙。我每天都一定要處理完同事當天請我覆核的資料，不然等到雲端表格更新，我就看不到了，有時候還真的會發現數字打錯。報價單的部分有新的啦，我上個月才請採購要了新的一份，所以他只是隨手給你，沒有給到廠商最新的報價單。」

　　執行長看向會計主管：「這有沒有什麼課可以去上？大公司都怎麼做？我才不相信大公司的老闆都這麼認真看。還是我們徵才的時候應該要找更有經驗的同事加入？」會計主管：「以前我待的公司會利用『核決權限表』來落實公司的覆核機制，這張表會寫出多少金額以下應交由哪位主管覆核，超過多少金額須交由更上一級主管覆核，如果有特殊狀況也會明列出『例外狀況』須交由哪位主管覆核。」執行長眼睛一亮，說：「這可能就是我要的。你能不能在下次會議之前準備一下，我們在會議前先討論，如果有成的話，會議上可以收集大家的意見直接修改。」

　　而再過一週，會計主管在與執行長及營運長的會前會中秀出下表，

說明使用方式，但也特別提醒「核決權限表」的用途只能針對金額部分做相對應的規範，可是若對應執行長上週提出來的問題（採購同事提出的採購單，沒有附上相對應的佐證依據），仍是需要主管精確地向同事定義出想要看到的佐證。

表單名稱	核決範圍	單位主管	採購主管	營運長	執行長
已採購過營業項目產品之採購單	200,000 以下		✓		
	200,000-1,000,000		✓	✓	
	1,000,000 以上		✓	✓	✓
首次交易之營業項目產品採購單	200,000 以下		✓	✓	
	200,000 以上		✓	✓	✓
除電腦外之公司內部用品請、採購單	100,000 以下	✓	✓		
	100,000 以上	✓	✓	✓	
電腦及相關周邊	200,000 以下	✓	✓		
	200,000 以上	✓	✓	✓	
KOL 合約，依公司範本及規定分潤區間制定	100,000 以下	✓			
	100,000 以上	✓			✓
KOL 合約，未依公司範本或未依規定分潤區間制定	All	✓			✓

… （略）…

　　會計主管在主管會議上表示核決權限表主要用在三處，包含營業項目產品採購、公司內部費用或固定資產採購及協力廠商合約簽核。分別描述如下：

1. 營業項目產品採購：須先由倉管人員每日確認庫存數量是否足夠支應營運預測，若數量不足而有請購需求時，填寫請購單載明相關產品請購資訊、雲端庫存表單的剩餘庫存表截圖及預計需到貨時間等必要覆核資訊，交予採購部門。採購部門於收到請購單後填寫採購單，該採購單需附上廠商這季最新的報價單，及請購部門請購單，依照核決權限表規定取得相關主管核准。於核決權限表內規定之最高權責主管核准後，由採購人員依據採購單上的數量單價向供應商進行採購。若為新品，則非由倉管人員發動，而係由品牌研究部門與執行長確認要測試的品牌產品後，先填寫請購單載明相關產品請購資訊，及預計需到貨時間，並取得執行長的核准，再交予採購部門。後面流程如同上述採購部門取得請購單後之流程進行。

2. 公司內部費用或固定資產採購：由需求部門人員填寫請購單，說明請購原因，交予採購部門進行詢比議價流程，再附上詢比議價流程要求佐證，依核決權限表規定取得相關主管核准後，由公司採購部門進行購買。

3. 協力廠商合約簽核：舉例若為 KOL 合約，且該合約係依公司範本及規定分潤區間制定，則由行銷部門人員填寫，依核決權限表規定取得相關主管核准後，再向財務部門請求用印公司大小章。但若該合約未依照公司範本或未依規定分潤區間制定，則無論金額皆須執行長核准。

　　在會議中，各個相關部門也討論出平常主管覆核時容易問的問題，一起記入核決權限表的採購流程中，包含「採購單除了要這季最新的，還需要先進行議價。議價通過或不通過的最後一封 email 也需要在採購時附上當作佐證」、「KOL 合約除了合約本身之外，還需要附上 KOL 的分析表，包含 KOL 的受眾、粉絲數量、預期轉換率及 KOL 過往合作的著名品牌等資訊」等等。這次雖然也花了兩個半小時，但大家的討論因為有了一個可以依循的基礎發想點（會計主管的核決權限表概念）而變得更有效率。執行長也在主管會議的最後說：「這個會議讓我感受到了各個主管平常的經驗積累和團隊合作凝聚力，我非常感動。謝謝大家！」

結論

　　每位公司同事都在自己認知的工作職掌範圍努力著，但若沒有把制度細節一個一個擬定出來，很有可能會有不同同事因為存在不同認知，而有不同的執行結果的情形，這就是為什麼需要訂定內部控制制度，降低人為可能存在的主觀想法，進而達到若讓不同人執行也能有相同結果的情形。採購流程中，將採購部門定義為請購部門的監督者，主要監督「數量」的正確性；而採購部門上一層長官（營運長）則被視為採購部門的監督者，主要監督「金額」的正確性。當金額跟數量都正確了之後，就可以進行採購；當倉管人員收到貨時，執行「到貨數量」對應下單數量的監督工作；當會計人員收到廠商發票時，則執行「發票金額」對應採購單金額及到貨數量相乘後正確性的監督工作。

　　若每個同事都能夠做到其被要求的工作職掌，那執行長就不會在突如其來的職務代理人期間內，什麼資料都想要看，也無須擔心原本各部門同事負責各項事項時可能存在的重大缺失。取而代之的是，把營運長原本負責的工作事項完成就好。如此一來，就也不存在執行長擔憂的「還沒培養出能綜觀全局，且有足夠承擔性的主管」，以及對於公司擴大經營的隱憂。所以，公司制度是能夠協助老闆培養「能綜觀全局且有承擔性的主管」的喔！每個人都是很清楚地知道自己哪裡有所不足時，才開始有成長的。所以公司制度若能很明確地讓各位同事知道自己哪裡做得不夠好，就有機會讓同事做得更好！

第十五講
時美公司主管覆核機制 II

背景說明

　　第十四講中提到時美公司開始試用核決權限表，但也就發現了一些相關的問題。譬如說，職務代理人設定為自己的下屬或原始送件之人，導致有了核決權限表之後，反倒實際的覆核權限比原先設定的覆核權限更低。雖然大家看起來感覺怪怪的，但這就是主管們共同商議出來的作法，且新作法也確實能讓同事運作更為順暢，無須等待執行長或營運長有空閒時再看，而能讓法人系統無須為某一人的無法配合而失能。所以，這個新的核決權限應該被調整嗎？應該調整回一人強權覆核模式（由營運長覆核各種表單，核准公司對外對內的各種收付款和用印合作）嗎？又或者是相信同事會做好職務代理人的角色呢？

作法

　　在核決權限施行的第一個月，由於時美公司未使用 ERP 系統執行核決權限，所以會計部門在審核每份紙本文件都格外小心，

也發生大約十份有六份是有錯誤或漏簽核的情形。因為錯誤率高，即使會計部門盡量做到「當天審核完畢當日他部門送核文件」，仍然因為錯誤退回流程及溝通講解時間，導致請付款時程都有延宕現象，而使其他部門多有不悅，於是營運長也在「又聽到財務未於此次大批付款中製作某急件廠商款項」一事時，直接撥電話找會計主管到辦公室談話。

　　會計主管一進到營運長辦公室，只見營運長神色嚴肅地問：「我聽說廠商來跳腳說我們沒有付款，我想知道為什麼又漏了。」會計主管連忙問清楚是哪個廠商，以及是哪筆款項，再回覆說：「這筆款項來回好幾次，因為採購部門主張廠商不願意附上公司每季最新報價單，所以都只是業務用 email 寫的價格。但依照我們之前修改採購流程的會議結論，營業項目產品是需要有廠商提供的每季更新報價單，所以採購部門說明會再後補，我們部門仍在等資料，並沒有不付款的情形呀。」

　　營運長聽完後道：「那我知道了。我來提醒採購部門趕快附上資料。不過，我也想聽聽看會計主管對於核決權限表的應用一事的看法？」會計主管還來不及回話，營運長又說：「我感覺最近這個月我比以前更忙，而且更為焦慮。同事也比以往更常撥電話給我說『又有什麼資料要補』，或『又有什麼資料難產出不來』，甚至是倉管也來提醒幾次『部分產品達不到安全庫存水位』，需要緊急進貨。我在想是不是這套方法不適合我們？還是我們操之過急了？是否需要再用原本的作法持續一陣子？」

　　會計主管心想：「哇，我們會計都已經辛苦了一個多月，現在如果要把制度改回原本的，那不就回到原本『向前端要資料都湊不齊，每每

到突發狀況發生時，大家才亂成一團地各種找歷史資料』的狀態⋯⋯」於是會計主管站在要落實制度導入的立場，回覆營運長：「我前公司之前說要導入系統，也是花了一年多的時間。我的經驗是『訂制度不難』，但是要把制度調整成適合公司用的，也需要一些時間磨合，再加上各個部門目前都還在適應這個制度，可能心裡也存在『以前作法比較好』的心態。我贊成制度導入，因為這樣公司才有可能擴大，也才更可能引進更多的人才留任。各部門的溝通只用口頭講，而沒有落實紙本或電子記錄，也沒有跨部門會簽。確實在現在這個階段，有時會感受到無力，特別是在追問從前交易事項，但卻發現負責同事已離職的時候⋯⋯」

　　似乎是勾起營運長剛請假回來處理混亂時的初心，營運長說：「沒錯！我們還是要堅持！那我們就再繼續找主管們開會，把亂象處理一下。這個月會計審核到的問題，包含退件的部分，也提出來讓大家多注意吧。既然都已經讓大家不舒服，那我們的目標就是再講得更清楚，讓同事早點解決成長痛。」會計主管離開營運長辦公室的時候，心裡想：「這種成長痛還真的很痛，尤其是身為審核單位的會計部門，我也得回去安撫一下同事，讓同事更有耐心一點對待其他部門。」

　　在每月例行主管會議上，會計主管列出以下幾點最近常見到的問題：

1. 非紙本審核模式：若核決主管請假／出差而未進辦公室，急件是否能接受 email 簽核？
2. 職務代理人的設定：目前職務代理人多為自己同部門同事，但因為

公司不大，很有可能核決主管的職務代理人多為較自己層級為低之同事，導致核決權限表效益不彰；又或者是一人同時為申請人又是覆核人之情形。

3. 會簽制度應用：若非為請採購或協力廠商合作，目前未被制定在核決權限表內。但若有涉及其他部門的專業意見，是否應該增加「專業會簽」制度，由提出申請的部門先行考量需要會簽的單位？譬如說這個月發生的客戶 30 萬採購專案因客訴退回產品，由於會計部門只有看到「客服部門與客戶的溝通訊息」，但卻不知是否真的到了客訴無法處理，一定要以銷貨退回方式解決的困境。若能由品牌研究部門、行銷部門、採購部門及倉管共同會簽，確認過往與客戶合約簽訂流程合宜、產品品質合宜、廠商談判共同承擔退貨也努力過，僅剩銷貨退回一路可走，也須告知提醒倉管庫存退貨須注意後續處理……那會計部門放行時也能明白這是「經過公司各部門審慎評估後的解決方案」。

而在各位主管共同提出疑惑和想法意見後，公司針對這三點的結論如下：

1. 非紙本審核模式：無論核決主管是否請假，皆可以 email 方式進行簽核，再由申請人印出作為附件，並註明於請款單該核決主管簽名欄上，以備更高一層核決主管審核。

2. 職務代理人的設定：將代理人設定分為三個範圍，一是行政類，譬如部門內的請假單及加班單等等，可讓內部同仁代核；二是請採購類，由於涉及與錢有關的案子，應至少由該核決主管之上一級主管

代理；三為其他類，因時程較不緊急，譬如 ISO 技術類審核文件，則待主管請假／出差回公司後再行審核。

3. 會簽制度應用：若非在核決權限表之規定項目，應由提出部門先行決定須提供給何部門進行會簽。讓專業部門提供專業建議，亦有利於核決主管的簽核。若核決主管發現該文書會簽單位仍然不足，需先交至所需會簽單位並完成簽核後，再由核決主管簽核。會計主管僅需確認最高核決權限主管之簽名，視同已完成該案評估。

除了上述會計主管已先準備好的問題，亦有與會主管提出：「核決主管本身的費用應如何核准？」是故，經會議討論後，核決主管對於自己需求項目，例如手機、電腦、交際餐敘等費用，雖依照核決權限表，會在自身核決權限內，但為避嫌，其簽核權由上一級主管核決。故核決權限表亦新增一項目：「屬於實報實銷的個人交際費、車資或固定資產使用，若請款金額屬該同事自己之核決權限，其簽核權限亦應詢以上一級或其他相關主管（同等級或更高一級）簽核。」

在確認執行這一個多月期間沒有其他相關問題後，營運長也詢問各位主管對於核決權限表應用的想法。有趣的是，各位主管竟統一口徑地表達出對於「制度訂定」的高度認同，雖然部分主管亦提到該部門裡確實有些執行困難，但是目前所見這些困難都是花時間溝通就能夠完成的。主管僅表示公司要有兩、三個月的練習時間，各部門要理性溝通，在導制度的階段不要只是想著完成工作，跨部門的溝通還需要有耐心及和善，才能讓前後端的不同部門能夠更理解對方的流程和可能作法，進而讓大家較設身處地幫公司整體著想。

執行長也在會議尾端提到：「公司也已經到了要準備導入 ERP 的階段，如果大家現在能把流程處理得更爲簡潔細緻及流暢，絕對會讓未來的痛苦指數下降。我也聽聞很多公司是在導 ERP 時，公司突然業績大幅向下，一蹶不振，又或是人心失離，離職潮源源不絕。所以每每聽主管提到要導 ERP 解決人力困境時，我就會聯想到『我們同事準備好了嗎？』但這次的實戰經驗，我也看到主管們的理性分析和共同調整制度，看來我們離公司加速擴大成長距離不遠了，我非常期待，也很感謝與各位主管一起共事。」

最後也向會計主管說：「我們表面上還是要嚴格執行制度，但私下如果是舊案子就放點水吧，想著三個月後要完全執行，這樣行嗎？」會計主管看著各位主管的表情，笑了地說：「我以爲我們已經很放水了，不過還可以再更放水一些。也再請會議記錄及附件出來後，各位主管多幫忙宣導同事應注意的注意事項。」

結論

核決權限是公司日常運作的基礎，核決權限若設計得宜，絕對會讓公司上下得心應手，也能增強跨部門溝通的連結性。但因爲每家公司的文化及商業實務多有不同，即使是同業也可能有不同的作法，都需要公司再行調整，找出最適合公司的作法。且因爲公司買賣產品流程或組織發生異動，所以即使公司已有了核決權限，仍然每年或多或少存在些微修改，來因應管理上的需求。

這兩講提到還沒有 ERP 的公司核決權限，所以衍生的問題是「有

ERP 跟沒有 ERP 的公司應用」有什麼差異呢？電腦一定會比人腦的運作速度快，但還有其他差異嗎？就筆者過往經驗，主要還是在人腦與電腦對於「彈性」的差別。沒有 ERP 時，大家會自行判斷這份請款單的下一個簽核人是誰，以及送到該簽核人位置時若其不在，亦會自行詢問職務代理人等等，雖然耗時較長，但文件完成簽核的流程該注意的項目較會被考量到。通常，沒有 ERP 的公司人資部門會每年修訂一次各部門各項職務負責人及對應職務代理人名單，以讓大家執行跨部門合作會簽時能更有效率。而在員工離職時，離職流程上即須交出「未來職務的交接負責人」及「職務代理人是否進行調整」之名單，由該名離職員工之主管簽名後送人資部門修改，以便跨部門功能運作得宜。

但是若為有 ERP 的公司，往往因為沒有人腦的介入，在初導入 ERP 階段中，常會感覺到「這個流程怪怪的」，以及「為什麼這份文件要給這個人簽」等等的情形，這也需要人腦協助除錯和調整核決權限流程，讓 ERP 系統能更符合公司文化。不過，現行的 ERP 已較以前成熟許多，所以若能好好與 ERP 導入顧問溝通並合作，且在 ERP 剛上線時期讓各部門同事都積極參與並調整不順暢之處，就能讓同事接受 ERP 的程度更高，也會讓 ERP 對公司全體來說「更好用」喔。畢竟用電腦代替人腦的過程中，不可能讓電腦擁有人腦的彈性，但能讓電腦的施行規則更多元，增加不同條件下的不同流程走法，使之看起來更有人性。

第十六講
穩捷公司核決權限應用

背景說明

穩捷公司是個上櫃公司，早已有 ERP 運作及核決權限等等的相關規定，而這講內容就要帶讀者一起看看這樣的公司又會有什麼問題？

在穩捷公司有個傳聞，只要跟錢相關者，就一定要找財務部門會簽。雖然不一定真的需要財會部門的專業，可是財務會計員的太難了，所以各部門的心態就是「會簽找財務部門準沒錯」！就算財會部門可能會說出：「這找我們幹嘛？」但同事只要笑笑說個：「拜託啦！幫我看看。」財務部門也是趕快看完後用印或寫上「知悉」，讓跨部門同事繼續運作。這個流程，對於穩捷公司的同事來說，也是習慣性的作法了。而對財會部門來說，雖然有點煩人，但仔細想想，還是會感覺到「專業被認同」的感覺，所以財會部門常內部笑稱自己是資料的終結者，大多資料的終點站都是財會部門。會計主管也相信，這其實是來自於董事長對財會部門的信賴，而影響著全公司的同事尊重財會部門。

　　這一天下午，會計同事小美從廁所回辦公室時，跟大家說：「公司最近有個大八卦，我忍了好多天了，我真的好想說。大家想聽嗎？」在同事的作夥起鬨下，小美說：「我聽說業務副總大帥最近都住飯店，因為被老婆趕出去。我剛好有個閨密，是業務副總家小孩的國中班導師，小孩跟老師說的。很誇張吧！你看業務副總在公司裡看起來多驕傲啊，沒想到在家裡是妻管嚴耶，不知道做了什麼，沒哄好老婆，還被趕了出去。」整個會計部門七嘴八舌，來自四面八方的各種八卦亂成一團，會計主管忍不住要大家安靜下來，回到各自的位置上好好工作。

作法

　　會計主管告誡大家：「不要在上班時講同事的八卦，尤其是會計部門有非常多的機密資訊，在與其他部門溝通做朋友時，也不宜連結太緊密，以免所有機密資訊都說出去。譬如小美的閨密就不應該把自己學生家的事情告知好友，更何況這個好友跟業務副總在同一家公司。」小美對著會計主管回覆：「老大我知道錯了！我不應該大聲嚷嚷這種事情。」

　　過了幾天，會計主管又從其他部門主管那聽到業務副總的新新聞：「這業務副總就是因為玩太誇張了，被趕出去還真的是活該……」會計主管想著平常與這個業務副總的相處，覺得他人很好相處，雖然人有點臭美，但是該回答的都會回答，是真會講話，所以業績也嚇嚇叫。哎，終究是人家的隱私，自己還是不要管得太多，也不要多探聽，以免下次開會對到眼的時候尷尬。

　　會計小美在過了兩週後的星期五中午，與會計主管在廁所門口碰到面，小美詢問會計主管今晚有沒有什麼活動，因為她碰到一些事有點糾結，需要會計主管一起商討。被小美搞得神神祕祕的會計主管還以為小美是不是被挖角了，所以要討論離職一事，於是就約好晚上同事走之後再做討論。好不容易等到了七點多，所有財會同事都接續離開辦公室，小美抱著好幾疊的傳票到了會計主管辦公室。

　　小美說：「老大您看，我這幾天都有去調業務副總的交際費資料，結果我發現一些證據，要說明我真的沒有亂講八卦，他真的很亂。」說著就一張一張展示給會計主管看。映入會計主管眼簾的就是喝酒發票，一張接著一張，又或者是同天有兩、三張的續攤計程車資及酒店請款明細表，眼尖看到時間寫著凌晨兩點三十八分、凌晨四點十一分等等的訊息，確實都在在表示業務副總這陣子流傳「花名」的證據。

　　小美：「我以前就覺得這個業務副總特別會喝耶，交際費特別高。雖然他隱私不關我的事，但是我就是做他們家應付款的，我總不能跟我自己說裝作沒看到。而且他自己喝就算了，我有個朋友小葉就在這個副總底下，這個副總除了自己去喝，都還要拖著他的業務同事一起去。小葉最近跟太太吵架就是因為副總有天又拉他去喝，到凌晨三點還不回家，太太一氣之下帶小孩回了娘家。小葉昨天跟我提到他很為難，不知道要不要離職，又說很喜歡這個公司……」會計主管心想：「原來想離職的不是小美，是小葉。」雖然鬆了一口氣，但還是覺得這件事得要處理一下，便告訴小美說：「謝謝妳的見微知著，以及正義凜然。我想想看我怎麼處理。」

　　會計主管的週末假期，雖然與家人一起看著電視，但也在心裡盤算這件事。看著先生跟女兒打打鬧鬧搶著零食和要看哪一台頻道，想著：「還好我先生不太會講話。」或又想著：「我應該要怎麼調查這件事？」及「如何向上反應這件事？有沒有可能總經理也早就知道這些？」雖然想了很久，好像也無法太確認這件事情的真實性，以及老闆會怎麼處理這件事。畢竟這是人的處理，不是單純事件的處理。對於可以幫公司帶業績的優秀同事，老闆應該會希望其留下。但是這種傷害公司形象的作法，又應該要消除，以免劣幣驅逐良幣，最後公司留下的是這種花名業績。

　　星期天晚上，會計主管就傳了訊息給小美，請小美將現有資料影印整理好，再用文字說明報帳日期及與其他文件關聯，並約定於星期三前提供給她，好讓她這週可以找時間向上報告。小美星期一就把所有資料都整理好給會計主管，並用眼神為會計主管加油，會計主管也只是微笑地收下資料，回家後陷入「要和業務副總的直屬主管報告？還是要和總經理報告？或是直接找董事長報告？」的困難。

　　剛好星期三是董事長放行本月大批付款的時間，會計主管到了董事長辦公室做例行性的支出報告。董事長問：「這個月有什麼特別的事情嗎？」會計主管說：「金錢是沒有特別大筆的支出，不過最近公司倒是有個特別大的八卦。」董事長：「妳不是愛講八卦的人啊！說吧，年輕人最近都在講什麼。」會計主管便大致講了這些八卦，也強調「未經求證」及「業務副總每個月的業績與交際費的比例都符合公司規定」等等。不過董事長「臉色漸沉」，董事長說：「業績雖重要，但人品更重

要。我們當初幾個創辦人是從眞的什麼都沒有的小店開始做，花了二十年慢慢建立到現在。現在這個規模也不是我們那幾個老頭能做得到的，要靠的是大家一點一滴地累積信用、鞏固基礎擴大建設。所以我們選擇用什麼人，公司就會變成什麼樣子。我想想看怎麼處理。」

再隔幾天，也就是快要到營運會議的前三天時，董事長打電話請會計主管準備各業務部門的交際費彙總報告，也請會計主管看看要怎麼可以讓該業務副總出現在排行榜上。於是會計主管用總交際費金額做排行，馬上可以看出該業務副總的交際費金額名列第一，比第二名的同事超過 30%。雖然交際費金額較高，但若對應業績狀況，則該業務副總表現卻好上許多。然而若以業務副總爲單位形成的業務團隊做交際費排行，該業務副總帶領的團隊交際費金額除名列第一外，也比第二名的業務團隊增加了兩倍多，更看得出來該業務副總可能不是完全靠自己報支交際費金額，是靠同行同事買單，而業績卻多掛在自己身上。於是，會計主管就選用團隊爲單位的交際費報告提交董事長。

營運會議的這一天，董事長說明要提出臨時動議，因爲公司目前要增加海外新廠的建設，公司內部的花費須做費用凍結，特別是從交際費做起，雖然交際費過往已訂定額度上限，但希望大家能在這一年節省開銷，也盡量少去酒店等花費較高且較傷身的地方。隨後，會計主管也秀出交際費排行榜，董事長倒也沒針對該排行榜有什麼評論，只說下一季再重新來檢視此表，希望每個團隊都能每月以減少 10% 爲目標。

隔了一年的公司家庭日中，居然增加了一些運動競賽，帶頭的領隊竟清一色都是公司業務副總級別。在大家八卦聊天之際，會計主管也

從某個副總那裡聽到：「董事長年紀大了，特別重視健康，除了身體健康，還關心起高階主管的家庭經營。也分別找了副總級別同事談話，說是要推行公司的運動社團，需要靠這些業務高手們來參加，打造公司健康的形象……」會計主管心想：「董事長真的很忙，沒事還得創造一些動機讓大家換忙別的。」

結論

　　交際費這類型費用其實不一定每個人都會拿到公司來報帳，但是如果真的拿到公司報帳，公司財會部門也難驗證是否真的與客戶交流有關，所以都是建立在公司對員工的信任感上。

　　財會部門身為公司每筆交易的把關者，本身就需肩負以稽核角度來看待前端送件資料。既然財會部門的角色已被塑造，那就代表財會部門除了執行文件表面的審核工作，有時候也需要看得很深，與稽核部門共同做到「斬妖除魔」的境界。而心中這把尺怎麼拿捏呢？又要怎麼審核才能審到骨子裡？有時候真的也需要跨部門的連結夠強大，共同守護公司。

第十七講
穩捷公司應收與存貨關聯

背景說明

　　穩捷公司已經是上櫃公司，內控制度建立相對完善。會計部門監督收款的方式係於結帳後製作公司應收帳齡表，若有逾期款項則交付業務單位進行催款，業務單位需定期回報催款進度及有沒有可能有客訴問題收款疑慮。但是因爲穩捷公司係屬大型廠房設備製造業，也常見到客戶故意拖延驗收日期，導致即使公司於安裝完成後立即開立發票交付，但客戶也會以「尚未試產」或「待一段時間後確認工廠流程順暢」等理由搪塞；又或者是客戶自行扣押部分款項作爲保固款，待一年保固期完成後再行付款的情形。於是，穩捷公司的會計主管雖然看到應收帳齡表有諸多逾期款項，但也能大概用「已付款項比例」或「逾期時間」推測哪家公司可能有問題，而哪些只是客戶慣性作法。

　　穩捷公司的業務績效獎金發放方式是採分段發放。當合約簽訂時，發放全額應發放獎金的 20%；交貨後發放獎金 50%；收款後再發放剩餘之獎金。所以業務同事向來對於會計部門的催款通

知都是配合的態度，除非有些客戶真的很刁鑽，這時候就需要出動跨部門的收款小組，包含業務、財務及法務同事，共同追討。

　　這個月會計主管收到應收帳款帳齡表，發現一海外客戶 Z 的逾期期間已超過四個月，於是就詢問會計同事到底發生什麼事。會計同事說：「上上個月追的時候，業務表示他們原本負責的同事已經離職，這案子剛好漏掉安排交接負責同事，所以會趕快派同事去追；上個月追的時候，業務說客戶對於設備品質不滿，不願意驗收，所以錢還無法收回。這個月我會再注意追蹤。」如果您是會計主管，聽到負責會計給的答案，您會接受嗎？又或者應該怎麼處理呢？

作法

　　會計主管請負責應收帳款的同事從 ERP 系統中調出此交易的歷史收關資料，包含合約、客戶溝通記錄及出貨等記錄。而應收帳款同事整理出以下時序，交予會計主管。

日期	事件
2021/10/21	與客戶 Z 簽訂簽約完成，客戶購買項目為一機具設備，交易價金為美元 35 萬元。
2021/12/17	穩捷公司收取 30% 訂金，即美元 10.5 萬元。
2022/3/22	穩捷公司出貨完畢，ERP 系統顯示出貨時已開立 invoice。
2022/4/6	ERP 系統顯示：工程部門執行安裝及測試完畢。
2022/7/1	ERP 系統顯示跨部門溝通記錄：因出貨後三個月尚未完成驗收，會計同事曾於結帳程序時詢問業務部門原因，而業務部門回覆「原本負責同事已離職」，正在處理中。

日期	事件
2022/7/14	出貨時開立的發票已逾期兩個月（與客戶簽訂的收款條件為 T/T 60 天，應於 5 月完成收款）。 ERP 系統顯示跨部門溝通記錄：會計同事詢問業務部門原因，而業務部門回覆「原本負責同事已離職，現已交派負責同事向客戶 Z 接洽中」。
2022/8/12	出貨時開立的發票已逾期三個月，ERP 系統顯示跨部門溝通記錄：會計同事詢問業務部門原因，而業務部門回覆「機台功能沒有達到客戶要求，客戶 Z 不予驗收。已派客服單位前往處理」。
2022/9/5	ERP 系統顯示跨部門溝通記錄：客服單位抵達客戶 Z 工廠，並與客戶溝通如何調改使用設定。 此日為 ERP 系統顯示予該筆交易有關之最後一筆狀態更新。

　　會計主管算算今天日期是 2022/9/14，可能還在處理，便也預測客服單位仍在處理中，還需要一段時間才能調改完畢。於是便於過 5 日的 9 月營運會議上，提醒各部門這個案子已拖欠貨款超過四個月，且出貨至今約略半年時間都還沒完成驗收。相對應的業務主管也回覆道：「這個案子我們密切跟追中。之前因為業務同事離職，居然漏安排接替同事，我們內部也重新再順了交接流程，確保以後不再犯。我目前認知是『工程部門有派人與客服一同進場整改設備』，目前估計要兩個月的時間才會完成，所以我們預期 11 月會驗收完成。」工程部門主管則表示自己原本沒有特別留意這個案子，但他會回去關心進度。

　　接下來的幾個月，這個項目都在會計主管的每月重要追蹤項目內，但因為每次收到工程部門的回應都是：「疫情影響延宕，正在進行中。」看起來就是穩捷公司的問題，而非客戶問題，除了催促工程部

門，好像也別無他法。

　　而除了應收帳款外，會計主管也在查看穩捷公司的存貨資訊時，發現周轉天數又再增高，成長趨勢不甚好看，存貨餘額也逐月攀高，雖然業績也是呈同方向逐月成長趨勢，但為了避免可能的營運問題，仍然請負責成本的會計同事研究一下原因。

日期	2021/8	2021/12	2022/3	2022/6	2022/8
存貨金額	7.44 億元	8.73 億元	11.55 億元	11.81 億元	14.89 億元
存貨周轉天數	180	190	223	230	267

　　光 2022 年 8 月底的存貨餘額就較去年同期增加了一倍，原本以為營收成長，存貨增加理所當然，深入追查卻發現穩捷公司在「在製品」和「待驗品」的金額上都有頗大的差異，請看下方表格。若是為了因應營收成長，應該要增加的項目是「在製品」和「製成品」才對。

項目	2022/8 與 2021/8 之餘額差異	%
材料	1.28 億元	17
在製品	1.93 億元	26
製成品	-0.26 億元	-3
待驗品	4.50 億元	60
合計	7.45 億元	100

　　故依據成本負責同事的追蹤發現，在「在製品」方面，發現現金訂

單與業務預測單的比例各占約一半，較過去的 80%：20% 差異甚大。於是找廠長請教，廠長表示：「因為最近有 T 客戶接洽中的訂單，客戶需要的交期又短又急。業務主管來商討，工廠需先備料生產，來因應可能的急單。」會計主管問：「還沒簽訂的合約，工廠就先備料生產了？現在合約簽訂了嗎？」成本負責同事說：「這張備料單有總經理簽名，但是合約還沒簽訂。廠長說這張訂單算是標準品的衍生產品，雖然可能訂單會生變，但是還能作為其他產品之用。」會計主管則說：「好吧，既然總經理都核准了，那簽核流程就沒問題。但也麻煩妳幫忙追蹤這筆訂單吧，確定最後有簽約。不管有沒有簽約，我們都得要密集盯著在製品的餘額了，金額越走越高，萬一沒有出到貨又會產生不小的跌價損失。不得不防！」

　　成本負責同事繼續報告：「在『待驗品』方面，金額增加很高的原因是公司已出貨，未能及時安裝及驗收。原因經與工程部門確認，分為兩點。因為疫情關係，工程部門到哪都要隔離，移動不便，公司成本也很高，多半會想如何讓鄰近的客戶一起在鄰近時段接續動工，就影響了不同案件安裝時程；另外，客戶端亦有因疫情關係停工的情形，所以工程部門也表示他們有一堆安裝和客服排程積在後面，都還在努力消化中。」會計主管回道：「大環境問題像疫情影響如此，對照工程部門說的內容都能理解，我們也能體會他們的難處。但是我們最近花很多時間盯的客戶 Z 呆帳，也是因為前端部門交接沒處理到才產生，如果沒有催帳可能也不會被注意到。所以我們還是得確認一下，工程部門說的內容跟實際帳務內容是否一致。」

　　當成本負責同事回去確認後，就再報告給會計主管：「我彙總了截至 8 月底的待驗品清單，查看庫齡較長及金額較大的項目後，發現客戶 Z 是目前待驗品清單中庫齡最長的項目，其他的大概都是兩個月左右，還在客戶安裝測試及準備驗收的合理期間之內。我抽了三筆比較大額的查找 ERP，沒有特別發現流程有疏失的地方。」會計主管說：「好的。那就要麻煩妳多盯著庫存餘額，還有每個月多留心抽查，如果餘額有再增加的趨勢，我下個月的營運會議一定得提出存貨節制的議題。」

　　隨著時間慢慢過去，原本預定 2022 年 11 月就要驗收完成的客戶 Z 整改案，因為疫情動盪，導致工程延宕。最後，終於在 2023 年 1 月完成，可以驗收囉。可惜的是，會計主管等到 2023 年 2 月，仍然收到同事回報：「因為客戶決定停產該產線產品，所以客戶不予驗收。」哇！會計主管一聽，心想：「這客戶太過分了吧！我們花了這麼多的時間做整改，看起來就是沒打算付錢嘛。」於是趕快撥電話給業務主管討論可行性方案，業務主管表示：「現在我們也沒轍。客服部門來回溝通了幾次，客戶工程師都沒問題了，問題都出在坐辦公室裡面的那群人。客服部門也是氣到跳腳……」

　　於是會計主管就約了法務部門同事，並召集各相關部門同事與會，共同商討收款事宜。幸而法務同事給了一個好消息，是她調閱合約後發現，此設備屬於研發原型機，故於合約中有約定出貨後三個月內須完成驗收，若未完成驗收，亦視同驗收完成。大家在聽完這個消息後，無不覺得振奮人心。工程部門主管則說：「所以根本不用去做整改嘛！我們同事去整改的時間就已經超過出貨三個月的規定了。」大家也面面相

覷，沒想到公司的合約居然藏有這條規定，以後真的要先看完合約規定再行動才對。

而後，法務多次發律師函予該客戶，要求客戶依合同期限辦理驗收及付款。於是，在 2023 年 4 月，客戶同意完成驗收並按規定支付貨款，但有針對穩捷公司設備導致客戶生產損失金額約美元 5 萬元部分則不付款。業務部門後續也與客戶進一步協調「剩餘貨款的付款方式」，改採分期付款方式，每一季付 1 期款，分 6 期付款完成。

結論

有時候難免遇到某個部門人事異動頻繁，就像是這個議題裡遇到的業務部門漏交接一樣。所以身為營運後端的會計部門，絕對不能完全聽信營運前端的部門同仁講的話，仍然必須透過查看公司財務暨管理報表資訊，看到可能的異常，往下則需要追蹤交易細節，再加上理性分析，而不能只淪為形式檢查。

另外，也提醒讀者，如果您的公司屬於「員工流動性大」的特質，那公司的資料庫就要更為健全，包含能確保債權完整性的交運簽收單據、發票及驗收單據等等，都須妥善上傳系統歸檔，以免真的跟客戶有糾紛時，沒有足夠證據佐證實際出貨時點或完成驗收時點。

最後，相信眼尖的讀者有發現這一講的會計主管，透過應收帳款和存貨的角度發現同一個問題——「客戶透過延遲驗收而不付款」。營運問題不會只出現在某一個數據資料中，因為商業營運是流程概念，環環

相扣的流程勢必是一件事影響另外一件事，所以會計記錄上也會同時影響不同的科目及餘額。也就是說，只要會計主管夠細心，勢必會從不同的角度追查到同一個問題，就算解決作法和切入角度不同，但因為一環扣著一環，最終就會讓一個接著一個的問題浮上檯面。換句話說就是，如果一個問題解決了，另外一個接著一個的問題也就有可能陸續被解決喔。

第十八講
穩捷公司應收管理模式更新

背景說明

　　穩捷公司係成立二十年以上之上櫃公司，內控制度早已運行多年，且有公司自己一套溝通和處事方式。各部門都有自己的權責範圍，在不同專業的權責分立之下，跨部門的溝通雖頻繁，但也都會尊重不同專業同事的看法和作法，除非眞有同事踩線或侵害公司及部門權益的行爲，才會觸發反彈聲浪，或較積極地爭取權益作爲。

　　由於穩捷公司屬於大型廠房設備製造業，公司的客戶數量不多，但單筆交易金額卻很高，所以公司治理的重要工作絕對有一項是「應收帳款收回」議題，而議題相關的處理也在第八講的客戶催款、第九講的客戶收款政策調整、第十講的信用狀及銀行保證函應用，以及第十七講的應收與存貨關聯中都有帶到，如果讀者感受不夠熟悉時，建議先回過頭翻閱之後再往下讀喔。而有些讀者可能已經發現涉及「建立制度」的案例，幾乎都不是以穩捷公司爲主角來講述，主要原因就是穩捷公司所處階段早已設立過這些制度囉，所以這節我們要談的便是調整制度的部分。

　　穩捷公司雖已有訂定完成的會計制度，但制度終歸是制度，仍然需要隨著時間進行微調，以達到最合適的效用。穩捷公司的財會部門對於應收帳款議題，遇到的最大問題便是「收款日的不確定性」。若為國內交易，穩捷公司分三次（訂金、出貨及驗收時）開立發票；若為跨境交易，則一次於出貨時開立 invoice。穩捷公司自開立發票或 invoice 起，ERP 系統開始起算 90 天收款；但實際上，無論是國內或跨境交易，客戶都可能等到驗收後才付款，而客戶又多欲等到工廠試產順利後，才會願意安排付款。所以當會計部門開出發票時，並無法得知何時才會收款，即使合約約定「付款條件」是「收到發票後 90 天內付款」，客戶也會自動忽略此訊息。

　　收款日期不確定一事，會導致財務部門的現金準備部位較高，以用來因應當客戶款項逾期尚未付款時又需要支付廠商大額貨款等的現金需求。所以身為財會主管，不僅需要管理「應收帳款催款」，也需要管理「資金運用效率」，而目前作法就只能仰賴會計部門同事每月製作的應收帳款帳齡表，提供給業務部門同事填寫未收款原因，再由會計部門同事維護預期收款日期，讓財務部門同事知悉「收款預期日」，以做近期資金規劃。若您是財會主管，您有更好的作法嗎？

作法

　　財會主管在準備每季固定營運會議上要報告的財務事項時，發覺穩捷公司的銀行存款每季餘額越來越高，雖然沒有資金短缺問題，但回想每個月遇到大批廠商付款加計發放薪資獎金時，財會主管總會擔憂

到底手邊的活期存款準備金夠不夠付款，還是需要解定存、贖回投資或增加貸款之類的項目來因應。為什麼銀行存款餘額越來越高還會讓人擔心呢？其實是因為公司隨著業績增加，應收帳款餘額也增加，但是收款率下降時，導致財務部門不敢如之前的模式保留公司安全資金水位，而需要增加資金因應可能的突發狀況，包含客戶預計要收款而沒收款的情形。所以，財會主管特別查看應收帳款周轉天期，以確認是否應收帳款收回困難，導致資金準備日漸吃力。

　　依據同事準備的數據資料顯示，應收帳款周轉天期上並無明顯惡化，但在收款率上可以看出五年度的收款率逐年下降，這就是為什麼財會主管每個月都得緊張地盯著資金餘額的原因。由於收款率逐年下降，導致公司營運資金流入不足，也連帶使銀行貸款金額逐年升高，負債比率到這季已超過 60% 了。想到這裡，財會主管又開始傷腦筋，便也約了營運主管私下討論。財會主管藉由以下圖表讓營運主管確實看到收款率逐年下降的事實，說明希望業務部門能在 ERP 系統記錄應收帳款的預計收款日，同時可以讓業務部門和會計部門追蹤客戶狀況，也可以讓財務部門安排資金規劃。營運主管看起來未能痛財會主管之痛，表示「機台驗收日很難訂出來，通常受制於客戶」，能夠「理解財會部門的困難，但是這也是業務部門的困難」。

　　眼看營運主管的態度有些為難，財會主管也在營運會議上再度提到「收款率逐年下降」及「營運資金流入不足」等相關數據，希望業務部門能加強收款的力道，也希望總經理及營運主管能重視此事。總經理及營運主管雖然都在會議中表達肯定支持的態度，但是會議結束過後幾

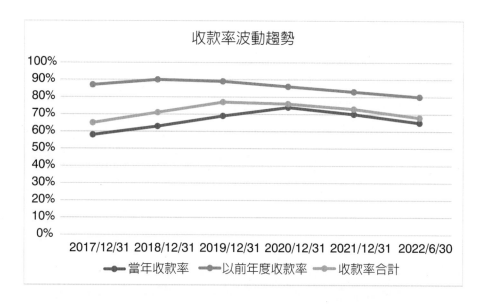

天，財會主管再找上營運主管時，營運主管卻說：「我已經通知各業務單位主管『催款進度要盯緊』，您再看看有沒有改善。如果收款率沒有改善的話，我會再想看看怎麼更積極地要求大家。」這個回應雖然不像假的，但是已經熟悉跨部門溝通的財會主管仍然明白這就是營運主管給的「軟釘子」。財會主管自己也明白穩捷公司的業務部門太大了，如果真的要讓預期收款日制度推行，確實需要耗費管理資源，也不能一蹴可幾。

　　而再過了一季，狀況當然沒有顯著改善。財會主管看完這季的數據分析後，不免長嘆一口氣，還沒想到解決方法的她，再往下看著同事交上來的「歷史預期信用減損損失率」。這份資料是應收帳款同事花了三週整理這一年的應收帳款收款資料，因應會計師要求的 IFRS9 資訊。雖然這次花了三週，想起來時間很長，但回想起第一次製作時，是應收

帳款同事全體動員，還花了三個月的時間整理過往年度的應收帳款收款資料，確實大家也熟練了不少。突然間，財會主管想到一個好主意，何不藉由「IFRS9 的歷史資料準備，耗時費力卻又不夠精確」的困境，一起解決預期收款日資訊缺乏的問題呢！

　　於是，在本季的營運檢討會議上，財會主管也再度提及這季的收款率反倒表現更差，雖然營運主管已有幫忙要求，可是產業大環境的收款困難不容忽視。財會主管也重新表述自己論點：「目前穩捷公司的應收帳款管理，僅以每月製作應收帳款帳齡表的方式，透過帳齡過長者的逐筆追蹤，進而管理應收帳款收款。但是，事實上可能該筆應收帳款尚未被驗收，僅安裝完成且客戶正在試產中。大家也都心照不宣：『試產會被客戶拖延很久才能辦理驗收是業界陋習。』另外在 ERP 也無法輸入多期應收帳款的預計收款日，譬如說訂金、出貨和驗收就三期，驗收有時還可能會再分期，而這些都僅能以人工方式管理。」會計主管講完後，再提到之前會計師說的話：「用人工方式耗時費力且資料統計不精準，IFRS9 公報實施之後還是會建議公司盡早用系統化方式做歷史資料的彙總。」

　　當提到會計師說的話時，總經理便出聲了，表示他記得之前董事會議時，會計師確實有跟獨立董事花不少時間討論 IFRS9 的因應，也還記得這會影響公司的收入認列。說到這裡，財會主管又加碼說道：「如果 ERP 都能夠記錄每筆交易的預計及實際收款時點，除了所有同事都不需要靠人工方式互相詢問，可以藉由自行查看 ERP 獲取需要的資訊之外，也可以藉由精準的數據獲取，驗證公司的收款表現非常好，而不

需要提列較高金額的預期信用損失……」

　　皇天不負苦心人，營運檢討會議結束前，總經理決議要將「ERP
建置預期收款日」增設為專案改善項目，啟動 ERP 程式修改，並請營
運部門討論制定出不同機種的合理安裝驗收天期，也預計三個月內完
成 ERP 修改並上線測試。目標是「將來每筆應收帳款都有預計收款日
及實際收款日」。逾期未收的應收帳款可以順利取得，用以計算出信用
損失率，而無須花費太多人力去整理計算資料。一目了然的逾期應收帳
款，更容易讓相關同事聚焦及追蹤管理，後續 ERP 亦能依照預計天期
產出提醒收款的資料，就不用等財務出管理報表來提醒。另外，收款的
預估也能更明確讓財務部門在資金預測上，更容易掌握資金未來流入的
時點。

結論

　　從這講內容中，相信讀者可以看出「跨部門溝通」需要智慧，而在
大公司裡的跨部門溝通，更是需要更設身處地為對方著想，並講出對方
會想聽的話，才有可能執行，從而達到雙贏的目的。當會計部門花很多
時間製作「歷史信用減損損失率」底稿時，即因為會計部門認為「此資
料就是因應會計原則該進行的工作」。身為會計主管，當然不好意思讓
公司直接調整 ERP 及相關流程；但當遇到營運相關議題（收款率逐年
下降及負債比逐年增加），財會主管苦惱不得解的時候，卻可以用過往
「已接受的人工處理解法」議題，引發總經理及營運主管的調整意識，
進而帶動營運及業務部門調整流程。很有趣吧！

第十九講
時美公司現金舞弊

背景說明

　　時美公司為了選品、品質檢驗及出貨包裝等方便，在西班牙設立子公司，名為時美歐公司。時美歐公司共有八人，包含兩位台灣人及六位當地人，一位台灣人為子公司總經理，負責當地管理事宜，包含人事及財務；另一位台灣人及其他六位當地人，則組建兩人行銷暨品牌研究部門、四人採購暨倉管物流部門及一人行政財務部門。時美公司執行長每年不定期到時美歐公司出差，參加展覽或拜訪重要廠商，而會計主管則是每年定期一次到時美歐公司進行業務稽查和盤點作業。時美歐公司總經理則每年一至二次回台灣探親，及參加時美公司年節感恩餐會。

　　時美歐公司的財務審核流程皆是由時美公司財務部門負責，故時美歐公司的同事幾乎每天都會和時美公司聯繫，溝通頻率高也養成一定的默契。因為跨國距離及時差的關係，加上台灣 ERP 系統皆為中文，不方便不懂中文的西班牙人使用，所以時美歐公司的簽核流程，基於便利性及時效性的考量，時美財務部門便接

受幾種形式的核准，如 email、傳眞、Skype 或 Line 通訊軟體的截圖皆可。

　　前陣子因為因應時美歐公司租約到期，管理階層考量將原本位於首都的辦公室搬離到其他城市，因為更靠近工廠和港口，出貨方便且租金較為便宜，但是這也造成部分同事因為不能配合搬遷而需資遣員工的情形。整體而言，對時美歐公司是利大於弊，所以便也在時美公司管理階層及會計主管看過子公司總經理的預算後，同意子公司總經理依照預算進行時美歐公司的搬遷作業。

　　而這天，時美公司的會計主管收到時美歐公司行政財務的訊息，表達對會計主管平日照顧的感謝，但無法跟著公司搬遷，很遺憾地要說聲再見。最後也說明想知道資遣補償金的計算方式，但是因為公司總經理不提供的關係，所以想私下來詢問是否有機會能知道資遣補償金有沒有計算錯誤。若您是時美公司的會計主管，您會如何處理呢？

作法

　　會計主管收到訊息時，便回應時美歐公司的行政財務同事花花說：「薪資採密薪制，我也無法看到。如果妳有疑問的話，建議可以找子公司總經理詢問。」而花花卻回答說：「我問了總經理，總經理說是母公司財務算的，他就是照發而已。所以我才來請教您……」會計主管看到訊息後，自言自語道：「子公司總經理怎麼回事？資料都是自己提供給我們的，怎麼會好像搞不清楚狀況。還是懶得跟同事講清楚啊？」便也回覆給花花：「我明天進公司幫妳了解一下，再請子公司總經理回覆

妳。」

　　隔天早上，會計主管剛好在搭電梯時遇到人資主管，便提起了花花昨天傳的訊息：「這次時美歐搬遷的資遣費計算是子公司總經理做的吧？昨天花花跟我講子公司總經理沒給她計算式耶。你們家的事，建議我怎麼處理？」人資主管說：「我那邊有資料，我可以查得到。不過子公司總經理做事很快，之前討論資遣作法的時候也都提案得很快，不太相信他不提供給同事。說不定是中間有什麼過節。」說著說著，因為兩個人在不同層樓，所以也就約好讓會計主管將花花的聯繫方式傳給人資主管，讓人資部門去處理。

　　會計主管走進辦公室的過程，就又再思索這件事，總覺得哪裡怪，但又說不上來。所以會計主管便在告知花花會請人資部門聯繫她時，詢問花花對於子公司總經理的看法。花花在說完「謝謝」之後隔了半天才回訊息說：「總經理的事我們不方便說什麼，不過總經理做事很神祕，管人很凶，很有東方風格。」會計主管心想：「好像跟我想的不太一樣耶。平常看他做事畢恭畢敬，原來對下屬的作法差這麼多。」而會計主管的直覺告訴自己「過往只要遇到事情有矛盾就一定要往下追」，如果是自己想太多就當雞婆，但如果真的有問題，一定要越早發現越好。

　　於是，會計主管就跟花花要了「終止聘僱關係協議書」，上面寫的金額是新台幣 435,000 元。會計主管也調閱本次搬遷人員資遣公文單、人資報銷部門明細，因公司採密薪制，無論是發薪、獎金等涉及個人所得部分，入帳僅會取得部門別統計資料，且沒有人數欄，因為怕會計人員推算出部門別平均薪資。會計主管仔細檢查核決權限、公文單金額及

報銷金額後，確定會計部門審核流程皆無誤。不過會計主管發現「人資報銷部門明細」中有寫到財務部門資遣費金額是 860,000 元，但據她所知財務部門只有花花一人，也就是說應該要給花花的 860,000 元只給了 435,000 元。

天啊，不得了了！會計主管趕快撥給人資主管，約進會議室討論此案。會計主管把自己調閱出來的歷史審核資訊提供給人資主管，人資主管則是在取得執行長同意後，與會計主管開始逐一核對每一位資遣費同事資料及財務入帳資訊，然後居然也發現資遣名單上，竟還出現一位半年前就離職的行銷部門同事，代表這個同事不只被當成人頭盜領資遣費，在離職之後也持續在領公司的薪水。

雪球越滾越大，會計主管甚至擴大查核，將時美歐公司所有請款傳票後附的請款單，都逐一核對廠商合約、時美公司簽呈等非時美歐公司的外部資料。居然，又發現一筆行銷顧問費，台灣主管簽核的原始簽呈上寫新台幣 12,000 元，但時美歐公司傳給時美公司財務時卻是歐元 12,000 元。細看了傳票後的請款單附件，才發現因為是用掃描影本作為附件，所以很有可能是剪貼作業後的成品。

想到這裡，會計主管不禁感到自責愧疚，質疑自己：「每年都去子公司一次，是不是都太著重在例行公事，沒有注意到細節。雖然會看所有的傳票，但是附件就沒有認真檢視問題，也沒有發現同事對於總經理的看法。如果我夠警覺是不是可以抽核到呢？在這種大事，如果向人資主管多點照會，是否能早日發現呢？」自己總是做得不夠多，這種感覺真不好受。

又想到前陣子在討論資遣費議題時，自己原本認爲支付資遣費時，旁邊需有人員陪同，也盡量不要支付現金，但是後來也在會議中被子公司總經理說服，因爲子公司總經理說：「建議要迅速解決，避免員工告上勞工局，會有更多麻煩。」所以最後才改爲用現金支付，也因此讓有心人有機可乘。雖然該筆請款也已經執行長核准，但是如果身爲會計主管的自己，多一點堅持及少一點妥協，可否在那時能警覺地踩住煞車呢？

在清查完所有問題後，會計主管也列出公司應採行的對應防範對策，如下：

1. 除小額經常性支出，所有款項支付方式均以匯款方式。
2. 人員資遣、公傷（殤）慰問等人事案較攸關金額，除人資同事以外，至少該由該員工直屬主管作爲見證人陪同進行。若非不得已需採現金，必須有簽收單，一式二份，由當事人和人資部門各執一份，且須由當事人、人資部門及見證人簽名。
3. 子公司的同事離職單須會簽母公司人資部門，讓母公司掌握子公司實際在職人數。
4. 每月發薪前由母公司人資部門取得薪資明細表（BY 個人）、薪資系統轉出在職員工資料，檢核發薪人員名單是否存有已離職的同事。
5. 針對流程部分重新檢視修正。將目前母公司使用的電子簽核系統，改爲中英文通用介面，把子公司同事納入使用電子簽核系統的範圍，避免文件傳遞中間的塗改舞弊事宜。
6. 聘僱任何管理人員之前，都需要做背景及信用調查，無論是聘用台

灣籍或是當地人。因為事後發現，子公司總經理在台灣居然處於被通緝狀態，但因為該總經理是在西班牙當地被聘僱，就沒有再做背景及信用調查，不然也會提前發現員工信用疑慮。

　　會計主管也趁此機會詢問同業好友及會計師，有沒有類似案例是自己也需要注意的。在對話中也發現大家都對於「現金交易」的敏感度很高，公司都會盡量要創造銀行匯款金流，而不要用現金支付方式；零用金額度也會規定上限金額，避免透過零用金支付大額現金，超過上限金額的部分都要單筆透過請款報支，再由公司匯款給廠商或員工。除此之外，同業好友連帶提醒自己公司也有發生過偽造 email 的問題，透過轉寄主管核准的信給會計部門時，藉機修改主管意見，或冒名盜用主管的簽名檔進行列印造假等情形，所以公司現在都要求主管若要用 email 核准時，需要同時副本給會計部門，用以解決冒名的疑慮。甚至會計主管也準備參加稽核相關課程，認為公司目前在沒有稽核人員之前，自己如果能多做學習，對公司絕對是好事。

結論

　　這個案例是會計部門想要讓同事方便，但是卻讓有心人士有機可乘。有心人士將簽名透過偽造、塗改等方式欺騙會計部門，直到會計部門中有人員因遷廠而造成異動，因在收到資遣費時與心中預期數字有落差，再回頭向會計主管抱怨，才讓事件東窗事發。而事後追查到子公司總經理時，他早已避不見面。仔細追查後，公司也發現多起該員工利用資訊不對稱及偽造，來欺騙付款單位的會計部門，因此讓公司蒙受損失。

　　當然在發生這個讓人痛心的公司舞弊後，會計主管遇到要付現的金流和影本證明文件時，絕對都會特別小心求證！但是防不勝防，如果會計主管能養成雞婆的心態，事事多問一句，或多留心矛盾的地方，就有可能遏止不良風氣生成的機會。這也是會計主管對公司來說極大的價值！

時美公司庫存盤點舞弊

背景說明

　　由於時美公司發生了西班牙的舞弊案之後，台灣總部更加在意跨國子公司的營運管理，擔心西班牙事件又再度重來。會計主管亦與執行長與營運長衡量是否需增設稽核角色，結論則是多聘僱一位會計專員。稽核職務由會計主管暫代，而會計部門須花較多時間執行對跨國子公司的管理計畫。於是，會計主管就到了泰國子公司了解其採購及請款流程，是否可能存在與西班牙事件相同之跡象。

　　泰國子公司有兩個據點，一個位於曼谷北部的大城，一個位於曼谷南部的芭達雅，大城有較大的店面但倉庫較小；芭達雅因鄰近林查班港口，可海運貨物來回台灣，故辦公室及較大倉庫都設在這裡，而店面則較簡約，客群也較少。此二據點的距離大約車程 3 小時，彼此可支援彼此營運，總共工作人數也僅有七人，分別為營業部門 2 名店長及 2 名店員、倉管 2 名及行政財務 1 名，另有兼差司機與兼職工讀生，不計入公司人數。

會計主管在到達泰國芭達雅出差的第一天，就先請倉管調出盤點清冊做盤點。結果發現現場盤點存貨金額較倉管保存的存貨明細金額少了將近 65 萬台幣，倉管表示這些貨都在大城，因為大城店面比較大，有時候客戶臨時要，就會先請司機載過去。倉管透過會講中文和泰語的行政財務翻譯：「現在人也不多，如果真的要做到這麼精細的記錄，就需要再多一個倉管，不然倉管連去洗手間都不行，每天都很忙，有時候還要幫忙照看店面。」

如果您是會計主管，您該如何是好呢？

作法

會計主管先請行政財務詢問倉管：「如何知道貨都在大城呢？」倉管說道：「我們這裡的貨，司機都只出到大城，如果是賣給客戶，就會包好從店面出出去，不從倉庫，就從店面，沒有其他的選擇。」倉管接著要行政財務跟會計主管說：「請大城照相來看，確定貨在那裡就放心了吧？」會計主管而後也收到貨物裝箱在大城倉庫的相片，好像真的是會計主管多慮了。

隔天，會計主管依例行公事開始查看公司的帳務和人事資料，有問題就詢問行政財務。行政財務是個六十多歲的泰籍大叔，雖然因為年紀稍長，對於電腦製作 Excel 資料的速度較慢，但是為人客氣，又能通中文和泰語，確實幫上會計主管很多忙，也為會計主管對於泰國公司的客戶銷售和廠商溝通提供很多的背景說明。

　　過了一週，會計主管了解了芭達雅據點的財務狀況和流程後，就告辭了行政財務，前往大城去。因到了大城就沒有會說中文的人，所以行政財務也詢問要不要陪同一起去大城，可以幫忙翻譯等事宜。但是會計主管認爲芭達雅區的日常營運確實蠻需要人手，便另外找了芭達雅當地能講中文的隨行翻譯一起去大城，會計主管心裡想著：「大城據點較小，我應該待個兩天就回來了。翻譯跟著我，還能幫我翻譯紙本文件，我也不會對行政財務很不好意思，一直占用他的工作時間。」

　　到了大城據點後，大城的店長熱絡地介紹公司狀況。會計主管覺得這年輕人眞有幹勁，去年會計主管來時只有到芭達雅據點，沒有進來大城，也沒有見過這個新店長。後來聊天才知道這個店長是去年來的，對店面的經營很有想法。「如果像店長說的，大城的發展這麼好，爲什麼我們的銷售量還沒有起色呀？也許再過久一點，等這個店長更熟悉店務、運作也更成熟，泰國的銷售就能翻倍了吧！」會計主管還跟自己這麼說明。

　　晚上時間，會計主管與翻譯吃飯時，也聊到大城的貿易發展，及台灣公司海外成立跨國公司的想法等等。聊起這個店長，翻譯說：「能請到這個店長挺好，能替公司著想，也有心想讓自己的管理能力提升。你們是從哪招募人的呀？」會計主管回答：「我們進到一個國家前，都是先請當地人引薦認識的朋友，大家聊得來之後就合資公司。台灣母公司出錢及制度管理，泰國股東則是拉人脈還有找地點、請人等等。成立前一年，我們會先派台灣幹部來，也會找翻譯，但主要還是仰賴泰國股東請到的第一批創業員工們一起做出一些東西。當管理制度可以運行後，

台灣幹部就撤回台灣，當地則請人管理，但所有跟錢和人事任命的核准都由台灣總部進行。當地請的人就由當地的主管招募，薪酬預算則是由台灣總部核准之後任用。所以我猜想這個店長就是我們南部的芭達雅據點行政財務找到的人才。」

隔天一早，會計主管進到公司便要求倉管提出存貨明細，自己與翻譯開始做存貨盤點，想著這樣自己可以更快了解大城據點的存貨擺放狀況及主要進貨項目，也不花倉管的時間。結果在盤點的時候不斷遇到挫折，不到 60 個品項的全盤點卻花了將近四個小時才點完，包含位置錯亂，或是有一項產品放在三、四處，更有空箱子裡面沒東西的情形，甚至盤點完後也有將近 30 萬的存貨不知在哪。會計主管邊盤邊想：「怎麼這麼亂，相較之下芭達雅據點好得太多了！大城店長講得一口管理和業務發展好話，但實際上好像對於存貨管理非常不了解。」氣完了之後，心情回歸平靜，才又想到重點是：「上週有 65 萬存貨送到這裡來，但這週都不見了，還又少了 30 萬存貨，那總共將近 100 萬的貨呢？」

想到這裡的會計主管，在盤點完後回到辦公室休息時，趕緊拿出上週大城據點拍照傳來的證明，發現那些擺設位置與今天盤點走訪看見的也不太相同。便在盤點完成後，大城店長來關心盤點狀況時，請翻譯告知：「我們不太了解貨架擺放位置，找得有些辛苦。能否請店長幫忙某幾個品項的找尋？」大城店長尷尬笑笑地回覆說：「今天早上去廠商那拜訪，沒有想到公司要盤點，我心裡覺得很愧疚，倉管也沒通知我。需要盤點哪幾個項目，我馬上找出來。」於是會計主管選了兩個差異較大

的項目，及兩個差異雖小但四散各處的項目請大城店長幫忙，而大城店長竟也在半小時內就來報告部分商品在哪些貨架；部分則還在廠商那，因為有瑕疵所以先退貨，有先前退貨前的相片來證明；還有部分是出貨給客戶了，可是還沒有開立發票，因為泰國民情考量，需要先給大公司試用，有預算才能開發票等等的說明。

　　這天結束後，回到飯店躺在床上還沒入睡的會計主管，重溫了這幾天遇到的事情，突然想到：「西班牙出狀況就是因為人事沒有做背景調查，有沒有可能泰國也有類似狀況？」於是，預計隔天下午回芭達雅據點的會計主管就在等待的空檔，坐在店內櫃檯前看店長和店員與客戶的互動，也與翻譯討論還需要他後續協助一些文件翻譯，及預付了估計翻譯費用，便一個人搭車回到芭達雅據點。

　　回到芭達雅據點的會計主管再把公司人事資料全部翻出，並以手機照相給翻譯，問翻譯能不能看出有沒有什麼值得注意的地方。結果有趣的是，翻譯訊息回覆說：「大城店長長得好像芭達雅的行政財務喔。他們有什麼關係嗎？」會計主管心想：「這兩個人的姓氏不一樣，會有關係嗎？」但自己又隨即想到從母姓的可能，而兩個人的年齡確實可以做父子，並且想一想，也覺得兩人說話風格有些類似，甚至某個角度的笑容確實也蠻相像。接著查看獎金發放名單時，又發現大城銷售幾乎都是大城店長的成績，而芭達雅據點的銷售額卻很差。但是回憶起在大城旁觀店長、店員與客戶的互動時，店長並沒有成交任何一張單，反而還有些不想面對客戶，都是交代店員去做，自己就站在櫃檯結帳。

　　於是會計主管於該天晚間坐在芭達雅店面的櫃檯裡觀察人流量和店

員銷售，結果卻出乎意料地發現芭達雅店的發票列印出了問題，所以都是跟客戶說好會再寄給客戶發票，而發票列印已經壞了兩個月，但因機器老舊還沒找到合適的廠商來維修。且芭達雅的人流量並未較大城差，當天銷售狀況看起來也與大城差不多，為何報表記錄上看起來的成交量低這麼多呢？想到這裡，會計主管也發現翻譯下午傳來的未讀訊息：「大城店長的人事資料沒有完整證明，學歷證明不是最高學歷而只是高中學歷，也沒有身分證件。而且他的姓氏很特別，不像是泰國人的姓氏。」想當然耳，這一連串的訊息都在說明大城店長有問題，而台灣人資也在接受訊息之後，於下一週抵達泰國共同調查了解狀況。

　　最後發現，大城店長就是行政財務的親兒子，在大城店長交出身分證之後，還發現其為雙國籍身分，從母姓也是因為家庭遺產等等的私人因素。而大城店長的獎金之所以這麼高，也是行政財務刻意破壞了發票列印機，並故意不找廠商來維修，再自己表示是機器老舊；後續計算獎金分配時則將銷售業績都做在大城店長身上。甚至讓台灣審核的薪酬預算，也都是總數制，而實際聘僱的員工則都屬於菜鳥且人數不多，因為壓力大、人手不足導致流動率高，所以大城的存貨管理都由大城店長監管，芭達雅則由行政財務監管。底下同事因為沒經驗，不知道哪裡需要特別注意，也就留了機會給主管讓自己揹黑鍋。另外，存貨盤點之所以差異這麼大，則是因部分從大城店賣出的商品未開立發票，且用現金收款方式，所以公司並未有銷售記錄，而帳上也有存貨存在，但實則存貨皆已售出，導致盤點時一下說貨在大城據點、一下又說貨在客戶或廠商那的狀況。若沒人實際來盤點，怕是這種照片欺瞞戰術還可以再用上幾

年，最後再主張呆滯存貨銷不出去，做報廢處理認列損失。

結論

　　很多中小型公司在還無法聘僱稽核人員時，皆是以會計主管兼任。會計主管雖然不一定學過稽核審查專業，但是由於會計就是任何營運流程最尾端的記錄作業，若能親自參與營運，了解自己親身參與的是否與過往看到的帳務記錄趨勢相同，便可能抓得出流程無效率或矛盾之處，進而找到公司可能改善的空間。

　　另外，從這個案例中可以知道，雖然台灣公司管理能執行「管錢不管帳，管帳不管錢」的原則，但是對於「管存貨己不管帳，管存貨不管錢」的原則卻疏失了！包含大城店長管存貨又可以讓大城店直接收錢（不開立發票），且泰國公司管帳的人即是大城店長的父親，所以也無法避免「管存貨不管帳」的情形發生。於是，這些都是跨國公司控管上很重要的管理法則，除了做好人事聘用的背景管理之外，還需要確實做到不同專業（倉管及帳）由不同人控管，而不同人必須由台灣公司直接聯繫，才能避免偷錢憾事不斷發生，營運管理才能真正落實，而不只是財務的紙上遊戲罷了！

倍捷公司人才留任激勵機制

背景說明

　　倍捷公司經過全體公司主管共同重視，並花更多心力在降低人員流動比例之下（詳細內容見第七講），確實可見到其成效。雖然員工離職率下降，但是主管的工作量卻大幅增加，導致公司擴張速度慢，大家花了很多時間在建立內部流程制度，這件事也讓執行長頭疼。眼看著原本答應投資人的進度沒有達成，公司燒錢的速度也仍然持續著，難免就有一種挫敗感。

　　倍捷公司執行長在參與加速器營運管理相關課程時，聽聞「先不用出錢的員工激勵方法」，而其他新創公司執行長們於下課討論時也說道自家公司就是採用員工認股權，「70% 薪資採現金發放，剩下 30% 薪資用認股權方式發放」。也有其他執行長提出：「這種方式會讓自己公司的員工更有向心力，大家一起來為公司拚，公司成長大家就成長，最後大家都一起賺大錢。」

　　倍捷公司執行長便回來跟會計主管說：「我們公司也應該要設立員工認股權的計畫。這個妳懂嗎？」會計主管也和執行長

說：「我有聽過但沒做過，我做一下研究再與您報告。」

　　若您是會計主管，您有辦法協助您的公司運行員工認股權嗎？員工認股權固然是個員工激勵辦法，但是當大家都想得到其優點的時候，身為會計主管的您是否也能看出需要注意的地方，提醒執行長注意呢？

作法

　　會計主管先詢問了簽證會計師，會計師依照過往經驗大致說明了流程，包含先請律師草擬員工認股權執行辦法及合約，通過董事會及股東會將員工認股權相關條款增至章程、每年員工既得股權時需認列相關薪資費用、請鑑價師每年出具員工認股權利鑑價報告供會計師查核等等。最後會計師也說道：「如果倍捷公司未來是要申請上市櫃的公司，千萬要記得這些步驟的每個環節都不要漏了，雖然要花錢，但是未來被主管機關審查股本形成的時候都會有憑有據，不會落得一個公司每年操縱盈餘的懷疑，還需要多作解釋。」會計主管聽到這裡，便也有點嚇到，原來有這麼嚴重啊！

　　詢問完簽證會計師之後，會計主管亦請教了幾個同為新創公司的會計朋友，大家的說法也差不多，但是大多在觀望，並沒有實際執行經驗。畢竟新創公司的工作細瑣且繁忙，老闆提的一個想法可能沒有特別追蹤，就放在一邊，之後因忙著做更急的工作也就久而久之沒再提起。會計主管心裡也想：「老闆可能是一時興起吧，等他問起的時候再來討論。」因為怎麼想，員工認股權的執行過程都很耗時，光是要召集所有員工講解公司估值、認股價格跟執行條件，說不定同事在會議上一聽

三不知，會議結束後又來不斷詢問，那本來就少的工作時間便更難作業了。

　　但這次事情好像沒有這麼快就過去了，因為隔了兩週，執行長在月結財務匯報的會議中便再詢問相關進度，甚至又花了半小時說明自己最近又跟加速器的同期朋友們共同討論了什麼內容，也分享了朋友公司的財務長電話給會計主管，要求其加快腳步。於是會計主管便聯繫了那位財務長，聽了執行中間會遇到需要小心的問題，特別是碰到年底結帳時程及辦理增資變更登記的時程需注意，也拿到推薦律師和鑑價師的聯絡方式，展開一連串的聯繫。

　　在過了兩個月後，倍捷公司也主辦了一場員工說明會，由執行長講述公司的願景和發展，會計主管說明員工認股權和辦法，包含員工認股權的執行期間為六年，閉鎖期一年，前四年各既得 25%，每年達成既得條件後會發信詢問同事是否有認股意願等等。執行長甚至也邀請簽證會計師到倍捷公司來說明一般業界常見的員工認股權作法，以及回答員工的疑問。果不其然，員工在會議上提的問題甚少，幾乎都是執行長代為詢問。但會議結束後的每一天，會計主管都會在廁所門口、電梯口甚至茶水間回答同事的疑問，包含：「為什麼我們還要出錢買啊？」以及「公司到底賺不賺錢？老闆很常說我們沒賺錢，那又要我們出錢買公司股票，我們會被套牢嗎？」而最難解答的莫過於：「妳建議我們要認股嗎？」

　　隨著給員工的一個月考慮時間結束，與員工的員工認股權合約也全數都簽名完成。執行長雀躍地跟會計主管說：「謝謝妳的努力和幫忙，

才會讓這件事這麼圓滿。我們未來定下的公司積極目標，也要再麻煩妳好好監督大家，趁大家志氣這麼高時，一起創造公司價值。」會計主管心想：「志氣最高也最開心的就是老闆啊！大部分的同事想法都是等到要花錢認股的時候再說。」但是老闆也很需要鼓勵，所以便回覆執行長說：「會議上報告的公司估值需要花很大的努力才能達成，我會好好監督的！到時候再請老闆不要生我的氣啊。」便也跟執行長說說笑笑地結束這個話題。

轉眼間一年多過去了，由於公司的營運目標訂定得高，前一年年底結算時的業績達標約為 63%，而成本費用等達標率為 92%，所以虧損狀況也比預期嚴重。而一年的員工認股權既得條件結束後，會計主管發信給所有符合條件的員工，但卻沒有收到任何員工要認股的回覆。噢不！研發長在執行長的懇切關心下，有把自己當年度既得的股份全數認股。在決定年終獎金僅發一個月（且是勉強發出）以及得知沒有員工認股的那天會議，執行長也詢問會計主管：「妳覺得我哪裡做得不好嗎？」會計主管回答：「創業本來就很難呀，如果只看今天這兩個開會的壞消息，當然會讓大家沒有信心。但是，公司這一年仍然有很多的進步，包含我們更確立公司文化，也完成了員工手冊，員工請款和績效獎金計算現在亦有一定的制度，收款狀況也都有顯著的提升，客戶抱怨的狀況同樣大幅改善。這些不都是大家共同努力之下做到的嗎？我自己覺得工作很有趣，也很喜歡倍捷公司的文化，自由又創新，老闆也對大家很好喔。」執行長淡笑說：「感謝妳的鼓勵。是啊，大家都很努力，我不應該一竿子打翻大家所有的努力。」

　　過了三個月，研發長卻開了首炮跟執行長提離職，執行長與研發長懇談了一個多小時後，也提到關鍵因素：「帶人真的很難，我覺得我好遜，不適合新創公司，可能比較適合大公司吧，自己把自己的事情做完就好，新創公司有太多問題需要解決，而我的能力並不夠。我太太也跟我說我花太多時間在工作上，都沒有時間陪小孩，從他還不會爬時，我就進了公司，到現在他要去唸幼兒園，我也還沒有像原本我承諾太太的，可以陪孩子更多一點時間。再來，薪水部分，我真的不想跟老闆您談這件事，因為我知道創業很難，但是我拿到不少大公司的 offer，他們給我的薪酬是三百多萬，而我在這裡，就連把員工認股權加上去也才差不多，但若把員工認股權移除，就差了一百多萬。」

　　執行長聽完研發長的離職說明後，疑問道：「小公司跟大公司確實不能直接相比，難道除了錢以外，沒有其他優勢嗎？當初你為什麼會加入倍捷，你還記得嗎？」研發長說：「我很愛倍捷公司。在倍捷公司的這些年中，我也確實驗證了我的想法並做出產品，這些都是在大公司無法實現的價值。而且我非常佩服您的能力，能與您一起工作和實踐夢想，確實至今仍讓我覺得很興奮，錢當然也不是這麼重要的事。但是生了孩子之後，太太需要我更多地投入家庭，對於孩子教育的資金需求也更高，所以我才做了這個困難的決定。」執行長與研發長在結束近兩個小時的會議後，執行長雖不捨，但也支持研發長的決定，並於會後告知會計主管這個狀況，也提到可能會採取的因應措施，還是會讓研發長離開，並請會計主管結算研發長的薪水……

　　隔後兩年，會計主管仍然沒有等到任何一個員工認股，反而等到的

都是符合認股權發放辦法的員工離職。而後，會計主管又發現另外一個問題：「當初公司員工認股權辦法中並沒有規定若員工離職之後，已既得但尚未認股的認股權應該如何處理呢？如果輾轉流入競爭對手手中，又有什麼自保方法？」會計主管便詢問了律師想法，律師表示在未來新的認股權辦法中可以約定員工離職之後尚未認股的員工認股權失效，又或者是讓執行長跟員工簽協議，若離職之後股權則依當時公司淨值由執行長買回等等，便能預防股權輾轉流入競爭對手手中之疑慮。

在聽完律師的一番話後，會計主管心想：「為什麼律師沒有在最一開始就提起呢？」盤點了公司因為員工認股權所有的花費，包含律師諮詢、擬定合約和辦法、鑑價師的每年鑑價報告、會計師的簽證等等，加總這三年多下來也花了將近 80 萬，但卻沒有實質的功效。心中的結論是：「當初自己真的是不懂，所以根本無法判斷該不該做。所有法理合理的東西，實際執行起來卻很可惜，也不該怪會計師或律師，應該怪的是自己不夠有經驗，不能給執行長更多的建議。」

結論

會計主管事後再回想，給自己的收穫有四，也分享給各位讀者知道：

1. 不是每個新創公司都適用員工認股權，等到公司快要申請公開發行時，也代表公司的價值更穩定、更能被信賴，屆時再採用員工認股權也較能吸引員工喔。會計主管也會問自己：「如果早知道發股票沒有用，那能否早一點有機會勸執行長直接發現金？」但是又會疑

問：「如果早知道發股票沒有用，就代表公司的發展性受阻，那怎麼還會向員工宣示公司的價值夠高呢？」所以，這個大哉問確實不好解，但離申請公開發行時點越接近，公司市價一定是更穩健且可被驗證的。

2. 新創公司若想要激勵員工，建議還是要達成勞資的溝通協調。如果最終勞資合意的平衡點只有薪資，那更不應該用幾年後才可能會看到其價值的員工認股權來綁住員工，反倒該使用的是現金獎金發放。但若勞資合意的平衡點不只是薪資，那老闆也不需要糾結在要不要發員工認股權。

3. 員工因為沒辦法完全掌握營運狀況，多半都是聽命老闆行事。片面工作產生的價值無法與全公司運轉後的公司價值直接產生關聯，往往會讓同事與公司價值的距離拉大，也不認為自己能憑一己之力影響公司營運，所以老闆假設的「因為大家共同努力，就能讓公司目標達標，就能讓公司估值增加，讓大家獲得的股權價值更好」，基本上可能只有滿足老闆對於公司發展的想像。

4. 員工認股權是激勵員工的一套工具，重點不能只放在公司可以不需支付員工高額的薪水，而是要放在「於未來員工認股權實行的幾年內，如何結合公司留才政策讓員工向心力凝聚，共同打造公司目標」。否則，員工認股權這個工具只淪為酬庸顧問專家的功能。

　　顧問專家因為不一定有實際參與營運，雖然理論學理都能設想得完整合法，但是對於實務上可能會發生的場景和未來發展卻很有可能遺漏。這也是會計主管經驗必能累積出重要價值的時刻！身為會計主管的

您，是否已知道自己的重要性？知道自己的價值嗎？我們能協助公司避免風險，也能協助公司降低不必要的成本。有時候大家慣例常用的方式卻不見得適合我們公司，我們分辨得出來嗎？

第二十二講
時美公司訂價調整

背景說明

　　隨著 Covid（Coronavirus disease 2019，嚴重特殊傳染性肺炎）來臨，全球零售市場產生諸多不確定性，包含電商市場突發性地崛起，若原本沒有做線上平台銷售的店家，可能面臨沒有客戶到訪的經營困境。消費性市場的世界前幾大品牌排名也都洗了一次牌，甚至有多家公司在公司年報上承認自己過去因為不注重電商銷售而栽了大跟斗。除此之外，諸多港埠由於傳出病例或防疫需求，常有業務驟停之情形，或甚至在大船入港之前，就需先在海上完成檢疫工作，導致航線上的封阻及港口裝卸上的停頓。而因為貨物無法進出港埠，工廠的生產線只能隨著減產或延滯，連帶著工廠端的人力成本和原物料成本不斷上揚，導致供應鏈的各個買家不斷接獲成本上漲通知，也得要思考到底自身產品的價格是否要有對應的調幅，因應成本的變動。

　　時美公司是一家生活家居選品店，代理商品來源主要來自北歐、西歐、日本及東南亞品牌，當然也是國際貿易業的一員。由2020 年的合併報表得知線上 42% 銷售和線下 58% 銷售，但 2021

年線上銷售已超過 55%，可知 2021 年的線上銷售成績大放異彩；但是隨著產品成本的上漲，使得銷貨毛利逆勢反跌，營業利潤也下降一半。

	2020 年	%	2021 年	%	兩年波動率
合併銷貨收入	168,746,597	100%	214,813,545	100%	27%
線上銷售	70,873,568	42%	120,695,586	56%	70%
線下銷售	97,873,029	58%	94,117,959	44%	-4%
合併銷貨成本	98,622,890	58%	142,517,800	66%	45%
合併銷貨毛利	70,123,707	42%	72,295,745	34%	3%
合併營業費用	41,874,115	25%	58,801,123	27%	40%
合併營業利潤	28,249,592	17%	13,494,622	6%	-52%

　　會計主管看著逐月遞減的營業利潤，不禁感到有些憂心。雖然這幾個月的主管會議上，行銷部門的報告都是公司營業額又有突破，或是又有新的品牌達成合作的這種好消息，但是會計部門每每看到報表都是門市銷售金額下降、廣告投入超過預期、進貨金額上漲及產品銷售毛利不如預期的狀況。若您是會計主管，您要如何是好呢？

作法

　　會計主管找到身為共同創辦人的營運長，請教營運長對於公司發展走向的看法。營運長說：「公司確實是在找另外一個契機，希望能找到線上銷售的法門，讓線下店面作為一個體驗展示區就好，可以降低固定開銷；若線上銷售金額衝高，不用有固定店面支出或顧店人事成本，

主要都是包貨理貨和行銷的費用，公司隨時可以收編或擴張，如果人不夠的時候就可以用行銷外包方式進行，減少人事對營運的波動。你怎麼看？」會計主管回覆：「我沒有特定的看法，只是想確認老闆現在對於公司的想法，和財務報表反應出來的結果是一致的。」

　　營運長說：「能不能直接一點讓我知道你的擔憂呢？我的會計能力不太好，如果你有看到公司需要注意的地方，可以直接提出來，也許我們也沒有注意到。」會計主管說：「公司的毛利持續下降，這是我最擔心的點。但我在和品牌研究部門聊這件事的時候，他們也知道這個狀況，也有跟我提到現在議價很困難，廠商價格很硬，匯率又高，除非我們不賣這些產品了。所以我不太確定我們是否應該要調漲價格？」營運長說：「對呀，廠商都在調漲產品價格，這陣子我也聽執行長說成本難控管。不過，我們面對的是市場終端消費者，消費者對於價格的波動敏感度很高，舊產品要上漲比較難，但新產品也許可以。其他競品的價格不知道有沒有上漲耶，應該來研究一下……這件事情交給我，感謝你提出來，我也做一點功課，再來跟你討論。」

　　過了一個禮拜，行銷部門主管主動找會計主管聊訂價這事：「這週我們做了競爭對手的競品調查，但因為選品店都是進不同的貨，貨也都有不同的性格，所以不是這麼容易觀察得出來差異。不過同事匿名參觀他們平常會去的選品店，蠻多產品都說要用預購的，不一定店內會有貨，只有大眾產品才有庫存，而線上價格也有店家提出快要漲價或已經漲價的告示。我們調查了 13 間電商品牌，但漲價的只有 5 家，其實不到一半。營運長請我先來跟會計主管請益要不要漲價。」會計主管：

「我是管帳的，我怎麼會知道要不要漲價。但如果你問我意見，我反而想要回問：『廠商還會漲價嗎？又或者是說我們認為我們現在的毛利是可以接受的嗎？』」

於是乎行銷、採購和會計就開了一個將近一整天的作戰會議，從會計主管開始說明公司這幾個月來的毛利變動狀況，在 2020 年的產品毛利約有 42%，但 2021 年的毛利僅剩 34%，2022 年前兩個月又更低，都到了 32.5%。為什麼毛利會越來越下降？會計主管舉出有在線上銷售的商品，為了增加消費者的買氣，都有舉辦折價活動或抽獎活動，連帶實體店面買氣下降，部分客戶改到官網上購買，甚至有三個產品在考量折扣之後的毛利不到 20%。而這一點讓行銷和採購主管都感到詫異：「毛利不到 20%？」會計主管說明：「我是抽選樣本出來看，挑了幾個賣比較多又有折扣的產品來計算客戶實際購買金額，再扣除廠商實際進貨價格、電商平台成交手續費以及金流手續費後，毛利就不到 20%。這都還不算包貨、出貨、運費這些，更別提分攤產品影片拍攝等的宣傳費用，很有可能攤提掉行銷費用和公司固定人事成本，這些都是虧錢在賣。」

透過這個作戰會議，採購和行銷部門分別拉出自己的管理報表與會計主管進行討論，很快地大家對焦之後，便發現可能的問題是「行銷部門的觀念裡，做折扣或抽獎活動的預算都是一包價，用專案集合起來通過的，沒有特別控管單一產品的毛利，就可能導致賣一單賠一單的情形。」採購部門則是當行銷部門告知產品庫存低於安全水位時，便通知採購，採購就在與廠商詢價後確定價格與原先一致或調漲幅度尚在合理

範圍，便進行採購，但「所謂合理是如何合理？」則難以控管，導致產品成本上漲數次後，與銷售價格脫鉤。

了解到問題之後，後續的修正方案自然而然就可以因應而生，包含下一次行銷部門要過折價預算時，不能只考量折價預算總數，還需要拉進會計部門來試算每個產品折扣後的可能售價以及扣除手續費等的毛利費用爲何。如果毛利率低於 30% 以下，就都需要經過營運長核准再決定要不要賣，或是要提高售價。而採購部門則是只要產品進貨成本一有漲價，就必須在進貨前先讓行銷部門知道，確定這個產品的銷售方法不做調整。雖然毛利問題不是採購部門需要負責，但是多一個通知，可讓行銷部門能夠因應成本波動而有警覺。大家共同討論的結果就是大家都不一定很擅長面對這個價格波動的局勢，每個人多做一點、多幫別的部門想一點，也許就能建立出未來因應進貨價格波動的對策。

思考完之後，會計主管便把這個結論告訴營運長，營運長說：「聽起來不錯，不過我認爲毛利率 30% 以下太低了，30% 以下就是不能做啦。我認爲依照我們過往認知的固定人事成本是 25%，做電商則可以降低超過 1/2 的固定成本，先抓線上銷售的固定費用分攤是 10%。我們先把目標訂在毛利率 40%，因爲扣除固定費用分攤就只剩 30%，ROAS[1] 低於 333% 的話就代表虧本了！而我記得行銷部門報給我的數字，最近已經到了約莫 350% 左右。」會計主管心想：「薑是老的辣，眞的有在

---

[1] ROAS 是 Return on AD Spending，即廣告投資報酬率，意指在廣告上每投入 1 元所獲得的營收占比，所以把公司行銷廣告預算全部計入，ROAS 333% 便是廣告投入 1 元，可以賺得營收 3.3 元，而公司投入收入的 30% 作爲廣告支出，可以賺得收入 100%。

控管數字的老闆一講數字就有感覺，昨天還花一堆時間跟行銷和採購部門解釋報表很久。」當然也很慶幸自己提出這個訂價議題，有機會增加公司的獲利機會和空間。

結論

　　財務報表的數據趨勢控管絕對是會計主管的重要工作。如果會計主管只把心力放在會計分錄有沒有做錯，而忽略所有會計分錄加總後的財務報表成果，那真的就太可惜了！若能透過財務報表的數字管理，進而提醒老闆注意到可能的風險，也能增加其餘部門因應風險的能力，讓全體公司的戰鬥力都提升。雖然這個案例講得很簡單，好像只要花一天的時間就能讓各個部門都清楚財務狀況，但這也是要依賴各個部門平時的管理報表基礎，以及公司跨部門溝通的順暢程度。

　　筆者認為羅馬不是一天造成的，跨部門溝通也不是一蹴可幾的。如果身為會計主管的大家能夠更願意分享會計觀念（透過營運白話文，而不是會計拗口的專業語言）給其他部門，也能夠多聽其他部門的工作流程，便能在彼此理解的狀況下更快達成合作共識，進而發展出「每個人多做一點、多幫別的部門想一點，也許就能建立出未來因應風險的對策」喔。

第二十三講
穩捷公司投資教訓 I

背景說明

　　一個公司在成長時期，會不斷看到自己的不足，進而修正策略調整方向和行動細節，包含產品研發方向、客戶定位及開發、生產 SOP 和成本優化，以及留才制度和公司文化塑建等等；但到了產品及業務成熟穩定時期，便會開始思索如何藉由產業合作的合縱連橫和策略結盟，突破公司成長瓶頸，包含以同產業的供應鏈結盟進行成本優化，或是跨產業的技術結盟造就業務拓展，又或是不再只做製造代工，而朝向品牌建立的方向去。

　　當穩捷公司進到產品及業務成熟穩定時期，管理階層自然也想著要如何再擴大成長，造就往日的營收成長，所以便決定要一起登山。在與專業登山嚮導討論之後，考量大家的體力和經驗，決定要來場六天的雪山西稜健行，並且在去這趟健行之前，大家也在三個月內被排了兩場小山健行以及增加每週體能訓練，可見老闆的決心。

　　而在經過加強訓練的雪山西稜健行之後，同事們再見到董事

長、總經理及副總們，都有感覺他們好像年輕了十幾、二十歲，不僅身材縮水，講話和笑聲也比過往更爽朗和果決，而且這些公司管理階層又多了很多共通的話題，包含「一起吃的那碗羊肉爐」、「沒水時冒險找水源的緊張」、「不小心滑跤的傷口急救及後續處理」、「互相陪伴和加油的溫暖」以及「少一個人都不行的義氣」等等，都讓大家覺得人生值得了，還可以再戰十年。而後公司請來管理顧問公司幫管理階層上課，協助管理階層討論出公司的發展可能，最後也列出公司三年後要做到年收三十億的計畫，其中包含產品創新、複製建廠成功模式、擴大市場布局及併購投資等等。

再過了兩個月，總經理就在經營會議上留下 A BU 的副總和財會主管，討論一個可能的投資案。總經理說：「前進公司老闆是我和 A BU 副總共同打球的朋友，他們家雖然規模比較小，但在半導體產業先進製程方面卻有蠻多想法和經驗，現在前進公司也想擴大規模增資建廠，我在想也許可以藉由這個案子來推動三年三十億的投資計畫。想聽聽妳怎麼看？」如果您是財會主管，您怎麼回覆呢？又有哪些評估工作要進行呢？

作法

這是財會主管遇到的第一個投資案，過往的經驗只有每個月定期覆核子公司的財報及每年例行到子公司拜訪，所以財會主管頓時也覺得有點壓力，不太確定自己能不能勝任這個角色。但是總經理都來詢問了，而且又有三年三十億的計畫，好像也只能硬著頭皮上，就趕快撥電話給

簽證會計師，請教有沒有制式的流程。大概得到的答案就是在投資之前要做盡職調查（Due Diligence, DD），包含法務 DD、財務 DD 以及技術 DD，確保在方方面面上，被投資公司的主張都和實際狀況一致，降低穩捷公司投資風險。

在簽證會計師找來有 DD 經驗的另一位會計師和律師共同報價時，公司也趁機了解法務和財務 DD 要做的可能方向和事項，而後評估因為投資金額不高，僅有 3,000 萬占股 43%，若委外找會計師及律師做 DD，成本花費比例太高，於是法務主管和財會主管皆決定由自己部門來進行 DD 工作。

因前進公司資本額不到 3,000 萬，沒有會計師簽證財報，於是財會主管要求前進公司提供這三年度的稅報、自結財務報表、日記帳及明細分類帳以供查看。然而便發現，這家公司的日記帳記錄非常簡陋，除了每筆交易的摘要不明確、不完整之外，記帳筆數也很少，包含銀行帳也是一年才五、六筆，使得財會主管對於前進公司帳務正確度的信心驟減。隨後，財會主管與前進公司的會計人員通話，才知道公司長期有內外帳，但前進公司的會計人員並不是專業的會計人員，僅是記流水帳再提供給委外會計師，所以也不敢提供公司自己記錄的內帳給穩捷公司。

財會主管心想：「這個公司經營將近十年，都沒有完整記帳，怎麼會搞得清楚自己公司的經營狀況？說不定技術方面也有問題，根本就還不用到財務 DD，我還是先問清楚到底這個投資案有沒有要繼續……」財會主管便找到 A BU 副總，問其技術方面聊得如何。副總表示：「目前線上會議都開得還不錯，我們技術團隊也認為前進公司的專業可以

補足我們的弱項，我們在半導體產業不是很熟悉，如果合作的話，技術團隊認為有很大機會可以進入半導體製程領域。妳那邊呢？進展順利嗎？」財會主管回覆：「帳是蠻亂的啦，可能要現場聊和查帳才會更清楚。如果你們要去，我也帶會計同事跟著去，好嗎？」

　　結果去拜訪前進公司之後，就發現有太多帳務細節是前進公司會計也不太能回答的。靠著財會主管和會計同事翻憑證、與前進公司會計討論，再與前進公司業務及採購等同事討論等等，才拼湊可能有的公司營運流程，也發現大多帳務是現金基礎、收入成本認列時點有誤、給客戶的押標保證金和房東的押金都當成當期費用、老闆為了轉帳方便而有公私帳號匯款釐不清的狀況，以及公司雖然都有開立發票給客戶，但是有些廠商款項卻無法取得進項憑證的事實等等。哇，這些收穫都是財會主管不想得到，但聽到了就必須要追查得更深的問題點。於是，第一次的拜訪就花了整整一天；第二次的拜訪甚至花了兩天，因為忙到太晚還就近投宿附近旅館，隔日再戰。

　　前後花了將近一個月的帳務了解，財會主管提出四條結論，若穩捷公司決定投資，前進公司帳務的必要改善作法：

1. 老闆私人的銀行帳號不得再與公司帳號混用，老闆個人的開銷也不得再報進公司帳務，公帳與私帳要分得乾淨。

2. 前進公司在中國地區共有三家子機構，都非前進公司所有，係用老闆名義投資，但帳務都跟前進公司有關聯。據了解，這三家子機構都是前進公司老闆為了投標案件而設立，在投標成功後可能無法完成驗收，但原收受訂金已可讓公司賺錢，故便放棄該子機構營運，

另開設子機構繼續投標。因被棄之子機構未被解散，而公司應盡之
稅務申報等營運費用仍在發生，積欠廠商款項也沒有歸還。因這三
間子機構資金雖由前進公司出資，但子機構之股東名冊上卻未見前
進公司名字，建議老闆向前進公司買回子機構股份，劃清前進公司
與子機構的關係。

3. 帳務發現前進公司有支付法院款項之記錄，經詢問會計，會計表示
老闆有侵權的訴訟案。經與法務主管討論，該侵權案件涉及公司專
利技術，建議等判決結束後再行投資。

4. 前進公司必須兩套帳合一，穩捷公司可以輔導記帳，但前進公司必
須再聘請有經驗的會計，也需要購買 ERP 記載完整帳務。為達成輔
導記帳的功效，穩捷公司投資前，前進公司需靠自己的會計人員完
整做出兩個月的帳務，確保公司財務記錄合宜且財務趨勢能被追蹤。

　　除了財務 DD 的部分，當然法務 DD 也有一些問題，但由於穩捷公
司對前進半導體產業存有極大渴望，以及技術 DD 並未有特別的問題，
所以最後穩捷公司和前進公司就共同簽署投資協議以及完成增資建廠計
畫。

結論

　　財會主管在接觸投資案時，固然有很多的緊張，但在實際碰到被投
資公司的帳務時，卻能從帳務邏輯中找到背後的隱藏祕密以及可能存在
的公司問題。因為會計學本身就是一個管理工具，當身為財會主管，在
自家公司看了非常久的帳務，也花了很多時間在分析趨勢和了解問題，

自然而然當帳務換成別家公司的時候，雖然因為不了解產業或公司獨特流程，難免需要詢問老闆和相關同事，但只要邏輯釐清、觀念統整完畢，財會主管便能勾稽出一套公司平時的營運流程，其實所有的祕密都藏在借貸之間呢！這也是為什麼有經驗的財會主管真的很有價值，也期待讀者們能夠在財會領域中不斷自我學習，不只在學問中成長，更能多碰不熟悉的業務，讓自己的經驗不斷累積，成就更有自信的自己。

投資和結婚的概念相同，可以相愛卻不一定能相處，真正相處之後才是考驗。但是在戀愛階段，很容易呈現「相看兩不厭，越看越喜歡」的以偏概全（暈輪效應）。唯有讓子彈飛一下，透過溝通或初始業務合作來增加投資與被投資公司的彼此了解後，才有可能更理解適不適合共同合作。讀者看到這裡，應該也能想得到接下去會怎麼發展了吧？就讓下一講繼續探討下去。

第二十四講
穩捷公司投資教訓 II

背景說明

　　承接上一講的內容，穩捷公司的前進公司投資案確定執行，穩捷公司也進到前進公司的董事會，在五席董事中占有兩席董事，而每月前進公司的財務報表都要交付穩捷公司覆核。在上一講財務提到的前進公司重要問題也大都獲得解決，包含前進公司老闆個人銀行帳號與公司帳號切分，公帳與私帳也分割得乾淨；前進公司老闆也償還過往投資中國地區三家公司的資金，讓前進公司與中國子機構切開連結；以及前進公司聘用全職會計，也讓穩捷公司財務同仁進駐導入帳務制度。唯獨前進公司的老闆侵權訴訟案，因判斷完成司法程序仍須一段時間，故協議前進公司的老闆簽署聲明書提供給穩捷公司，聲明無侵權行為，若未來實際被法院判定侵權等，則由個人承擔，不影響前進公司權益。

　　當開始覆核財務報表的三個月，穩捷公司財會主管對照前進公司當期與前期財報，都看出前進公司的收入和淨利沒有起色，而前進公司原募資階段編製的財務預測都沒有達成。於是投資後

的第三個月，財會主管就在經營會議結束後稍微問了主導投資案的 A BU 副總，副總表示：「上個月開始，我們業務部門同事已經到前進公司去了解產品，我這個月 BU 會議還有聽到業務部門在和工廠廠長討論共同生產可能碰到的問題，看要怎麼推銷給客戶。所以我想內部對接和合作沒有問題的話，那收入產生就是順其自然的事。」

當主事主管都這樣說，身為財會主管當然也就不深加質疑。不過會計主管到投資後的第五個月都還看不到前進公司的表現，反而都只有聽到做長投的會計同事提供的消息，包含「前進公司人心不穩」、「上面老闆太多，想法又不一致」，以及「員工傳言穩捷公司就是把前進公司當搖錢樹，根本沒有想要經營……」當財會主管看到財報成果不健康，又聽到人事浮動、業務沒有起色，身為公司最末端的財會部門是否僅乖乖等待，等前端搞定原本說好的策略，自然而然財會主管就會從財報上看到原本預期的結果？

而投資案執行了九個月，前進公司全體同事共 19 個人，離職了 6 個人，大多是業務部門同事離職，離職原因大多是「不清楚公司的走向」，所以主導投資案的 A BU 副總便召集了會議，邀請總經理、人資主管、財會主管、製造廠長及技術開發主管與會，討論前進公司遇到的問題。財會主管這時應該主張什麼？後續又要注意什麼呢？

作法

在這個臨時討論會議上，各部門主管都先提出自己看到的前進公司問題，而最嚴重、最難處理的就是「打不進去前進公司」，因為大公司

跟小公司有很多作法不同，小公司（前進公司）為了搶快，會先跟客戶
說定，但卻還沒有測試，也不一定真的能夠這樣做；而大公司（穩捷公
司）則是需要先經過一連串的測試之後才開出樣機，才會跟客戶談如何
合作。所以造成穩捷公司認為前進公司太急但很多地方都不見得可行，
而前進公司的員工則認為穩捷公司來的員工不懂狀況又給很多意見，會
導致接案產生內鬨且延遲給客戶答案，失去業務機會。

　　因為人員流失，A BU 副總提出有和前進公司總經理討論是否要由
穩捷公司派駐主管和同事進駐前進公司，更加深合作的基礎，以免讓這
些問題都解決不了，造成前進公司空轉的問題。各個部門的主管思考了
之後，都是「同意」的答案，也認為現在看起來前進公司有點進退兩
難，除非作法上有調整，不然再拉扯下去，穩捷和前進公司都會遭到損
害。穩捷公司總經理便問財會主管說：「前進公司的財務狀況如何？我
們的人若投入，要怎麼跟前進公司算？」財會主管說：「原本考量擴廠
要 2,500 萬，這九個月下來設備只買了一半而已，但是人事費用消耗很
大，業績又沒有達成，所以公司剩餘資金只剩四個月。如果依照剛剛討
論的結果，看來是需要再行增資，看是不是投資過半數，讓我們名正言
順地取得控制權，再置入主管和同事到前進公司。」

　　財會主管沒想到臨時討論會議的最後結論是要對一個運轉困難的
被投資公司增加投資，也沒想到自己順著各位主管的話後，居然自主
提出「要增加投資」的說法，這一切都太順其自然，好似投資之所以不
順利，都是因為穩捷公司沒有花太多時間入主前進公司所致。而後在
穩捷公司的臨時董事會通過增資前進公司議案，增資 3,000 萬，將原本

的 43% 持股比例增加至 60%，握有前進公司的生殺大權，而前進公司的總經理雖尚未更改，但實際上，前進公司總經理的任何決議都需與 A BU 副總討論後才能決策。

但過了半年，財會主管再度帶著前進公司的財報，踏入下一個投資案的臨時討論會議時，財會主管聽到的狀況依然是：「前進公司的技術沒有想像中的這麼完整，還有很多東西都在研發，實驗室裡的數據表現很好，但距離商品化還有一段過程。」財會主管十分驚訝！研發部門得知這個狀況怎麼會需要一年（從穩捷公司知道有前進公司存在，到這場會議已超過一年）？而 A BU 副總也表示：「我們要把這個公司當成是研發單位，不能直接出售這個產品，但是兩邊的工作模式不太一樣，所以這個會議我們想要討論是否把前進公司原始股東的股權買下，併入穩捷公司，降低行政成本。」

當然，最後在券商、會計師和律師的協助，及這一年半時間總花費近億元後，前進公司順利地併入了穩捷公司。這一天，新聞人張旗鼓地播報「穩捷公司如何在迎娶前進公司之後再創公司新高峰」，以及「穩捷公司再次宣示進入半導體產業的決心」等等，而內部正在做的其實是檢討報告，檢討這一年半的時間中，各部門發現了什麼問題、如何因應處理、學習到的教訓，以及後續如何預防其他投資案重蹈覆轍。

只見那長達 264 頁的前進公司結案報告中，各部門所犯的問題大同小異，都是「過度驕傲，沒有花太多時間了解被投資公司」及「過度自信地評估『人事問題』的解決方案」（原前進公司員工人數 19 人，再投資三個月後剩 12 人，但在完成併購後的三個月內僅剩 3 人留下，其

餘 9 人全數離職）。而財會主管的問題評估則寫下：「老闆有侵權的訴訟案，代表可能有誠信疑慮時，就應該更仔細檢視投資案老闆說的話，包含財務預測達成可能性，也需將從財務預測看到的假設，與業務主管和研發主管都再行討論可能的問題和修改假設，也許就會發現更多對於投資案的疑慮。」

結論

　　面對第一次的長期投資案，財會主管也不知道自己該不該過問，於是就選擇了側面了解，當知道主事主管有在處理且有進展之後，便也覺得自己不方便多說話，畢竟兩個公司是不同的文化，要一起共事一定要花很多時間，不可能是一朝一夕就完成的。財會主管也提醒自己未來再看投資案的財務預測時，不能夠太相信財務預測，因為兩間公司如果想要共同發展，就會有一個適應期，所以當財務預測的收入成長趨勢漂亮時，自己便應該提出懷疑，雖然不能確定適應期多長，但至少也要預留半年到一年的準備期。

　　除了財務預測外，財會主管也學到了「團隊磨合」的困難程度，不同公司要進行深度合作，除了團隊和主導人的團體意識都要到位之外，主導人和相關主管更要「多做一些」，包含與被投資公司的同事（後簡稱新同事）多聊、多聽新同事的想法及對公司的期待、多關心新同事對於公司文化衝突的調適狀況，以及投資公司若要入主被投資公司，更要把公司發展規則講清楚！除了講清楚外，還要「多講幾次」，再用彈性包容方式幫忙新同事解決工作困難。

　　當然，也許在投資案中財務的角色比較類似稽查，但是如果財會主管對於「人」的溝通角度敏感，在一開始的財務 DD 時，就能從過往的數據中看出被投資公司的經營方針，也能針對被投資公司過往已存在的問題分析公司潛在問題，進而對未來的財務預測提出懷疑。「大膽假設，對人敏感，小心求證」，絕對是公司財務部門執行 DD 上的必要法門。

　　最後，這次的投資教訓還讓財會主管學上一課，因為原本持股前進公司 43%，但因為「人」的感受沒有處理好，反倒想的是因為「穩捷公司沒有完全控制力，有些工作發展無法順利進行」；而實際增加到 60% 甚至 100% 持有時，穩捷公司主管們也發現「人」的問題沒有因為穩捷公司更有權利控管之後就消失，反而一再地把問題擴大，最後甚至除了前進公司原有總經理及兩個研發同事外，其餘被投資前入職的原始員工皆全數離職。所以合併不是最好的方式，每家公司都有自己的文化，穩捷公司的管理理念不一定能融合進前進公司，若能讓前進公司主管及優秀員工們有其部分持股，共同打拚才會有較好的績效表現，而非讓員工僅是打工仔心態。所以財會主管得到的最後一個收穫便是若要合作就先從「商業合作」開始進行，雙方合作得很順利之後再談投資。如果雙方對於各自產業的認知基礎很低，那也可能會有信任基礎薄弱的問題，一旦強制讓雙方連結在一起，適應過程的困難遠比大家對於合作成果的期待還要大上許多！

穩捷公司委外生產討論

背景說明

　　由於穩捷公司的獎金基礎係以各產品的接單收入及毛利來計算，所以不論業務單位和工廠製造單位，都能藉著訂價開高以及成本優化的方式撐大毛利，進而讓自己贏得更多的獎金。這套措施行之有年，也讓各單位的同仁能互相合作，共謀公司大業。但是，也因為這套制度的執行，業務部門和工廠製造部門難免會有一些衝突，包含業務部門認為製造部門沒有競爭力，速度太慢又花成本，相較穩捷公司固定配合的外包工廠的執行速度、配合度和報價，就差了一大截。

　　有天，財會主管私下被廠長詢問：「為什麼最近公司的工單比較少？」財會主管卻回答道：「不是因為你們家產能不夠，所以業務部門接單時都指定由外包工廠生產嗎？你們有溝通嗎？」廠長說：「我沒有說過我們產能不夠呀。」這時財會主管突然想起之前聽會計同事聊到「製造部門沒有競爭力」的話題，所以，業務部門指定要由外包工廠接單很可能在意的是毛利，而不是產

能問題！

　天啊！業務部門現在讓外包工廠接單而讓穩捷工廠有閒置產能，一定不可能會讓公司更賺錢呀！如果您是穩捷公司的財會主管，您該如何是好？

作法

　財會主管先請之前嚼舌根的會計同事去跟業務部門打聽想法，得知是業務主管建議指定外包工廠生產，其實大家也搞不太懂狀況，只知道最近跟競爭對手對於某些產品的價格競爭激烈，所以售價不好、毛利偏低，如果再找穩捷工廠去做，那可能都沒賺了！於是財會主管找到業務主管，說明：「找外包工廠不會讓毛利增加，因為穩捷公司的成本會計制度是以直接人工小時法來分攤製造費用。公司向外包工廠購入機台，但是穩捷公司需要有設計人員提供圖面、倉管人員提供部分客戶指定料件、進廠時需由品保人員進行機台檢驗，還需有採購人員及生管人員投入的採購跟催進度的作業等等，但是這些都不會被計入外包工廠機台的成本，而都含在公司原有的製造費用！」

　見業務主管沒緩過來、不知道該回什麼時，財會主管又繼續說：「因為外包工廠未使用到現場的直接人工，所以造成相關的製造費用分攤不到！但如果現在你們都只用外包工廠，讓穩捷工廠產生閒置產能，閒置產能未被分攤的製造費用，也會增加當期成本，而使毛利下降。根本沒有比較划算呀！」在財會主管劈哩啪啦、又急又專業地說明之後，業務主管也是懵了，似懂非懂地說不會再發包給外包工廠，會乖乖給穩

捷工廠作業。雖然業務主管不再堅持，但財會主管心知肚明的是這其實沒有治本，會不會明天另外一個業務主管又出現一樣的想法，又再讓工廠有閒置產能？

　　果然，當業務主管下達「不能再先找外包工廠製作，必須等穩捷工廠產能滿檔，工廠廠長說明無法再接單時，才能找外包工廠」的命令時，業務部門又出現一些反彈聲浪，包含「工廠端就是一群待退老兵，沒有競爭力」、「公司現在要保住工人的飯碗，結果卻要業務部門來扛績效」等等的小聲音。做成本會計的同事一聽聞消息之後，就趕快跟財會主管說明。財會主管心想，如果沒有拿出證明或修改制度，業務部門不太可能買單。這樣下去只會加速業務部門和製造工廠的衝突，於是會計主管找上廠長及總經理討論想法。

　　廠長跟總經理都同意自家工廠不太可能會比外包工廠成本還要高，就算自家工廠有一些流程還可以更節省人力，但就廠長到外包工廠交流的經驗之下，都覺得外包工廠僅是當自家工廠沒有足夠人力負擔產能時，向外先找到的備案。找外包工廠作為備案，而不是擴建自家工廠人力和設備的原因，也是因為擔心產能過剩，所以寧可在產能不足時外包給外部工廠，而不要持續增加穩捷公司內部的固定成本。

　　當三人的邏輯都相同時，就又回到財會主管的工作了。財會主管先是召集成本會計同事開會，以及詢問會計師業界相關作法。業界作法有些與穩捷公司差不多，有些則是會讓外包工廠的標準進貨成本高於自製工廠，藉以讓業務部門優先選擇自製工廠；而成本會計同事則是一想到要改變作法，就有各種擔憂和「但是」，好像就是搞不懂為什麼要為了

業務部門而改變作法,以及擔心自己的既有工作都完成不了,還要額外增加看起來沒什麼意義的工作項目。

不管怎樣,財會主管都堅持財會部門必須要找出自家工廠生產成本比較低的證據,用以說服業務部門。於是會計同事就透過外包工廠的報價,以及 ERP 系統內的零組件廠商報價,加計直接人工的標準時數計算出外包工廠和自家工廠對於類似產品的成本價,再與工廠廠長進行討論,來回數次討論及修正之後,卻發現自家工廠的成本其實真的較外包工廠還要高出一些,約略 4%。於是成本會計同事就跟財會主管說道:「我們這次真的糗大了。自家工廠的成本根本就超級高啊,找外包工廠還比較划算耶。我覺得我們以後應該要考慮讓自家工廠縮編,讓業務部門直接指派外包工廠作業,還可以減少成本開銷。」

財會主管看完數據計算之後,也百思不得其解,於是請教工廠廠長原因。廠長說:「你們就一定算錯啊,我之前已經跟你們同事講了好幾次,一堆錯誤都被我發現了,現在妳又來說服我『我們很花錢』?真的不能這樣啦,我會被你們害死。而且我們的工廠潔淨度比較高啊!品質比較好啊!怎麼比啊?」財會主管雖然對這些情緒性發言感到無奈,但是要跟非會計專業的同事討論「成本結轉邏輯」實在太困難,所以就按捺自己的不悅,反而虛心求教:「廠長剛剛提到潔淨度比較高,我覺得可能就是我們工廠基礎建設比較好,且工人比較有制度在工作的結果,但這也可能代表外包工廠之所以可以成本比較低的原因。您說呢?」

廠長馬上說起自己的工廠有多好多棒,再說道:「外包工廠我們也會去做廠商評鑑,很多細節都沒有在顧,所以後面品管也會很麻煩呀,

有問題又要再送回外包工廠……如果我們家做一個機台要 200 個小時，那外包工廠就需要 240 個小時，還不包含設計部門討論圖稿，及品管檢驗不過後送回重工或調整的時間。」財會主管：「對呀！我們公司很重視從訂單進來後到客戶驗收的時間，越短才越快能收錢，所以我相信自家工廠能夠幫公司做到更好的產品品質以及更快的驗收時間，而這些若用錢來衡量，也都有其價值。」當財會主管得到答案之後，便滿意地離開了，原本受到「財會部門計算能力很差」的汙辱不悅也就拋諸腦後。

於是，財會主管在轉達與廠長的對話給成本會計時，也請成本會計同事要用過去兩年資料，將入庫成本分出自家工廠生產及外包工廠生產的產值，計算出兩者占全體生產產值之比例，來分攤製造費用。

也就是說，外包工廠機台入庫時要分攤上段內容計算出製造費用攤分比例，外包工廠機台成本相當於機台進價加計穩捷提供的零組件，再加計製造費用。而製造費用則是依據自家工廠過往經驗估計，得出機台進價乘上 5% 得之。這樣分攤後，外包機台購置成本與自製機台成本差異就小得多了，甚至使用自家工廠製造會更為划算。

外包工廠機台成本＝機台進價＋穩捷已備料＋製作費用分攤（進價 × 5%）
　　　　　　　　　＝進台進價 ×105% ＋穩捷已備料

自製工廠機台成本＝零組件進價＋直接人工＋製造費用分攤

　　實際計算後，外包工廠機台成本＞自製工廠機台成本，故業務部門對於委外工廠的使用率自然下降，進而使自製工廠產能滿檔。

　　當穩捷公司的成本計算有了新的作法後（讓自家工廠的製造成本相當於外包工廠的採購成本），業務部門這才真的接受，不再吵著要給外包工廠做，而是乖乖地守護公司的產品售價。財會主管也透過跟業務主管討論「自家工廠跟外包工廠的製造品質及生產效率」，讓業務主管買單其實要先找自家工廠製造才是上策。

　　總經理在批審成本計算更改簽呈時，還批註了一句話給財會部門：「成本會計的一大步」。財會主管看到這句話時，便回想當初劈哩啪啦跟業務主管「說明一般公認會計原則」的氣急敗壞。確實，在學理上要使用「直接人工小時法」來分攤製造費用，但是實務上當成本有外包工廠和自製工廠時，「直接人工小時法」是否要做攤分，好像就只能回到營運邏輯主觀判斷。財會主管深知自己學到很大的一課——「學理固然重要，但若不知變通，也會讓其他部門認為財會部門僵化。」

結論

　　雖然財會部門在成本計算上增加了複雜度，但能夠因應營運上的需求做出調整，讓成本計算除了學理之外，更貼近實質營運。也讓原本按表操課或照章行事的成本會計同事能夠藉由這次機會，徹底地了解公司成本結轉流程，不只是調整計算方式，而又重新揪出一些原先的計算謬誤。讓成本會計同事的技能提升和重新檢驗計算流程的這兩點，都不是公司其他部門會看得到的價值，但也確實是「成本會計的好大一步」！

　　財會主管從與廠長的閒聊，到與財會同事討論，讓同事從沮喪反對、到明白、到接受、到願意配合，接著再與會計師討論，中間花費

的時間和精力似乎都不重要了，因為學到的才最重要！而這個「學到了」，如果不是財會主管主動願意了解，積極想辦法協調跨部門溝通，怎麼會讓財會部門共同有一個學習成長的機會呢？所以身為財會主管的您，是否也願意為了您的團隊更拚一把，主動作為同事表率，在同事覺得學習很煩悶時，仍然堅持成長，持續做自己認為「對」的事情嗎？這值得大家深思。

第二十六講
穩捷公司生產成本下降討論謬誤

背景說明

　　上一講講到業務指定工單要由外包工廠來做，而不給自家工廠。雖然當狀況一出，財會主管便趕快跟業務主管和總經理做溝通，並頒布「要先找自家工廠作業，待產能不足時才能外求外包工廠」的規定。而財會主管也在處理過程中想到，如果沒有給出一個很清楚的證據證實自家工廠的成本較低的話，還是會讓業務部門暗自抱持著「自家工廠沒效率，但也沒辦法」的偏差想法。所以當財會主管發現自家工廠生產成本確實較外包工廠高時，也只能用「品質」和「效率」來說服業務主管。但有說服成功嗎？我們都不知道這個答案。

　　不過，過了幾個月，我們好像就知道，有時候躲避不是解決問題的良方⋯⋯

　　這天的經營會議上，因為在討論穩捷公司的成本率逐月增加，而台北廠相較台南廠的成本率又更高，於是總經理下令請廠

長找出成本率增加的解決方式。台北廠的廠長當下雖然點頭說好，但在會議要結束時卻提出一個臨時動議：「關於成本，我越想越不對，還是想提出來大家討論一下。成本我們都有在控管，我們自己的報表都沒看出來有在增加。結果現在會計部門提出來說我們成本率越來越高，那是不是要請會計部門去查？查完之後再跟我們說原因。」

總經理看財會主管面露難色，也試著幫財會主管說：「會計是公司流程的最後一關，資料都是有憑有據的。我相信財會主管不會沒有理由就說公司成本率在提升，那是不是財會主管再把更細節的資料調出來，跟兩位廠長說明一下，看兩位廠長怎麼後續管控。」財會主管心想：「謝謝總經理的美意，但沒有幫到我啊。我怎麼把更細節的資料調出來？我那些成本結轉流程又要怎麼讓大家看得懂？剛不是講了嗎，就是人事花費太高呀，這個的細節資料怎麼給呀……」

在財會主管苦惱時，業務主管就回話說：「光台北廠跟台南廠比起來成本率就有差，之前討論委外生產的成本率也比自製成本率低。所以我們現在不能選委外生產，那可以選給台南廠，不要給台北廠嗎？」台北廠長突然又指著手上的會議資料對財會主管說：「妳看台北廠跟台南廠的差異，是不是現場就多找些人，費用率就會下降，就有競爭力了？這根本不合理啊，我幫公司省錢，人我們都盡量用到滿，但你們這個計算方式就在玩數字遊戲。」台南廠長說：「我也建議財會部門要講清楚一點啦，不要離間工廠和業務的關係。大家都很認真，不要一句話就把我們的努力打死了。」原本幫著說話的總經理這時看著手上的資料，也一時腦筋轉不過來，便跟著大家一起看向財會主管。

財會主管這時臉無限漲紅，看著資料實在不知道要從哪裡開始解釋會計邏輯，很想講什麼但又怕自己嘴拙，到時候沒解釋清楚反倒又產生更多的問題；但是如果現在不說，是不是又代表好像承認會計部門計算有誤，坐實台北廠長給的亂算罪名。那幾秒的時間中，財會主管最後做出決定，還是先不講了吧，等自己釐清再私下找廠長慢慢說。便僅先回覆：「我們會再提出更細節的資料給大家參考。」但當講完之後，看著各主管，好像寫在他們臉上的是「我就知道是財會部門的問題」，以及「平常都被會計欺負，總有一次被我們擺一道」的勝利表情，便讓財會主管好想找個地洞鑽進去，等到更有能力再出來面對。

若您是財會主管，您會如何回應呢？

作法

「由於穩捷公司的成本會計制度是以直接人工小時法來分攤製造費用，而公司在台灣有兩個生產工廠，分別由不同的廠長管理。想當然耳，兩廠的工費率一定不一樣，公司現行的生產原則主要是就近生產，只有較高階設備才會配置專業生產廠。但也因為這個規則，業務部門想要接單的時候，就會主張能不能選擇給工費率較低的工廠製造。」財會主管想著這道題要怎麼解，所以從頭開始順了公司的流程，心想：「連廠長都有此種似是而非的說法（認為只要現場人數增加，工費率就會降低），我一定要找個機會來說明，也讓兩廠的同仁了解成本的結構及製造費用分攤的方式，並邀請業務主管一併參加，解決兩個部門的紛爭！」

　　財會主管在與成本同事討論起此事時，成本同事也開心地說：「算算時間，剛好可以趁年度計畫要開始之前，也跟大家說明產能的設定與業績的關聯度。這一直是大家不太有概念的地方，這次可以讓工廠的產能設定跟業務部門的業績連結提出來，這樣編年度計畫就會通了喔。」因為產能的設定是來自年度預算中的銷售計畫決定製造人力，並不是由廠長自行決定製造人數；但廠長仍然需要考慮外包工廠以降低廠內人員負荷，因為當人力過剩時依舊影響著毛利。而這段過往都是成本同事主動介入調整的，但隔年都會發現就算銷售計畫如期達成，工廠的人力仍然都有可能跟原本估計的不太一樣。而這就是成本計畫中可以再更好的地方，但無奈會計中的成本結轉觀念實在太難，也讓成本同事不太願意花更多時間與工廠廠長及其他管理人員好好細聊。

　　於是，會計部門決定開會計課，教廠長和業務相關成本管理實務課程，也透過實例教大家計算年度計畫的預計工費分攤率。舉例，若直接人工薪資及製造費用月均為 170 萬元（直接人工薪資 81 萬元、製造費用 89 萬元），直接人工在 10 人的假設下，直接人工的工作時數為 10 人 × 22 天 × 8 小時 ＝ 1,760 小時，依據過去三年有效工時率的平均值為 90%，可得出 1,760 小時 × 90% ＝ 1,584 小時，故預計工費分攤率即為 170 萬元 / 1,584 小時 ＝ 1,073 元 / 小時。

　　若依廠長所述，增加直接人工 3 人，來降低預計工費率，是不是較有競爭力呢？直接人工從原本的 10 人變為 13 人，原本的直接人工薪資 81 萬元（平均一人 8.1 萬元），增加至 105.3 萬元，而製造費用則維持不變，故直接人工及製造費用月均為 194.3 萬元（直接人工薪資 105.3

萬元、製造費用 89 萬元）。如此一來可得以下數據：工作時數爲直接人工 13 人 × 22 天 × 8 小時 = 2,288 小時，有效工時率爲 2,288 小時 × 90% = 2,059 小時，故預計工費分攤率 = 194.3 萬元 / 2,059 小時 = 944 元 / 小時。確實如同廠長說的：「增加 3 個直接人工之後，工費率就下降了！」

但在考量實際接單狀況後，狀況又是如何呢？假設業務部門依照年度計畫執行，營業額達成率有 110%（表示接單情況很不錯的狀況），則實際使用訂單工時爲 1,750 小時，在直接人工 10 人、實際人工薪資 81 萬元、實際製造費用 94 萬元（較上述假設 89 萬元增加 5 萬元，係因工時增加須支付加班費），合計 175 萬元，故實際工費率 = 175 萬元 / 1,750 小時 = 1,000 元 / 小時，代表有效工時率爲 1,750 小時 / 1,584 小時，即爲 110%，需要員工以加班方式方能達成。而在直接人工 13 人、實際人工薪資 105.3 萬元、實際製造費用 89 萬元，合計 194.3 萬元的狀況下，實際工費率 = 194.3 萬元 / 1,750 小時 = 1,110 元 / 小時，代表有效工時率爲 1,750 小時 / 2,059 小時，即爲 85%，反而產生閒置工時，故實際工費率不減反增。

由上面這些計算式可知，廠長的工作應該致力於工時效率的提升，及製造費用的控制。如此一來，實際工費率就會下降，才能做出工廠的競爭力。依照原本廠長的計算，只有預計工費率才會因爲現場人員增加而下降，不過預計工費率可以下降的前提也是公司的訂單大幅增加，才能追趕得上。所以說，做年度預算時，依照業務部門計算出來的營業額，就能估計工廠來年的員工聘用狀況。而工廠的成本是與實際工費率

產生連結的，而非預計工費率。

　　除此之外，會計部門也提出「機器姑且都有停機維修的時間，人也不能 100% 地產出有效工時」的觀點。一般而言，有效工時率會設定在 90%，主要是整理資料和溝通作業以及行政會議等的時間，因爲不實際花在產線上，所以應被扣除；正常產能則是設定爲 80%，這是爲了避免接單不足時，連帶使工廠成本及庫存成本虛增的情形。

　　成本會計同事也在課程裡面跟工廠主管分享財務會計及稅務會計的差異。在財務會計處理上，如果公司認定直接人工因產業特性屬於固定成本（直接人工一般情況下視爲變動成本），則依照成本會計的觀念，可以將固定成本，按正常產能分攤，若實際產能低於正常產能的部分視爲閒置產能，可以將相關閒置產能成本直接列入營業成本，而不分攤入產品庫存成本；但在稅務申報時，公司仍須將人工成本按實際產能分攤方式，攤銷入營業成本及期末存貨庫存成本，所以必須做帳外調整！

　　結束了課程之後，台北廠長特地來到辦公室找財會主管，跟財會主管分享：「原來預估成本時所用的預計工費率，僅是估報價時用的，不是眞實成本計算用的。」以及「廠長責任在於組裝工時的下降，原本一個機台需要 200 小時的努力，看能不能進步到 180 小時。若能做到工時有效率地提升，以及製造費用的下降等等，這些才會有助於成本的下降。而閒置產能的部分則應是業務部門接單不足的表現，就要回歸到業務部門的責任。」聽著聽著，財會主管也給了台北廠長一個讚的手勢，要能把這些觀念搞清楚，代表廠長眞的很用心在上課，也從中發現自己工作的價值其實能用數據來做管理及追蹤！

結論

財會主管身為檢查「公司這台大型機器的齒輪有沒有運轉得宜」的角色，若是對任何一個流程不甚了解，就很有可能被考倒，而被考倒的時候，也是考驗自己抗壓性的時候。每個部門對於自己的專業都相當了解，但對於跨部門專業的認知可能就稍嫌薄弱，所以財會主管就會不時接受到跨部門的質疑，更可怕的就是公開的質疑，或是群體的公開質疑！

若財會主管能夠在聽到「不解」或「批評」聲音時，回過頭來先按捺自己的情緒，試著理解對方為什麼會這樣想，雖然有時候邏輯不通，但是對方發聲時的情緒卻是實實在在的。協助對方用財務數據的角度解讀其工作，又或者是尋求資源來分享營運上的管理工具，都有機會讓公司前端營運部門更了解會計部門掌握在手上的數據是怎麼形成的，也有助於跨部門主管在行事上更有心得和收穫，這些都會讓財會主管在溝通協調上更得心應手。

最後，傳統成本會計制度有其簡易性，但也可能造成成本的扭曲。財會主管跟成本同事在這一連串的跨部門衝突和計算成本過程中，不免也替公司想了好幾種成本分攤方式，有些雖較為精準但繁複耗時，有些則因太簡單反而生出不合理，但無論如何，財會部門也因著這些討論，產生了推動 ABCM（作業成本管理）的想法，這也讓穩捷公司原先的財務會計觀念，增加了成本會計和管理會計的不同分析方式，更精準地協助工廠單位控管自己的成本率。日後再跟委外工廠比較時，也期待能夠不只「潔淨度」和「溝通效率」贏過委外工廠，連同成本率也能逐漸追平！

第二十七講
穩捷公司閒置產能議題

背景說明

　　延續著成本會計的討論，這講依然停留在成本會計，說明爲何第二十六講會提到「將正常產能設定爲 80%」。穩捷公司持續在「實際成本與預估成本的差異分析」議題上深入研究，所以每個專案的成本差異分析也因爲成本會計同事、生管和廠長間來來回回地討論，逐漸優化製造流程。

　　穩捷公司有個製造廠在中國，因爲國土遼闊，所以通常勞工放假都會一次放很長的時間，讓大家扣除交通時間後，還能跟家人團聚數日。碰到農曆年假及十一長假的時間，原本放假時間就長，但部分員工因爲住內地而往返時間長，甚至需提前或延後返鄉以避開人潮，造成工費率嚴重異常。

　　有一年，穩捷公司因 A BU 主要銷售地在中國，因此都在中國廠製造。當時碰到十一長假，中國的會計主管曉菁緊急來電找財會主管討論，因爲十一長假過後，10 月結出來的成本非常異常！經曉菁的說法，主要原因就是太多同事一同放假，在場的員

工過少，導致生產工時低落，進而讓固定成本攤提之後的工費率偏高，導致每張成本單都毛利率異常，需要分析。財會主管接著問：「廠長反應怎麼樣？」曉菁說：「我猜他早上會議結束後，回到位置上就會收到一堆成本分析單，所以我在想要怎麼因應？是不是不要做成本分析了？」

財會主管意會到會計主管的意思，所以真正要解決的雖然是十一長假造成的成本問題，但更急迫的是要如何應對廠長。

作法

財會主管先安撫曉菁說：「這是每年都會遇到的事情，所以廠長應該也大致知道。只是今年我們又更認真地做成本差異分析，因此大家重視的程度也更深。我在思考，台灣碰到過年也有這種現象，我們確實要來想一想因應之道。以免碰到長假，就變成都不需要分析，這樣就可惜了。我想聽聽看妳怎麼想的呢？」

曉菁說：「我想先跟廠長說，每張成本分析單如果看下去真的都只是固定成本攤提的壓力問題，那就先在成本分析單上註明長假影響，我們確認合理之後就過關，不要再用平常的觀念去要求生管，這樣廠長（生管同事的主管）減少被打擾，整體的情緒控制會好很多。」財會主管欣慰地想：「真有擔當，先把廠長穩下來，就相當於人的外在影響減除掉，才能讓事情簡單化。回到單純的會計處理問題，就能就事論事地討論更好作法。」

於是，財會主管又問曉菁說：「那妳已經有想法要怎麼計算生產工時確認合理性了嗎？」曉菁說：「我想好了。我們可以用每年的月平均生產工時和 10 月實際生產工時做比較，假設月平均生產工時是 3,500 小時，而 10 月生產工時是 2,000 小時，就知道多出的 1,500 小時差異太大，會導致工費率的分母攤提數太小，而導致工費率無限上漲！那實際工費率還是用月平均工費率乘上專案工時計算，這樣比較合理。」財會主管：「好，那先這樣計算一版，也把這個月的每張工單都重新計算過一遍吧，再提供給生管。不要讓廠長先看了又先跳腳。」曉菁回道：「那我先去找生管和廠長，請他們先不要看原本系統自動寄出的成本分析預警單喔，我先通知同事重算。」

財會主管掛掉電話之後，就調出 10 月的成本分析資料，看看曉菁說的有沒有漏掉或要提醒調整的部分。於是發現工廠員工有 20 人，依照正常工作天算一個月是 22 天，一天有 8 小時，所以工廠總工時為 20 人 × 22 天 × 8 小時，即為 3,520 小時，而因為十一長假，實際生產工時僅 1,725 小時，生產有效率是 49%（1,725 小時／3,520 小時），若用 10 月的總工費金額人民幣 23 萬元計之，則會得到實際工費率人民幣 133 元／小時（23 萬元／1,725 小時）的結果。而對照歷史經驗，實際工費率一般正常來說，大約是 80 元／小時。這將近兩倍的結果，當然很可能讓每張工單都跳異常！

穩捷公司的成本分析單作法是以每個製令為一個單位，與預估工時和預估毛利率做連結。當製令完成後，再和預估成本做分析比較，如果成本差異超過 5%，就會跳異常請生管分析，而廠長因為是生管的直

屬主管，所以若有重大問題，最後往往都是廠長和生管一起解釋。財會主管又想到會計主管在視訊上出現的憂心表情，便能感同身受。看系統上已寄發給生管的成本分析單異常已有二十幾份，所以當廠長打開收件夾裡滿滿的成本異常，不馬上打電話給會計說「計算錯誤」或是「亂算」，都算給面子的了！除了廠長以外，很可能 BU 長也會來罵人，財會主管腦中就跑過幾個接到電話被炮轟的經驗，想了想就覺得頭皮發麻，便也由衷感謝曉菁在最早時間便發現這個問題，主動提出因應措施。

　　正巧當時會計部門也在跟會計師討論第十號公報「存貨的會計處理準則」，所以財會主管便趕快撥電話，請成本會計同事一同來討論長久合理的會計處理方式，也趁著該週原訂與會計師的會議中提出疑問。在這場會議中，穩捷公司主張：「產能應分成『正常產能』與『閒置產能』，用過去三年生產工時資料，來推算公司正常產能利用率，得到正常產能利用率約為 77%。若公司能設定出標準產能，則是否能把低於正常產能的閒置產能，當期直接結轉銷貨成本，而不要帳入各專案成本進行分析。」會計師當天便同意這個作法。

　　而後，也在曉菁跟廠長的討論後，設定出標準產能為 80% 的想法。雖然這三年的平均生產工時利用率是 77%，不過是逐年增加，於是便訂個好記的 80%。若低於 80% 時則視為閒置產能，閒置產能本身就是個議題，需要管理階層特別注意。但是若碰到十一長假或農曆年假，應該就要特別安排人力留下。而碰到業績不好的時候，相信管理階層也已經討論過銷售議題，所以就應該趁這段時間作為公司營運上的休

整時間，並將標準產能工時利用率 80% 與實際產能生產有效率中間的差額，乘上工廠該月依標準產能工時計算出的工費率後，直接轉入當期銷貨成本，避免影響工費率，進而影響到產品成本波動過大。

實際計算公式如下：

總工費金額為人民幣 23 萬 / 月

員工人數為 20 人

總工時是 20 人 × 一個月工作天數 22 天 × 一天工作 8 小時 = 3,520 小時

3,520 小時 × 標準產能 80% = 2,816 小時

23 萬元 / 2,816 小時 = 82 元 / 小時（以此為當月的標準工費率）

實際生產小時 1,725 小時，生產有效率 49%（1,725 小時 / 3,520 小時）

1,725 小時 × 82 元 / 小時 = 141,450 元（以 82 元 / 小時入產品成本，避免影響產品成本過大）

230,000 元 – 141,450 元 = 88,550 元（轉當期銷貨成本）

若以實際生產小時計算工費率：

實際工費率為 23 萬元 / 1,725 小時 = 133 元 / 小時

133 元 / 小時 → 82 元 / 小時，下降 38%，就能讓製令成本不隨產業環境大幅波動。

在曉菁與財會主管的回報中，曉菁也提到：「當然又是需要提出一堆數據跟廠長溝通，但是廠長這次覺得會計有動起來，沒有麻煩到他，所以態度都很友善，甚至還鼓勵我們了耶！不過，我也有跟廠長提到，雖然找到了解決辦法，但仍然要等到明年才能正式施行。而在施行之前，如果還有碰到類似的事件，會計就手動先算一版模擬版本給生管和

廠長，這樣大家都能最快掌握狀況。未來就是當產能利用率低於 80% 時，會結轉到當期的銷貨成本，而不會是各別的製令成本要去分析。」財會主管聽完後，心中非常欣慰：「不愧是我挑中的會計主管，不只有擔當，還有勇有謀。也很慶幸自己當初力排眾議，讓中國籍的會計主管直接坐上這個位置，而不是以出生國籍做唯一考量。」

結論

　　原本財會主管在與會計師討論第十號公報時，還覺得好像少了一些極端案例可以拿出來討論作法，結果中國子公司就貢獻了現成的案例。當財會主管聽到會計主管曉菁的問題討論及解決方案時，僅站在支持的立場，靠著曉菁的努力協調和想法貢獻，進而讓財會主管能夠與會計師討論出集團統合作法。而曉菁先解決廠長心情，再處理會計計算及報表表達問題，也是讓財會主管念念不忘的絕佳表現。

　　所以這一講成本會計議題的最終回中，筆者不只講專業的會計議題實務操作，也帶出「實務上的會計問題不太可能脫離『人』的議題而單獨討論」，故要解決會計問題，都要從人的角度著手的結論；還有另一層含義，則是想要藉由財會主管與曉菁的互動，讓讀者衍生性地思考：「一個成熟的會計主管，只需要有經驗處理專業會計問題和跨部門溝通嗎？」只要隨著公司越來越大，一定要懂得合作，以及學會帶人，因為一個人的時間就是這麼多，但如果懂得傳承的真諦，就能讓一個人做不到的事情，以團隊的力量實踐它！所以後續，筆者也會帶出一些傳承、帶人的難處及解決方式，請大家一起找找故事中的蛛絲馬跡囉。

倍捷公司專案支出控管議題

背景說明

　　倍捷公司做環境監測系統,所以產品就是一個軟體監控平台,很常會需要跟廠商共同連結,一起提供包套方案給客戶使用。每個客戶就是一個專案控管,雖因倍捷公司為一員工人數 15 人之小型公司,而合作的廠商多半為大型硬體設備業,或大型系統整合公司,所以又更難以控管每個專案完結的時程,有時也會遇到專案強碰,沒有時間測試或開發的窘境。但因為小型新創公司本身存活就有挑戰,業務部門往往非常努力在養案及接案,即使研發測試部門一再提醒案件不能一起接進來,否則公司沒有足夠的人力因應。

　　不過,實際狀況就是只要有好案件,雖然接案時間點不太合適,業務部門還是會要求研發測試部門接案,導致工作忙閒程度在不同時間點會差異甚大,大概就是極端忙碌時可能團隊都要睡在辦公室裡,而比較悠閒的時候則是可以準時上下班。研發主管常說等到他們戰力養好就沒問題了,而現在大概就是研發主管的

專業能力和工作邏輯很好，底下的同事雖然專業能力中規中矩，但因為實務經驗不多的關係，都還缺乏訓練。

　　會計主管在剛來的時候就會聽聞出納說：「因為老闆也是工程師背景，對於研發測試部門非常偏心，平常東西都不交，一次就交一堆，但又有漏的，最後還要麻煩出納自己去聯繫廠商。」又或者是「動作很拖拉，資料給得很慢，甚至還會有統編打錯但過了三個月才請款，結果要求廠商換發票，廠商不願意，又很花出納溝通時間。」甚至在會計主管發現每個月的成本和費用波動都很大時，詢問出納：「為什麼發票跟入帳日期會差這麼多天？」出納回應：「每次去跟研發部門要憑證，他們都說好，但都交不出來。後來我說公司出錢不能沒有憑證，他們都寧可自己代墊耶，最後就變得更晚才交，我也沒辦法。」

　　於是會計主管就在這樣的背景知識下了解倍捷公司的做事方法，面對一個不斷拖延資料的研發部門，如果您是會計主管，您如何應對呢？面對因為流程導致會計結帳時程拖延，且財務報表無法分析時，您如何處理呢？

作法

　　在整帳完後（詳情請見第二講及第三講），會計主管認為公司營運流程與成本相關的兩點是急需要改善的，包含：

1. 員工代墊款需要在消費當日起的兩個月內請領完成，避免支出與收入脫鉤。

2. 專案結案前，會計需先向業務部門及研發部門確認沒有尚未請款的成本方能結案，避免成本及毛利結算錯誤。

　　而會計主管也因應做出請款辦法，在取得執行長核准後寄信發給大家，以及在全員大會上宣導一遍。但是，就算是這樣，仍然很容易遇到「啊！我忘了報」或是「沒有注意到還有這一筆」的情形，每當會計主管要秋後算帳時，又看到研發主管睡在辦公室，或是都緊急在做測試和排除問題，根本很難切入，最後就又淪為口頭說：「我理解大家都很忙，可是大家還是需要多注意請款時程。」而研發測試部門的處理方式也頗為制式，包含「非常抱歉，我們一定改」，或是「真是太不應該了，我知道增加你們很多麻煩」之類的對話。

　　會計主管遇到不知如何處理的時候，也會尋找執行長，執行長會回應：「最近大家比較忙啦，這個案子結束之後就會好一點。」但是會計主管無法遇到大家比較不忙的時候，通常就是一個案子還沒結束就卡另外一個案子，所以也頗為無奈。但想起來當初進來公司時，就預知帳務很亂，自己還跟自己說：「大公司跟小公司各有優缺點，但是我在這裡有舞台，比較能施展自我」，才決定進來倍捷公司，難道只是因為帳務亂、流程亂，就決定放棄不作為嗎？自己應該還要多做點努力，再評估這家公司是不是自己應該要留下來發展的地方。

　　於是，會計主管就變得更積極地跟追結案狀況，以及不厭其煩地跟請款同事確認有沒有代墊款的事宜。但卻也因為這樣，導致研發測試部門都會流傳「會計主管超囉嗦，而且碰到每月月中結帳時脾氣又差，每次進去會計辦公室都要提心吊膽，但不管怎麼回話都會被罵」的反應，

也不知是從誰而起，最後大家就產生「反正都會被罵，缺一張跟缺五張一樣。執行長也不可能會不讓我們請款，就這樣吧」的敷衍心態。

會計主管覺得好懊惱，內心有多方聲音角力，一方面覺得自己應該要更堅持原則，才有可能讓流程加速改善；另一方面卻又覺得吃力不討好，反正帳務亂也不是一天兩天的事，再亂下去又何妨。何必自己要當壞人，讓大家都討厭。每天在辦公室看到的情形，就會讓會計主管逐漸地往消極的處理方式走去，所以就越發性地更有時間可以與朋友聚餐，而不只是一頭熱地加班忙工作和流程改善。

這一天，會計主管在閨密聚會時，聽到身為專案管理的好朋友說：「快被我們家的會計煩死了。會計都不幫忙，只是一直催資料，如果我給得出來就給了啊，而且那個眼神就是充滿嘲諷，好像我們都是白痴，都不會做事，活該累死。」會計主管聽了之後想到自己的工作處境，進而同理了其他同事。好朋友看會計主管不回話，深怕會計主管會錯意，還說：「妳就不是這樣子！以前我們唸書的時候，妳就很會幫我們張羅協調資源，所以如果我們公司的會計是妳就好了，也會幫我們想辦法解決廠商的問題……」會計主管笑一笑地回說：「我也不太懂我們公司研發部門同事在做什麼，說不定他們也覺得我煩。」接著喝了一口熱紅茶，想要藉此把自己的委屈吞下去。

隔天上班時，會計主管決定：「自己要多做服務，而不是只是嘴巴上說可以幫忙，但其實一點忙都幫不上。」也因為自己實在不知道研發部門同事的困難，好像也不知道從何下手，所以會計主管約了研發主管一起吃午餐，跟研發主管說明自己的想法，想從研發主管那得到一些靈

感。研發主管說：「我有時候會聽到同事說會計很麻煩，但是我們也都知道會計也是有責任在身，只是我們真的很不喜歡整理發票，說沒時間是一回事，但是真正的問題就是不喜歡。如果有時間就會想要拿去再寫點 code，或是回客戶話也好，對於報帳則是等到真的沒錢了再報。」

會計主管雖然對於「不喜歡請款」的這個行為很不能理解，但也試圖不鑽牛角尖地發問，而問道：「不喜歡整理發票，是不是因為有什麼困難？我可以來想想看我們怎麼幫忙整理發票。」研發主管說：「我想到了！我們上上個月去美國出差，我有聽到同事說報帳很難。因為當初有從公司暫借美元，可是有些是刷信用卡，所以美元也有剩，而信用卡又有刷幾筆自己的錢，不知道怎麼報帳。」會計主管心想：「就這麼簡單的事情？不會做又不主動問就算了，我催過幾次了都還跟我說好。」便跟研發主管說道：「這個沒問題，只要給我出差報告，寫去了哪裡，以及把發票支出都給我，金額大概填一下，我們來完成吧！最後再給你們同事簽名就好。」

結果，當天研發部門出差的同事便把所有資料都交出來了，也果真驗證研發主管說的「不是沒有時間，而是覺得麻煩」。當會計主管主動提說可以怎麼幫忙，研發部門同事也樂得輕鬆，變得非常積極，還各種說明報帳遇到什麼問題。會計主管也才發現，原來跨部門溝通不能只講道理，需要自己更多地深入流程了解，或是旁敲側擊確認問題在哪，主動施援，而不是被動等待別人來說自己的問題。會計主管也回憶起以前讀書的時候，自己做班長時都怎麼做的，不管是什麼事情自己都會去了解，不會因為這是學藝股長或是風紀股長的事情就不去管，也因著大家

一起解決問題並爭取最好成績，到最後也收服一群很好的同學，直到現在還是閨密。

結論

　　這講中，筆者提及較多的會計主管感受，而非是實際解決問題的作法。主要原因回到筆者與其餘會計主管討論問題時，時常會有一個問題是「煩惱前端總是資料來不齊，以及專案總是遞延」，但是若問起細節：「為什麼前端資料來不齊？」或「你知道為什麼專案總是遞延的問題嗎？」又會發現大多會計主管會回：「細節我也不是很了解，他們也沒告訴我。」又或者是「他們就是很忙，但也不知道在忙什麼」之類的回話。但往往在會計主管深入了解之後，就會發現「雖然大多事情不是自己可以幫忙的，但是總算知道他們在忙什麼，也能體會他們的辛苦和難處」，以及「其實就是卡在一個很小的地方，這個我教一下他們就會了」。

　　因為自己主動詢問而得到讓自己滿意的對方回覆，大多時候就能夠化解自己內心糾結的原因。再更幸運的話，說不定也能發現自己對於公司營運流程的認知不足，更加了解之後，還能協助公司優化營運流程，簡化流程又對症下藥，進而規避風險；又或者是為跨部門溝通「上潤滑油」，使跨部門溝通氣氛更好，讓前端與會計的溝通更為順暢，降低彼此認為對方「本位主義濃厚」——只在乎自己權益而不管他人死活的氛圍。

第二十九講
時美公司專案管理議題

背景說明

　　時美公司身爲國際貿易公司，疫情發生之後，遇到海運的延遲以及電商市場的蓬勃發展，讓時美公司開始將進貨數增加，並將原本在泰國做簡易加工和包裝的工作移回台灣，降低欲出貨時沒有貨的困境。但也因此衍生出台灣需要更大的倉庫吐納以及更多包裝產線的員工。

　　在幾次的討論之後，時美公司定案要在基隆承租臨時工廠，因應基隆港口的地利之便，以及節省在台北區的租金成本太高問題。但是，當有工廠之後，就發現員工人數的招收不足。畢竟，包裝產線和理貨出貨工作屬於勞力密集工作，原本時美公司的倉管及物流部門僅有 5 到 7 人，本身就已經短缺人力，因應電商市場大好，從 7 人增加到 10 人都還不夠，現在把泰國的工廠移回台灣又需要再多 5 人才能勉強負荷工作。而勞力密集工作的人力市場流動率高，加上基隆的人力庫較小，且時常人員還沒訓練起來就離職了，員工又得不斷地加班，導致每個月主管會議上，只

要提到客訴，倉管部門主管都會雙手一攤表示「無法解決」，更甚者直接看向營運長要人，讓營運長和人資同事傷透腦筋。

而後，營運長找了一間科技大學夜間部談合作，一次找了 8 個同學進行為期一學期的實習合作。又因為學校距離基隆倉庫比較遠，每天都提供中型巴士專車接送。一切看似都很正常，也都在主管會議上經由大家的討論定案。因為疫情的網路效應，時美公司的營收月月成長，使得全體同事真的是累壞了！

泰國移回工廠一事原本就不是簡單的想法，包裝、出貨和物流銜接，每天都在面臨「壓力測試」還有「緊急危機應變」，漏出貨或出貨出錯客戶這種事就已層出不窮，延伸的客服和溝通重新出貨時間也讓整個部門壓力破表，就別提實習生們沒有經驗，容易搞不清楚狀況，動作較慢，還需要正職人力花上額外時間檢查和教學，整體的工作品質又更差了。

那這件事情跟會計有什麼關係呢？原本會計主管只是感覺發票開立次數增加、進貨增加，以及跨部門要資料和對帳的工作時間增加，但自己也知道比起其他部門，會計部門真的是不能喊累。結果過了兩個月，會計主管除了發現主管會議上，倉管主管沒時間來開會之外，也發現時美公司的財務報表上，費用有了自己沒有想到的變化……

作法

會計主管發現公司的銷貨成本率大幅增加 13%，從 56% 增加到

69%，因為倉庫租金、簡易加工及包裝人員的增加，以及因客訴而重新出貨的產品和小禮品成本增加，次月再看到遊覽車公司開來的發票時，發現成本率又增加將近2%。這些成本大幅度地將公司原本期待的毛利吃掉了，結果就變成全公司做了白工！

會計主管向倉管部門主管詢問為什麼遊覽車費用這麼高，倉管主管說：「營運長當初在跟學校談的時候，有說會有專車接送。但夜間部由於上課時間的關係，同學會比其他員工更早下班，所以上班可以一趟車一起去基隆，可是下班需要有兩趟車，一趟給同學坐回學校，另外一趟要給同事坐回台北。總不能要同事一起提早下班吧？」會計主管心想：「這不是應該一開始就要想到的嗎？怎麼會現在才一副無奈的樣子。」

會計主管又問倉管主管說：「同學表現得如何？我看同事的加班費很高，這個月又有資遣費，同事的狀況是不是還是不太好？」倉管主管回道：「現在就是找人太急了，只要有手有腳願意來，我們就用了。結果就來一些根本不適任的，上班無故曠職，就算來了，下午就又消失，表現得很差，就怕影響其他同事啊，趕快資遣他。同學也是需要時間學習，裡面還有外國人，中文也不太好，我們同事已經夠沒空教學，更別提要去教外國人。所以這批同學能幫上的忙也有限，我真的好煩惱啊！人資說跟學校簽約了，這些人不能換，所以現在也只能將就用。」

會計主管一聽有外國人，趕快問：「這會不會有居留台灣全年天數未達183天的人啊？10天內就要扣繳申報，我沒收到，應該是沒有吧？」倉管主管說：「這個我不知道耶，但他們中文很不好，不知道是不是才剛來。你再問問看人資吧。」會計主管心想：「除了外國人，你

們還有要做法扣 [1] 的同事耶，這也很麻煩，我這兩個月為了你們增加的這個人，多了好幾個工作啊！」而後，會計主管問到人資時，人資也才發現自己沒有意識到外國人居留未滿 183 天需申報的狀況，人資竟還問會計主管說：「能不能請你詢問相關單位我們要怎麼處理？」會計主管深吸一口氣，心想：「果然，原本覺得自己沒有這麼忙，都是假議題，根本就有超多事情不會被注意到。」

　　在繳交財報給執行長和營運長後的隔天，會計主管就被營運長叫進辦公室，詢問：「這個月的數字很不好看，你都只有註明是因為倉庫成本增加。所以為什麼之前沒有先提出來呀？現在打算如何處理？」會計主管有苦難言地心想：「當初拍板定案的人又不是我，找人的是人資，找倉庫的是總務，租遊覽車的是倉管，結果我卻是承擔責任的人嗎？」然而會計主管也知道這些話不能對營運長說，便換句話說：「這也是我分析後才發現的問題。之前我們大家討論的時候，都沒有規劃成本，我這裡也沒有收到任何部門的花費資訊，直到收到發票和人資計算的薪資才知道，就晚了。」

　　營運長說：「對啊，現在晚了，那我們現在也不能換人跟換倉庫，更不可能把工廠再移回泰國。這樣真的很虧耶！還有什麼我們不知道的嗎？」會計主管便把外國人沒扣繳及新增法扣同事的事情提出來，營運

---

[1] 法扣，就是被法院強制執行扣除個人的薪資，當該月薪水入帳之後，就會被扣除一部分的薪資，通常是薪水的 1/3。發生的原因通常來自個人曾經有向債權人（銀行或他人）借款，但因未及時還款，債權人向法院申請本票裁定強制執行，扣除其每個月的薪資來作為還款的來源。而公司若扣除該員工薪資後，可能需要代匯款至債權人或政府單位（若有健保或稅務等未償還），衍生額外計算、開立支票還款及匯款作業。

長回道：「人資怎麼事前不知道啊？你也沒有事前提醒。哎，這個決策我們事後得好好檢討！」營運長便急忙去找執行長討論這些狀況，讓會計主管離開了。

過了幾天，營運長交代會計主管要做事後檢討，請會計主管先準備一些素材，現在就算改不了了，以後也應該要避免，並擇了一天帶著會計主管一起去基隆工廠探視，了解現場狀況。而公司也在次月召開檢討會議，檢討結論就是「缺乏事前成本規劃，以及缺乏專案小組應變能力」。雖然在之前的會議上有針對決策方向進行討論，但是卻沒有針對「實行細節」逐一確認，才會導致很多的成本沒有被計算到，若未來有類似狀況，應在決策出來之前，先看到專案成本，才能更客觀地討論是否可行。各部門在提案時，也需要先行找廠商報價，並與會計部門確認是否有遺漏的成本項目。

除此之外，這種決策也應該成立相對應的專案小組，並且指定專案負責人統籌。以免各部門自己做了自己部門該負責的事情，但跨部門對接的工作卻沒有人知道，最後就漏掉一些原本可以注意到而沒有注意到的狀況，並衍生不該發生的成本。專案小組亦需有固定時間開會，確認執行進度及跨部門的認知相同。

結論

公司每天都在面臨考驗和挑戰，當公司小的時候因為人數不多，可以及時因應突發狀況；但當公司擴大的過程中，就容易因為沒有「專責負責人」而導致應該被注意到的問題沒被注意到，或跨部門之間不知

道誰應該要擔起某個責任。在這個過程中，很有可能就是會計部門在每個月結帳分析的時候才發現成本支出已遽增，或是還有一些成本陸續會在未來發生但已來不及修改。這時候，會計主管也很容易變成是代罪羔羊，因為「沒有事先提醒」。

所以，這講提醒讀者當公司發生突發狀況時，務必確認「是否有專案小組及其負責人」以及「是否應有專案收支規劃」，才有可能在規劃的過程裡面，就讓各部門有機會檢視到自己遺漏的部分，也能降低會計數據是落後指標（必須等事實發生之後才有會計記錄）的遺憾。

第三十講
時美公司導入 ERP 議題

背景說明

　　時美公司在第十四講及第十五講使用核決權限表，但敏銳的讀者可能有發現都是在討論使用 email 或紙本方式，而未進入系統。就是因為時美公司僅有會計系統，而尚未使用 ERP。ERP 系統是 Enterprise Resource Planning（企業資源規劃）的縮寫，ERP 是一套軟體系統，用以幫助各組織自動化和管理核心商務程序，以實現最佳績效。所以如果整套 ERP 只有使用會計功能，而沒有串接到前端作業，那通常我們會只說使用「會計系統」；若是有跨部門組織可透過系統執行簽核或自動化拋轉文件或帳務等，則慣稱 ERP。

　　時美公司就是一個案例，公司成立六年都在使用會計系統，尚未進入 ERP 世界。因此就有一些很麻煩的問題，譬如主管出差時無法及時簽核，或者是員工在使用 email 簽核時動文件的手腳（即主管簽核文件非為給會計的附檔文件，給會計時則把文件替換為不是主管看過的文件），又或者是主管無法直接對應以前曾

經簽過的資訊，都需要依循記憶翻閱信箱歷史記錄或請同事再說明一次內容，費時且考驗大家記憶。

除了上述，最近又遇到另外一個問題是，時美公司的網路交易渠道越來越多，且交易總金額越來越高。業績成長雖然對於時美公司來說是件好事，但是卻因為採購負責進貨、倉管負責出貨、電商平台負責開立發票、會計負責計算毛利，不同部門查看的報表不同，反而導致數據計算的不一致性。採購透過庫存明細及歷史銷售報表，再與營運團隊溝通安全庫存及採購數量；倉管依照電商平台需出貨明細包裝及出貨；電商平台則依各平台作法做代開發票次月結帳，或使用時美公司名義開立發票，但開立給消費者發票的時間點又可能落在客戶刷卡時、銀行扣款時或是便利商店取貨時。故，會計結帳時就容易因為出貨時點和開立發票時點不同，而發現毛利率波動落差很大的情形。

會計主管也和行銷同事討論過如何可以把出貨時點跟開立發票時點都記錄下來，但因為筆數太大，且都是電商平台系統自動開立發票，所以有執行上的困難。因此大家都寄情於導入 ERP 系統，希望有 ERP 系統之後便能解決現在跨部門傳遞資料的困境。於是，便在跨部門主管共同推進建議執行長要導入 ERP 後，時美公司找了各方 ERP 系統商來聊了一下，發現時美公司不是唯一對於這些事情感到痛苦的公司，還有其他公司都遇到一樣的問題，而 ERP 系統商都解決了！聽到這裡，當然讓跨部門主管感到很興奮，而且當人力不夠的時候，真的很需要不會喊累、不會生病，也不會要離職的機器人支援，無疑地，ERP 什麼都能做到呢。

　　最後，時美公司選擇了一家導入費用報價 40 萬，而系統第一年購買價格約 80 萬，第二年之後就約略 8 萬元系統維護費的 ERP 系統來做使用。就在簽約之後，會計主管突然發現自己好像成了導入 ERP 的負責人，雖然沒有人指派，但是大家都若有似無地在講到 ERP 時，就覺得需要問會計主管。會計主管也發現 ERP 系統商的窗口好像都只聯絡自己，無論跟會計部門有沒有關係的參數和流程設定，都會先問會計主管，由會計主管跟跨部門討論之後再回覆。所以會計主管原本該負責的工作突然間就進度延後，甚至很常加班也做不完。

　　會計主管不知道這樣到底合不合理，但也想著自己還是需要多學一點，免得其他部門之後有問題來問的時候自己答不出來，便也如此繼續做下去。也因為持續做下去，便發現公司各部門因為業績持續性地增加，但人事沒有這麼及時補上，原本就已經是很常加班的狀態，碰到導入 ERP 時，又更排不出時間跟 ERP 顧問討論，甚至前後會議講的內容和流程都不太一樣，讓會計主管不禁擔心起來：「到底各部門有沒有認真在思考未來系統要如何使用？若以後上線了大家覺得不太合用，又該如何是好？」

　　與 ERP 系統商簽約的時間是 2022 年 4 月，原本預計前置作業時間約是六個月，包含流程討論及上課，而六個月後則會進到 10 月，再想著兩個月的測試，讓會計帳務平行進行，同時記在原先的會計系統以及新的 ERP 中，如果都沒有出入的話，便可以在 12 月的時候正式放棄原本的系統，並將過去帳務接入 ERP 總帳模組中，方便未來查看；並連結隔年 1/1 的開帳數，讓隔年的一開始便有完整的帳務邏輯可依循。

作法

　　眼看著原本認為非常輕鬆的導入時間，好像進入了緊湊狀態，會計主管便在主管會議問大家：「ERP 導入有沒有困難？有沒有開始練習使用各部門的模組？」而看著各主管的表情，就知道大家都沒有排出時間。會計主管提醒著大家說：「我不想為難大家，可是我們說好 10 月要開始上線使用喔。現在是 8 月，ERP 的課其實差不多都上完了，剩下就是大家要在測試後提出不合用或不會用的地方，再和 ERP 顧問討論。能否大家壓個時間，這兩週做個測試，8 月底我們集合問題反應給顧問？」各部門主管便都答應地點了頭。

　　到了 8 月底，會計主管詢問各部門使用狀況，卻又發現各部門主管心虛的表情，所以當下會計主管便想著要約各部門的時間，自己一個部門一個部門盯著使用。但可惜的是，在會計主管約好與各部門陪同測試的時間裡，各部門實際到場人數跟未來使用人數都有落差，而且到場的人甚至可能沒有原先上課學習的人！從這邊就能知道他們對於未來系統的上心程度。會計主管心想：「我已經留時間陪大家學了！我自己也被搞到沒時間，就希望大家到時候能夠互相教一下對方。」那就如同原本討論的，10 月開始上線使用囉！

　　但是實際上線使用後，就發現問題一堆，例如採購不使用線上採購單，而主張「還是使用紙本簽核比較快」；倉管出貨因為發現系統存貨數字為負數時，不修改存貨資料，而是求快地先出貨，但後面也沒找到時間修正系統資料等等。這導致會計在 10 月時收到一堆紙本，讓會計

主管真的是捶胸頓足加怒火中燒：「大家現在都可以說話不算話就是了啦？是我一個人說要導系統的嗎？為什麼現在都可以不負責任？」

　　會計主管在溝通幾天沒有成效後，還是找上營運長討論自己的難處。營運長說：「年底要拚雙十一和雙十二購物節，大家是真的在忙，不是不願意做。」會計主管想著：「那我不忙嗎？」就問營運長說：「這幾個月我還陪同大家上課、陪同大家測試流程。但到現在大家就兩手一擺說自己很忙，那 ERP 系統要暫緩導入嗎？我不知道該怎麼往下做。」營運長說會和執行長做討論，便讓會計主管離開。而這一說要討論，就討論了兩週。會計主管再度到了營運長辦公室，詢問 ERP 的執行進度。

　　營運長說：「其實不只你來找我，行銷主管和倉管那邊都有來找我談，我也請他們要用系統作業。但聽起來現在還有很多使用起來不方便的地方，再加上年底大家比較忙。我跟執行長討論了一下，打算就還是持續要求同事，不過我們延後一點目標，就訂在年底之前，讓大家都測試上線好嗎？明年 1 月再正式全面使用系統。」會計主管說：「我在這件事情之後發現自己的部門協調能力不太好，才會需要來找您求援。雖然之前我們講好 10 月要上線，是因為要有測試期，再讓會計 12 月的帳都可以做進系統，但要延後也無妨啊，重點是前端營運都要線上使用，發現問題進行修改，才能讓後端會計結帳時有資料可以查照。這不是我單方面進行就可以做到的，如果前端都沒有資料匯入，我再努力也沒用……」

　　營運長聽出來會計主管的無力感，告訴會計主管：「我們都沒有經

驗，不是因爲誰不夠努力，所以才沒有成果。其實在這半年內，我也發現我們公司很多流程都是硬做的，或是緊急處理的，用人工的方式做都會卡卡的，更何況系統。光是思考流程，就發現好像大家都不太清楚哪個步驟是哪個部門負責。你覺得呢？」當會計主管聽到營運長這樣說，就覺得「終於有人懂了」，便跟營運長聊了「過往大家爲了便宜行事而採取的某些作法，是如何在這次導入系統需要做修改」。而最後結束對話時，營運長也提出：「我們要拉高一個層級來導入 ERP，未來我也一起學 ERP 吧，看看到底有多困難，之前 ERP 顧問講流程時我記得聽起來都很簡單呀。而且，我也想到，只要同事用紙本來找我簽核時，我就問一下爲什麼不走 ERP？我想很快就會上線成功了！」

結論

　　這講內容沒有談到太多的專業內容，比較多的就是傳遞出會計主管的無力感。而會計主管爲什麼會無力？就是因爲 ERP 不是一蹴可幾的捷徑，而是需要跨部門都願意花時間磨合的過程，藉由不斷地溝通和磨合，找出對公司最適宜的流程及控管方式，從人工流程試行，順暢之後轉爲由系統自動執行才會順暢。所以當公司評估要導入 ERP 的時候，最需要考慮的絕對不是「價格」，而是跨部門的營運流程梳理完成了嗎？從採購流程、生產流程到銷售流程，是否銜接連結的各個部門都知道彼此部門的責任歸屬？還是都只是等碰到突發狀況的時候才想怎麼解決，也不回想到底問題癥結點是什麼，未來如何改善？

　　ERP（Enterprise Resource Planning），顧名思義是公司內部共同的

資源規劃，所以就不可能只由在營運最尾端的會計部門自己執行，需要營運前端的每一步驟都按部就班，才會在最後會計交易那步是正確且完整地被記錄。當財務報表分析發現數據有問題時，一步一步往前從數據連結的系統拋轉流程，對應公司營運流程，再從中發現流程不合理之處，或是某個應該被執行的未被妥善執行，這才是 ERP 能帶給公司的價值。倘若會計部門不能說服前端營運部門一起共同學習使用，並且把流程梳理順暢，那 ERP 很有可能只淪為「會計系統」的功能，甚至連交易認列時點都有可能錯誤，那就太可惜啦！

最後再帶給各位讀者一個導入 ERP 的撇步——「上行下效」，絕對是每個公司互古不變的真理，如果能說服老闆及主要管理階層都不再使用人工表單簽核，那公司就不可能存在人工表單和 ERP 並存的情形，才有機會讓 ERP 的導入和優化更為順暢！而當老闆和主要管理階層說「來不及等 ERP」時，各位讀者也要先想好相對應的回覆方式。其實總歸一句，「ERP 是電腦，一定比人腦快」，只是習慣性的問題罷了。祝福每位讀者在 ERP 導入時都能夠擁有很大的能量，帶動不同部門一起進行跨部門的營運流程梳理，再讓公司經營更順暢、更上軌道！

第三十一講
穩捷公司 ERP 更換議題

背景說明

上一講提到時美公司導入 ERP，所以只有小公司才會遇到 ERP 的問題嗎？大公司因為已經很有經驗了，跨部門使用 ERP 都很上手，所以問題就會減少對吧？是否同事對於使用系統就不會有問題了？所以如果 ERP 不堪用，需要換一套系統的話，大家上手速度也會更快？以上都錯！筆者在寫這講時，回憶過去更換 ERP 的記憶，都是滿滿的無奈和懊惱。

話說，穩捷公司已經使用小型 ERP 系統將近十年，隨著公司資本額、營業額及員工人數，都較當初導入小型 ERP 時增加超過 10 倍，穩捷公司當然也面臨到 ERP 不堪使用。譬如公司 IT 協助增加多個外掛程式支援各部門的日常運作，雖然日常運作沒問題，但是若要跨部門查找資料時，都要大家一起人工作業。在資料斷點多的狀況下，拼湊各部門的相關聯資訊就變得異常困難，造成同事想到要做這件事情時就會直覺反應「做不到」，進而讓公司承擔較多的客服成本、實際金流成本或是人事負擔。再來就

是因為資訊斷點多，導致會計結帳速度慢，面對較晚才能分析上月經營趨勢的情形，當然公司管理高層都會跳腳，可是就算會計加班也結不出來呀。面對跨部門的前端資訊傳遞得慢又或者有錯誤時，自己不能直接查找問題，必須再聯繫跨部門取得更多支持文件，這些都讓公司主管們每隔一段時間就討論 ERP 更換以及期待 ERP 的救贖。

　　除了上述提到的內容外，以下也列出會計部門在小型 ERP 的使用困難點：

1. 原有系統無法追蹤訂單的預收貨款。當公司還沒出貨時，可認列收入和應收帳款的關鍵是出貨單，所以需要透過銷售系統的訂單來追蹤出貨狀況，並與發票檔做連結。

2. 成本會計用 Excel 來分析，但沒有和 ERP 串聯，資料保存較難，且是否為最後完整檔案而未經修改，也難追蹤。由於公司每筆接單皆有預估成本，包含用來估計投入工時的料工費，但這些過往皆是由成本會計同事利用 Excel 列表比對，希望能由 ERP 來產生預估成本與實際成本的比較。

3. 公司轉投資事業增加，關係人交易繁雜，進而導致合併報表產出時間慢。故會計部門想透過 ERP 簡化關係人交易核對的時間，使合併報表的產出更有時效性。

4. 原本的簽核模式是用人工作業或用外掛系統，但沒有綁定 ERP 系統。此舉導致大家追溯權責時較為耗時，也因為人工作業而容易滋生弊端。

　　因此，公司就決定購入非常有名的大型 ERP，光第一年的系統合

約費用就要 1,500 萬元，後續的維護費用也是每年數百萬。但想著可以
為公司帶來的效應，會計部門仍然提了預算，也實際導入系統。因為財
會主管過往已經有導入小型 ERP 的經驗（若讀者有興趣可以參考第六
講的財會主管年少時），且如今的財會主管早已更有經驗，從原本的會
計小主管，升為主管財務和會計的財會主管，便也指派直屬的會計副理
來導入，作為人員的培育。會計副理執行簽約、討論流程、各部門上課
及試用時都相當順利，但是實際使用的時候卻發現，原本希望能做到的
「預估成本與實際成本的比較」根本是錯誤的！「是系統公式設定錯誤
嗎？」財會主管詢問會計副理，會計副理卻連忙表示自己會再和 ERP
廠商確認。

　　會計副理在被財會主管連珠炮的問題轟炸後，連忙跟 ERP 廠商溝
通確認能否修改，而得到的回應是「不能」。這個回答當然讓財會主管
非常不能接受！那財會主管此時該接受還是該爭取呢？

作法

　　財會主管在與 ERP 廠商會議討論後，才知道原來「成會模組的溝
通導入顧問與 ERP 軟體公司不是同一家公司」，這個 ERP 公司不協助
客戶進行導入作業，僅提供系統使用；而所有討論客製化流程的顧問
都不是 ERP 軟體公司的員工。所以這個顧問經驗根本不夠，不了解產
業實際需求，把公司想要做的「預估成本與實際成本的比較」誤認為是
「標準成本與實際成本的比較」，居然讓材料差異的數千萬元不知道是
由哪張工單產生的。當然，這是因為穩捷公司是設備製造廠，裡面所使

用的零件多是客製化，每次進貨規格和金額自然會有所差異，而這跟一般規格化製造廠的作法完全不一樣呀！

　　財會主管進而要求導入顧問要將標準成本修改成實際成本，導入顧問卻回覆：「公司都已經上線使用了，如果要改的話，需要使用的軟體模組不一樣，且軟體的基礎假設和流程都需要做修改。但所有部門目前都需要停止使用，等流程修改完畢之後才能再上線。並且軟體使用費用還有顧問導入費用都會再大幅增加。」財會主管心想，原先會計副理提出系統要「並線使用」（小型 ERP 和新 ERP 同步使用）的提議被自己推翻，由於之前的經驗，財會主管認為直接使用新系統才是對公司最有效率、不容易拖慢導入進度的作法。如今想來，因為自己較少參與ERP 導入過程，也因為過度地信任世界級的 ERP 軟體，結果導致這種局面，真的很懊惱！

　　除了這個錯誤導致穩捷公司仍然繼續使用 Excel 分析成本，而 ERP系統僅用來結轉實際成本外，第一次的存貨盤點也很可怕。過往因為主管重視的關係，存貨盤點當天就會結算出集團盤盈虧，並作為隔日盤點檢討會議的討論依據。但是，這次的存貨盤點大亂，居然盤到凌晨一點，都還沒有盤完。對照過往的五點半下班前，公司都會完成盤點，並由會計部門發出盤點報告一事，明顯可知「出事了！」出事的原因是盤點差異數量竟為過往年度的數千倍，上百萬的盤盈怎麼可能是盤點的問題？成本會計和會計副理都焦頭爛額，讓財會主管也連夜坐鎮，確保盤點流程沒有閃失。

　　隔天盤點會議上，支援盤點的各個部門也都看好戲地想知道「昨天

晚上到底發生什麼」。會計副理緩緩道來問題點是 ERP 的設定問題！「哇，為什麼盤點也和 ERP 有關？大家不是都很熟悉流程了嗎？在我那個年代的盤點邏輯都順完整了，怎麼現在又有這件事？」財會主管皺起眉頭並雙手交叉於胸前往前挺坐，想好好聽聽會計副理想怎麼說。會計副理說：「現在穩捷公司使用的是發料制，對照過往小 ERP 使用的是領料制。領料制是當現場人員來取料時取了多少，就在系統輸入多少；而發料制則是因為新的 ERP 系統能知悉做完一張工單所需的材料，所以可以在現場人員來取料時，直接提供完整的料件，以省去溝通時間。」

　　「但是領料制跟發料制也不應該造成盤點問題吧？」財會主管沒有耐心地直接插話詢問。而物管人員怯聲回覆：「因為現場人員來取料的時候沒有全取，是分批領取的。可是我找不到按鍵按分批領取，所以只好視為全部領取，事後我又發現不能改單據……」越解釋越小聲的物管人員在停頓之後，又再說道：「我知道是我不對，盤點前我就知道這個問題了，但很抱歉我不知道會影響這麼大。」既然問題都已發生，指責也無濟於事。最後在大家的討論下，將發料制改回領料制，且財會主管也下令會計部門需要每週抽盤，以協助改善盤差問題。

　　除此之外，原本希望解決的關係人交易自動化對帳問題，最後也無疾而終。因為新 ERP 系統真的太貴了，原本在討論報價時，以為是全集團的系統合約價格 1,500 萬元及顧問導入費用 1,000 萬元，結果實際簽約時才知道顧問導入是每家公司分開算，所以子公司也要有另外一個 1,000 萬元的顧問導入預算，那對於公司整體而言導入成本就太為吃

重。但也因為公司最後決定只讓母公司使用新 ERP，所以關係人自動對帳及合併報表編列一事都無法在 ERP 中進行。也就是說，原先會計部門列出的四個極需改善的 ERP 問題，最後只解決了兩個，包含銷售部門的訂單串接出貨單和開立發票模組，以及系統自動依核決權限派發簽核。

又因為母公司每年系統維護費用為 300 多萬，幾乎可以每年買一套較小型的 ERP 軟體，所以母公司的系統維護費用後續也都沒有再花了。而且因為新 ERP 實在太過龐大，有很多模組都有不同的功能和連結資料的流程，最後會計部門無法像過往使用小型 ERP 一般把整套系統摸透透，而是只能學財會模組。但在這種對於 ERP 了解有限的前提下，會計部門使用到的功能真的少之又少，就甭提其他部門。再過了兩年之後，財會主管與其他同業交流同一 ERP 的使用功能之後，又更發現穩捷公司使用的 ERP 功能遠不及於同業公司的十分之一。但在詢價及和顧問討論之後，又發現因為當初基礎環境設定的問題，若要修改便需要「打掉重練」，這個重大的決定確實也讓財會主管躊躇，至今都還未能決定到底要不要重新再來過。

結論

這講通篇可以用「小孩穿大人衣服」來形容穩捷公司更換 ERP 的議題，難道只能用非常先進、非常完整的 ERP，才能替公司解套原來的小型 ERP 無法完善解決的問題嗎？財會主管後續反思在這件事情上的處理盲點便有三，也與各位讀者分享：

1. 小型 ERP 的使用舊思維，未被轉換成大型 ERP 該有的公司全面「發展策略思維」。只要讓前端同仁能順利打單，步驟簡單、方便查詢，就好像導入新的 ERP 便已足夠了。但是在導入過程裡，根本沒有想到不只要方便操作，還需要後續跨部門追蹤順利，才是這種複雜 ERP 使用時應有的全面思維。譬如說當新的 ERP 討論模組功能時，顧問曾詢問需不需要讓倉管使用專屬條碼管理（一物一碼，通過為每一件商品賦予獨一無二的二維碼，協助品牌打通與客戶的連接，快速回饋及開展更多的營銷活動），但那時因為還要增加額外的成本，且不知道其對於公司的價值，便拒絕了。而後，當客訴產生時，公司想要藉著追蹤零組件的問題，快速進行全面清查及回饋，便扼腕當初的「坐井窺天」。

2. 決定 ERP 的解決方案過於草率。因為原本就想產生很多管理報表，但沒有仔細設想流程和作法，都以為如此先進的 ERP，只要有了相關資訊，就都能產出來。但事實是，最後都產不出來，連各 BU 的損益表也產不出來，因為 BU 損益表需要的是母子公司合併作業，當子公司沒有使用新的 ERP 時，也無法有前端資訊產出管理報表，最終還是仰賴人工作業。一開始由於知道子公司要導入的話，也要花跟母公司一樣的錢，就想著等到之後子公司業績也提升，就自然可以跟母公司合用新 ERP，但這件事在母公司導入新 ERP 後過了十年的現在，都還等不到。

3. 參與 ERP 導入的人員至關重要。不是只要有人力就好，而是這些參與人員夠不夠懂跨部門流程、是否擁有較高角度的公司發展及策略思維，以及對於新事物願意花足夠多的時間深入了解的性格。財會

主管在十年後的現在回頭看，再問自己一次為什麼新 ERP 導入成果這麼差？因為公司花的時間不夠多，不夠認真了解新 ERP；但再想起十年前的十年前自己導入小型 ERP 時，為什麼會成功且順利？因為會計部門在 ERP 還沒上線之前，已經把各部門要走的流程全部都順過，也都協助各部門除錯完畢才上線。然而新的 ERP 真的太龐大，公司以 IT 主管來做專案負責人，並與各部門做串接的結果就是──縱使會計部門再怎麼認真，仍然是會計部門的思維，而不是公司全面性的策略發展思維以及深知各部門運作流程。

所以更換 ERP，讓財會主管學到「更換 ERP，絕對不能只有評估財力，還要評估人力、能力和動力」。這麼深刻的一課，不知道除了財會主管以外，穩捷公司還有誰也如此心有戚戚焉？

穩捷公司佣金控管議題

背景說明

　　穩捷公司由於市場跨足海內外，包含中國大陸、泰國、柬埔寨、越南、美國及墨西哥市場等等，工廠除台灣兩廠外，也有中國大陸及越南廠，而有人的地方難免就有佣金。佣金合法化確實都是每個大公司的痛，當廠商窗口要收回扣時，穩捷公司該給還是不該給？沒有合法憑證又要怎麼給？這些都是業務主管三不五時就要來問一下財會主管的必考題，而財會主管也只能搬出法規說明，最後再交由總經理裁決。

　　這次，業務主管又來了，他約了財會主管談話，搬出今年的年度預算，說明公司預期要開發的鄰國某區市場進度落後，而最近終於有點眉目。「我們很需要會計部門的支持，所以想請問有多少預算可以支持我們去做這個案子？」業務主管這樣說。財會主管回道：「別折煞我了，我哪有什麼預算可以多加。你們年度預算金額怎麼定的，就有多少預算可以做這個案子呀。」業務主管：「去年沒有估佣金，只有估到交際費，所以才需要來討論。如果沒有佣金預算，這個案子我評估不太會成，有幾個廠商在競

爭，我們在那區沒什麼名氣，還是需要靠熟悉市場運作的關係人打通關係。」

財會主管一聽便知「原來是要討論佣金」，但還是禮貌上地說：「檯面上的嗎？是公司戶還是個人戶？公司戶有跟我們公司簽代理合約嗎？還是檯面下的？」當又聽到業務主管說是「檯面下的交易」後，財會主管說：「這個我沒權限啦。你得跟總經理報告一下，上簽呈讓他做決定吧！預算上沒有的東西我怎麼簽核。」

待業務主管碰壁離開後，財會主管也開始思考什麼時候總經理會找她來討論？自己前幾個月才拒絕了一筆檯面下的佣金，而這次是不同的業務主管來討論，道理上應該要拒絕，可是眼看今年的業績目標達不成，要怎麼做呢？

作法

果不其然，在當天晚上，財會主管就收到總經理的訊息，說著明天要討論佣金交易怎麼走。財會主管心想，大家都有業績達成壓力，雖然自己很看不慣收回扣的廠商窗口，但這也是製造產業的通病了，於是想了想明天可能的應對邏輯，便也去睡了。

隔天進到總經理辦公室，總經理開門見山地問：「昨天那案子我們得做，這市場打太久了都沒進去，我們好不容易碰到一個敲門磚，我也跟這敲門磚開過兩次會，人很聰明且可靠。比例看妳怎麼想？」財會主管說：「我們公司一直都沒有明訂佣金的制度，上半年有次做，是靠鄰國工廠有足夠的錢可以花用，可是之後錢都回台灣了就不夠用。而且上

個月有同事來找您問佣金，您說那個案子如果周旋不下來，就不做了。那這次跟上次的差別是什麼？」總經理：「你們會計就是一根腸子通到底，商業場上哪有什麼一定要做或一定不做的道理。我們就看是局勢，還有人脈可不可靠。我們又沒有作假，出錢的也是我們，還不行嗎？」

財會主管說：「會計上就要有憑有據啊。作假的事情當然我們公司是不可能做的，但是『私授佣金』此風不可長，這對於公司來講是很沉重的壓力。」總經理說：「我等等有會議啦，妳去想一想要怎麼做再跟我說。妳可以的！」財會主管便回憶到昨晚自己設想的回話邏輯，好像根本沒派上用場，反而變成「不知變通」或「幼稚孩子」的處事方式。

就在財會主管在思考如何處理時，業務主管就打了電話進來雀躍地說：「總經理說交代好了，那我們接下來要怎麼做？」財會主管回道：「我有幾個點想要討論，其他還沒想得很清楚，等我想到再一起說。話說回來，佣金可以後給嗎？等案子成交再付。我也需要這個案子的報價提案，推算一下可以給的佣金。」

當財會主管看到報價提案時，得知收入預計是 1,200 萬，而預估成本則是 675 萬，占收入的比例為 56.25%。若以公司過往的費用率占收入比例約為 28% 來看，這個案子貢獻給穩捷公司的淨利率為 15.75%，也就是說，如果成本超支，大約花到 60% 的話（從 56.25% 增加至 60%），那這張單都還會有超過 10% 的淨利（從 15.75% 下降至 12%）。所以為了要進攻這個鄰國某區市場，穩捷公司能再多花的錢就是 10%，超過就有可能會賠錢做這筆交易了。於是，財會主管便將這個結果報告給總經理和業務主管知道。

　　在報告的同時，財會主管也列出幾個需要業務主管配合的項目，如下：

1. 佣金支付給對方時若要支付現金，依照公司制度必須要有另外一位主管現場陪同，並要求對方簽回領取證明。
2. 佣金支付上限為全筆交易的 10%，但須等穩捷公司全額收到客戶款項後，才會支付佣金。

　　當財會主管與總經理和業務主管討論完佣金發放作法後，業務主管先行離開會議室，總經理便與財會主管說：「我知道妳為公司著想，我也知道公司若要走得長遠，一定要減少不正常交易的頻率和金額，才會降低法律風險，也降低把柄握在別人手上的麻煩。」財會主管心想：「希望這次老總講的是真的！」但其實財會主管也知道，「如果可以不要付佣金就可以拿到生意，那誰想付呢」的難處。

結論

　　過了幾年之後，穩捷公司果真將「私授佣金」的惡習拔除了！但這是怎麼做到的呢？當然是因為財會主管的能力更加提升。當被總經理拒絕時，財會主管會隨著經驗的增加，回來思考：「這次老闆不買單的原因是什麼？」當公司利潤和觸法風險相比，而老闆選擇的是要利潤時，就代表老闆真的沒有這麼擔心觸法，也就是說，如果財會主管不能祭出會讓老闆擔心的觸法風險，永遠都會有「在檯面下交易」的處理模式，也很難直接拒絕老闆。最後，就是因為財會主管說出幾個觸法風險，包含「鄰國將私授佣金視為賄賂，負責人會有刑罰」，及「太多業務同事

都知道送佣金的記錄，被同事檢舉的可能性很高」。而就在某離職同事回來勒索公司之後，總經理便宣布全年度佣金比例要從 5% 降到 1%，再來就越來越少，自然絕跡了。

　　公司經營壓力大，財會主管躲不了的是和業務風險正面對決，這對財會主管來說絕對是經驗值和操守的考驗。沒有一定不可以做的事情，但如何取捨公司該不該做，最後都會回到「公司制度的承受性」，有了一次就會有第二次，只要沒有明訂規定不可執行，總會遇到業務部門的制度衝撞。筆者無法一一提醒讀者，在這種佣金收受的不良作法中該注意的所有項目，但是風險不一定只有在眼前的交易是否賺錢，更多的會是後續的仲介拿翹、佣金金流來源、佣金是否如實支付給對方，以及穩捷公司同事是否也收廠商回扣等等問題，這些都是書上不會教且同業不願意分享的事，需要靠讀者更謹慎地做決定和處理。

時美公司節稅議題

背景說明

　　時美公司是由執行長和營運長共同持股的公司，持股比例分別為 60% 及 40%。每年年初會計主管就會有一個工作是要呈報兩位老闆去年全年的獎金分配、公司營所稅及個人綜所稅負擔。但是隨著公司越來越賺錢，每年在計算稅負上，就會讓老闆覺得：「怎麼會繳這麼多錢？」或是「我賺的錢都給稅局了。」進而老闆就會陷入每天想到便問一下會計主管的漩渦中。「是不是哪裡算錯或少算了？」這類的問題是會計主管在一年內不得不面對的溝通地獄。

　　這次，在報告去年度的盈餘狀況以及今年要繳的稅負分析後，執行長就又說了：「去年說要繳 100 多萬，我們就討論過之後要先討論，怎麼又到這個時候才講，現在還來得及準備嗎？這次看起來要繳近 300 萬耶，公司的現金流夠嗎？分紅的那塊，我也得再想想我自己手上的現金夠不夠。」營運長也對會計主管說：「我也覺得我們不能每年都這樣繳稅。應該問問看別的公司

怎麼做？我前幾個月才聽朋友說會計自己會想辦法，你是不是可以問問看比較厲害的朋友，看看大家有什麼辦法？」

會計主管雖然口頭上說著好，但心裡想：「我不是來做公司的會計嗎？誠實申報是公司的責任呀。我還能做什麼？公司又沒有研發，也沒有投資項目可以做投資抵減。賺了錢就要申報，不然還要作假嗎？」回到位置上時又想到營運長說要自己去問問厲害的朋友，好像「別家的會計都會」，而自己則什麼都不會。這種困窘的處境，該怎麼面對呢？

作法

會計主管在尋求其他會計圈的朋友協助時，也發現大家好像都有類似的困擾。有些好一點的會說：「老闆有自己的會計師啦，我可以聯絡會計師，讓會計師跟老闆溝通。建議你要請老闆找個幫自己節稅的會計師。」有一些朋友會說：「平常憑證不好好提供，在這時候又說不想繳稅。跟老闆提醒也沒用，他一副就是要叫我去生憑證的樣子，我哪有辦法生出憑證。」其他朋友也會幫腔：「老闆都不知道有刑責嗎？每次都要叫會計做違法的事情。這種公司最好趕快換，好可怕喔。」

聽到這種負面的解讀，會計主管也會回饋給朋友說：「難道老闆只能分成誠實申報和違法嗎？也許有些老闆是靠運氣或祖先積德上位的，但是我也相信能當上老闆，而且做穩一段時間的老闆，其實真的有很多實力，會計是最接近營運核心的，做得好就會是老闆的決策幕僚，做不好的就只能記個帳。雖然我們家也有不少營運流程問題，但是我還蠻看好老闆的，才會想幫老闆解決一些問題。我也不會幫公司賺大錢，但如

果可以幫公司省錢，那也是會計的績效耶……」

　　會計主管邊說邊幫自己轉念，原本困擾在「別家的會計都會而自家會計不會」的不開心裡，現在卻變得很挺老闆，甚至覺得：「如果我是老闆，賺錢本就夠不容易了，當然要好好省。」甚至其他朋友也被帶動風向地說出：「自家公司老闆經營也很不容易，每次困難來了都是一肩扛下，自己不一定懂，但也會趕快找人問、堅定解決問題。每每看到這一幕，就發現自己真的能力不夠好，能夠做的有限……」這之類的話。結果幾個在不同公司做會計主管的朋友們就聊起了可能的作法，包含成立控股公司、薪資獎金和股東紅利對綜所稅影響的差異等等。

　　一群人越講越起勁，還當場找了在會計師事務所工作的朋友通電話討論，這個飯局讓大家吃了四個多小時，也難得地除了閒聊和抱怨之外，成就了稅務專業討論會這樣的呈現內容。而大夥兒也在該次聚會之後彼此分享：「這是大家這幾年工作下來，最認真的一次聚會。」想起之前大學唸書時的社團運作，大家都很積極地辦活動和互相支持鼓勵，也才會結下這多年的友誼。這些一起唸書的好同學們，離開大學之後各自紛飛朝著自己的目標邁進，但久了之後好像就把工作視為理所當然的賺錢方式。

　　會計專業繁瑣複雜，有時候也很難讓人激起熱情，這群會計人們就一股腦地想著把工作趕快做完，回家可以好好享受在沙發上看籃球、吃消夜的樂趣，又或者是已經有孩子的，根本就連自己跟太太好好享受的時光也沒有，都在追著孩子到處跑。所以大家約好以後要定期舉辦這種分享會，有主題地互相分享和鑽研精進作法，找回曾經的活力，也讓工

作不只是一份工作！會計主管把這樣的幸福感帶到工作上，在週一上班時，立馬打電話給公司配合的會計師，把週日討論的結論跟會計師逐一確認。

會計師說明了「個人持股跟法人持股的稅務差異」，以及「個人綜所稅的累進稅率 5% 到 40% 及公司營所稅的 20% 中間的可調整空間」，也提醒公司目前整體毛利與淨利結構較國稅局規定的「所得額標準」為低，若要利用個人綜所稅和公司營所稅的差異進行老闆的節稅，也需要注意「實際費用發生的合理性」，以免合法節稅的目的被錯誤解讀，變成避稅或逃漏稅的判斷，進而被稅局要求更多的說明。

除此之外，還有一點是會計主管沒有想到，而會計師有做提醒的「買賣價格」。由於原本是由兩位老闆持有時美公司的股份，要改由控股公司來持有時美公司的股份時，就會需要讓兩位老闆本人先賣給控股公司，交易價格若用原始的公司設立時的資本額，會造成淨值（資產減負債，即為股東權益）較持有成本為高的情形，這是由於時美公司歷年來有賺錢而產生的公司增值效益，稅局則可能會針對買賣價格較淨值低的情形進行課稅，意即稅局判定交易價格太低，不符合市場行情。但是，就算不討論衍生出來的判定問題，若用原始投入時美公司成本作為控股公司購買老闆股權的金額時，也會造成控股公司投資金額較時美公司淨值低，而產生「廉價購買利益」的問題。依《所得稅法》第 45 條規定，購買股權成本應以實際出價取得之金額認列入帳，故購買股權而產生的廉價購買利益，屬未實現利益性質，於申報營所稅時，無須計入所得額課稅，但需要列入當期損益，而導致保留盈餘增加，若控股公司

不分配給兩位老闆，則須繳納未分配盈餘稅！

　　當會計主管快速彙總好討論的結果，星期一下午就和執行長和營運長用投影片報告未來的可能走法。很多的稅務及法律用語，包含「所得額標準」、「累進稅率計算」、「單一稅率分開計稅」、「一人控股公司」、「引進投資人資金」及「家族傳承」等等的關鍵字及開展的內容，對兩位老闆來說都有點難懂，但是兩個小時的會議開完後，會計主管卻一點都不覺得累，反而覺得躍躍欲試。兩位老闆也用欽佩的眼神給予回饋，並表示說：「太厲害了！我是有聽沒有懂。但原來可以這樣玩組織變革，這些方案也很符合我們的需求，聽起來很有邏輯、很有趣。」又或者是「我要來問問上次跟我分享的朋友，他們家不知道有沒有注意到你講的這些細節。」

　　雖然會計主管在與老闆討論完初步規劃後，仍然需要會計師參與，以執行後續的公司設立和變更登記事宜，但是因為會計主管的先行分析和優缺點討論，也讓執行長和營運長更有信心和果決地拍板定案。會計主管明年也不需要氣惱「別家的會計可以，而自己不行」的溝通地獄了。

結論

　　本講原本要花更多篇幅討論節稅的專業內容，但在筆者的再三思量下，本書是為了會計主管而寫，如果是稅務專業議題，可以找會計師或稅務專家討論，所以便把筆者認為更重要的會計主管心態──「如何用正面角度翻譯老闆的想法」作為通篇內容重點。在筆者的經驗中，會計

人們很常會用「有色眼鏡」或「心中那把道德尺」看待老闆，總覺得老闆提出跟稅務有關的議題時就是想著要逃漏稅，但其實老闆也許不是這樣想。

　　透過分享第三十二講及第三十三講的故事，筆者期待有類似經驗的讀者，試著用不同的角度來思考「為什麼老闆會這樣想？」以及「老闆的角度真的只有這樣嗎？」在不斷地反詰詢問中，邏輯推理也許能替您找出身為會計主管的價值，期待讀者能像時美公司的會計主管一般，能夠轉念、用正面角度思考，做出身為決策幕僚更有價值的貢獻。除此之外，也期許讀者能影響身邊的會計人，讓大家除了會計帳務之外，也能將稅法和公司法的實務應用納入會計主管的學習範疇，一起來讓工作變得更有趣也更有價值！

第三十四講
穩捷公司節稅議題

背景說明

　　因為員工的努力打拚，穩捷公司的獲利狀況良好，所以豐厚的獎金當然讓大家感到開心，然而同事也存在「5月所得稅繳很多」的聲音。人資主管因為經常聽到抱怨聲，所以隨即來找財會主管想辦法，而財會主管則是直覺反應：「賺錢繳稅理所當然，有什麼好吵的啊！」人資主管說：「這些人都是公司的一級主管，是公司很重要的人才。給獎金是為了長期留才，當然也希望大家領得開心，不要一到繳稅季節，又聽到怨聲載道。」財會主管心想：「其實我自己也是這樣，每年到了5月都覺得花稅金很心痛。但我是財會主管，總不好意思主動提起，好像我很愛錢。現在有人提了，那也該是時候來想想看怎麼作業。」所以就跟人資主管說好約個會議共同來討論。若您是穩捷公司的財會主管，您能夠怎麼做呢？

作法

　　財會主管經驗老到，當然面對要討論節稅議題時，一定不會忘了先找到過往去聽過講座的會計師及稅務專家，以及同業的會計好友們。所以在與人資主管開會時，財會主管就把較容易在公司推動的兩個方案，提給人資主管，分別是：員工持股信託，以及年終獎金遞延發放的辦法。員工持股信託，能夠讓員工未來退休準備金增加，利用員工出資金額，加上公司贊助金，用以買進公司股份；透過公司的穩定獲利，能夠穩定配息，藉以彌補日後老年的退休金收入，又可以滿足董事長要求員工持股增加的目標。而年終獎金遞延發放辦法則是既考量節稅，又有留才之效，將獎金遞延到退職時再來領取，依照《所得稅法》第 14 條第一項[1] 規定的方式來合法節稅，這種方式稱作 169K 退職所得，就類似

---

[1]《所得稅法》第 14 條第一項第九類的規定，及依照消費者物價指數調整為 111 年之規定數額，擷取如下：

退職所得：凡個人領取之退休金、資遣費、退職金、離職金、終身俸、非屬保險給付之養老金及依勞工退休金條例規定辦理年金保險之保險給付等所得。但個人歷年自薪資收入中自行繳付之儲金或依勞工退休金條例規定提繳之年金保險費，於提繳年度已計入薪資收入課稅部分及其孳息，不在此限：

一、一次領取者，其所得額之計算方式如下：

　（一）一次領取總額在 188,000 元乘以退職服務年資之金額以下者，所得額為零。

　（二）超過 188,000 元乘以退職服務年資之金額，未達 377,000 元乘以退職服務年資之金額部分，以其半數為所得額。

　（三）超過 377,000 元乘以退職服務年資之金額部分，全數為所得額。

　退職服務年資之尾數未滿六個月者，以半年計；滿六個月者，以一年計。

二、分期領取者，以全年領取總額，減除 814,000 元後之餘額為所得額。

三、兼領一次退職所得及分期退職所得者，前二款規定可減除之金額，應依其領取一次及分期退職所得之比例分別計算之。

美國 401K 的方式。一旦公司有獲利，公司一定會發兩個月年終獎金，而員工可以考慮將一個月的年獎遞延領取，用以鼓勵中高階主管久任。

　　年終獎金遞延發放比較簡單，所以財會主管便直接舉例給人資主管聽：「可以讓我們公司訂定『久任退職獎勵辦法』，於員工退休時加發一個基數的久任獎金。公司需要每年認列費用，但員工是遞延至退休時一次領取。畢竟現在都是每個月提列 6% 作為退休金，退休之後是分年領的。但是《所得稅法》上就有規定一條退休金的免稅額度[1]，若拿來利用就可以省到更多的稅負。譬如說，假設一名員工退休金領 600 萬且年資為 30 年，退休金金額若在 564 萬（18.8 萬 × 年資 30 年）內即可免稅。而應稅部分為 36 萬（600 萬 – 564 萬），依據《所得稅法》減半課稅，則僅 18 萬須列入當年度所得額納稅，而 18 萬 × 30%（以前年度課稅級距），就只需要繳稅 5.4 萬！而 5.4 萬除以 600 萬後，可得實質稅率僅有 0.9% 而已耶，比起 30% 就節省很多了。對吧？」「哇，把稅率從 30% 降到 0.9% 耶，不愧是學會計的，好強喔！」人資主管由衷地發出讚賞。「聽說找保險公司還能夠省更多的稅。但這段就要找保險公司來談，我也還沒有深入了解。」財會主管回應。

　　待取得人資主管的同意之後，財會主管便約了稅務專長的會計師，講解持股信託的運作方式給總經理及人資主管聽。會計師說：「董監事及高階主管持有公司的股票多，且公司在上市櫃後，因獲利穩定，每年現金殖利率至少有 5% 以上，導致每年報稅時須繳納不少的所得稅。若能做持股信託，除了節稅好處，又希望能夠將每年領取的股利在免贈與稅的範圍內贈與給小孩。現在既然在低利率時代，就算有時候升息，但

　　總歸而言利率還是很低，所以擁有高股價及高股利的股票持有人，就很適合辦理『本金自益、孳息他益』的有價證券信託。」

　　在總經理和財會主管對於作法的提問後，也補充說明：「持股信託需要穩捷公司的相對性提撥，若公司評估不太可行的話，也可以運用分紅金額的某一百分比，於發放時來做員工持股信託，並讓員工兩年期滿再領回，這樣也能達到留才效果。由於分紅與年薪是兩個獨立的機制，既然分紅是額外給的，若用來作為分年留才之目的給予，也無不妥。」聽起來信託好像真能做到留才和節稅，也想不太到有什麼缺點，於是財會主管又洽談銀行信託部門前來討論。

　　銀行信託部門當然大力推廣信託業務：「在一定的信託存續期間之下，股票持有者可以將其股利贈與親人。並於信託到期之後，取回有價證券，或依照個人需求不同而有不同的節稅效果。主要常見的優點就是做好財產傳承的稅務規劃和能讓公司永續經營。由於信託不是立即將財產移轉給二代，就能做到避免子女太早取得財產的疑慮；而透過『本金自益、孳息他益』之信託規劃，則能合法節省贈與稅，未來股利是由二代（受益人）領取並申報所得，還能分散所得降低稅負呢！而員工可以為自己『保留運用決定權』，所以銀行信託需依照委託人之指示行使投票權等股東權益，也就是說該名員工仍保有持股具有的權利，也不會讓公司經營上會因為信託而產生易主恐慌。」（銀行信託部門也提出案例分享，為了不占版面，請有興趣的讀者續讀[2]。）

---

[2] 案例分享——假設郵局一年期定儲固定利率為 1%（r），小白交付市價 1 億元股票進

於是在財會主管偕同人資主管想出的方案中，最後穩捷公司先使用的是「久任退職獎勵辦法」，也在後續兩年中訂定持股信託，因此現在就有了與薪轉銀行合作，每月員工可選擇將部分金額轉作投資款投資公司股票，而穩捷公司也需支付相對應之金額置入員工信託，用以獎勵員工。人資主管也邀請高階主管來參與銀行信託的說明會，說明持股信託的優勢，讓高階主管多一個選擇，能夠將自己的持股健康地傳承給第二代，當然持股信託是有手續費負擔的，這個就屬於銀行跟高階主管之間的事囉！

結論

第三十三講的是較小型公司的老闆節稅方式，而第三十四講就強調大型公司眾多股東的節稅方式。對於穩捷公司來說，因為公司穩健經

行「本金自益、孳息他益（子女）」的信託，信託期間三年；這些股票每年都有穩定的配股配息（約 5%）。

・本金現值＝1 億元 × 1 ÷ $(1+1\%)^3$ ＝1 億元 ×0.9706＝9,706 萬元
・信託利益＝1 億元 −9,706 萬元＝294 萬元
・繳納贈與稅＝（294 萬元−244 萬元）×10%＝5 萬元

假若小白沒有規劃股利贈與信託，而是每年領取股息後，再贈與給子女，則三年共需繳納贈與稅 3×〔（500 萬元−244 萬元）×10%〕＝76.8 萬元。

因此辦理股利贈與信託共可讓小白節省贈與稅 76.8 萬元−5 萬元＝71.8 萬元。

當委託人有移轉股權的需求，以「本金自益、孳息他益」模式能達到節稅的效果。基本上，只要發行公司每年配股配息超過 r 時，就達到節省贈與稅目的，因為無論超過 r 與否，都在簽訂信託契約時，委託人已申報繳納贈與稅。之後，無論發行公司配發多少股票或現金股利至受益人帳户，這部分皆不用再繳贈與稅，但是，有關所得部分還是須併入受益人所得而課徵「所得稅」。

營，長期穩定獲利，使公司人數越來越多，公司規模也逐漸外擴，所以老闆節稅就不能只考量著自己，而須面臨接班人的議題，這也是促使穩捷公司走向 BU 化，來培養專業經理人的原因。伴隨 BU 設置而來的是讓更多員工有機會能嶄露頭角，除了各 BU 長外，BU 內的廠長及處長也都需要人，所以有更多舞台能夠讓員工積極展現能力。於是討論到股東們，就要連帶想到員工們的利益是否能跟股東們進行連結。

有趣的是，原本人資主管只是想站在節稅角度幫員工思考，於是找上財會主管一同想辦法；而財會主管反而是站在人資留才的角度，思考如何幫公司留下人才。所以跨部門合作的好處很多，不只是能幫助完成自己的工作，有時候也會增加不同的角度看待同一件事情，就能讓期待的結果比預計的要好上很多呢！

倍捷公司老闆代墊款議題

背景說明

　　倍捷公司由於公司不賺錢，老闆在創業的這三年多來都是月領最低國民所得的 2 萬多元作為基本生活費。不過，老闆平常的花費，若有取得發票，都會拿進公司申報，老闆也主張：「我在創業，根本沒有自己的私生活，我做的每一件事情都是為了公司生存。和朋友吃飯是為了探知市場狀況、拉客戶或是做品牌合作；而有些零組件發票或是網上購買軟體的發票都拿不到呀，甚至是要給廠商退佣金等等的也都是從我口袋自掏腰包，我怎麼算都是賠的啦。但是創業嘛，就要有所犧牲，我這麼做都是為了公司著想！」

　　會計主管對於這個話已聽了好幾次，雖然也知道「公歸公，私規私，公私帳務就是不能混在一起」，但是怎麼跟老闆說呢？老闆有自己一套說法，說起來也確實合理。對於老闆的論點來說，確實公私就是分不開，公司賺錢，自己才會賺錢，

　　所以，老闆也還沒有支全薪。若以股份比例來看，倍捷公司

77%的股份是由老闆持有，15%是由老闆的家族成員持有，但家族成員完全支持老闆，也不過問公司任何事務，而剩下的8%則是技術長原始現金入股的股權。

　　這次到了11月底，要準備進入年底稅務申報準備。會計主管在準備個人扣繳所得時，又想起這個議題，究竟該不該跟老闆（執行長）再提一次？會計主管心裡想的是「多一事不如少一事」，等到稅局查稅的時候，再剔除部分費用。但是，當會計主管看到資產負債表的應付代墊款金額變為負數（即借方餘額[1]），就又想說：「我總不能在明年申報今年營所稅的時候，交出去借方餘額的應付款吧？」

作法

　　會計主管思考一陣後，決定還是要多嘴地跟執行長報告，也決議把決策權放回執行長身上，讓執行長決定該做還是不做。於是會計主管就先和執行長詢問：「執行長身邊是否還有很多發票沒有報支的？」執行長說：「手邊沒有了。我要找個時間進去email信箱列印，上次我印到什麼時候，妳再跟我說。」會計主管回覆：「好的，沒問題，我等等查完後再跟您說。執行長，我另外也想跟您報告，如果這個月沒辦法拿出

---

[1] 由於倍捷公司的銀行匯出款項，是由會計主管鍵入銀行資訊，再由執行長放行。但若執行長沒有足夠零用金可使用時，便會要求會計主管匯一筆款項給執行長，再拿憑證回公司依代墊費用方式進行。故應付代墊款若為正數（即貸方餘額），則代表倍捷公司仍須支付執行長金額；而應付代墊款若為負數（即借方餘額），則代表執行長有許多代墊發票憑證未拿回公司報帳，又或者是執行長過度借支公司資金。

83 萬元的發票收據的話，那我們後續需要補個借款合約。」

　　聽到這邊，執行長便放下手邊的工作，認真地看著會計主管：「妳能不能講得淺白一點？我不知道哪來的 83 萬元，而且我又沒跟公司借錢，現在公司出什麼問題了嗎？」會計主管拿出已準備好的資料回道：「這個月您要我匯了 30 萬到您的戶頭，而上個月跟上上個月則都是每月各有兩筆 20 萬，共計 110 萬元，再之前的就不計了。不過上個月和這個月您都沒有提供發票給我，所以才會累計出 83 萬元的數字。」執行長說：「妳的帳確定沒有問題嗎？我拿錢都是為了幫公司付錢，不應該有這麼大的差額啊。有沒有可能妳那邊漏計了？」

　　會計主管一時語塞，但仍硬著頭皮地說道：「您給我的資料，我都是當天或隔天就完成，漏記帳的可能性非常低。比較有可能的是您還沒有提供給我。」執行長說：「但是金額差太多了啦，怎麼可能有 83 萬這麼多！妳要不要再查查，是不是哪裡漏了？」會計主管心想：「報帳的是你，我要做會計，還要做你的報帳助理，現在是在質疑我的會計能力還是助理能力？」但還是強忍下翻白眼的衝動。執行長接著說：「這樣好了，妳彙總今年每個月的各項支出分類和金額，包含軟體費、電話費、交際費啊等等的，我再來看看到底是哪裡有問題。」

　　會計主管花了四個小時從明細分類帳中分門別類，並整理完執行長今年度的代墊明細後，再向執行長報告：「看起來真的有些資料沒有提供，譬如差異最大的是廣告費。但我沒有經手廣告費的內容，不太確定金額對不對；網路軟體費也差異很大，不太確定是執行長沒有拿資料來報，還是實際就是落差這麼大。」執行長看完之後就解釋道：「電話

費一看就是漏了，不知道是不是我沒收到，還是妳沒記到？網路軟體費
裡面的 3 月明細我看一下，可能是有一筆預付全年的，金額比較高也合
理。8 月和 9 月金額比較低，有可能是因為我們換了軟體商，所以就沒
有收到 email，我再查一下。交通費跟交際費這個就死無對證了，我也
不知道我花了多少錢。」

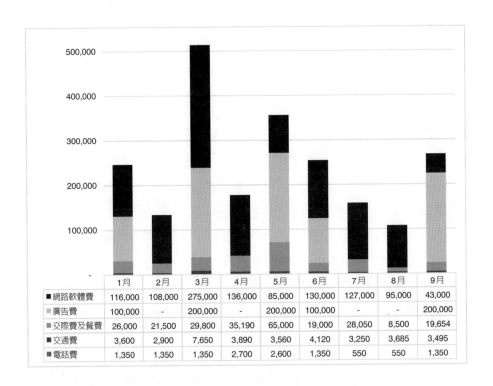

	1月	2月	3月	4月	5月	6月	7月	8月	9月
■網路軟體費	116,000	108,000	275,000	136,000	85,000	130,000	127,000	95,000	43,000
■廣告費	100,000	-	200,000	-	200,000	100,000	-	-	200,000
■交際費及餐費	26,000	21,500	29,800	35,190	65,000	19,000	28,050	8,500	19,654
■交通費	3,600	2,900	7,650	3,890	3,560	4,120	3,250	3,685	3,495
■電話費	1,350	1,350	1,350	2,700	2,600	1,350	550	550	1,350

　　而在兩位花了將近半小時對完明細和資料後，執行長向會計主管
說：「妳看吧，我就說妳漏記。真的有漏記吧！那件事以後要怎麼處
理？我不能一直少拿錢啦，我全部身家都壓在公司上了，自己就夠窮

了，還要欠公司這麼多錢，妳看怎麼幫幫我。」會計主管啞口無言，雖然心想說：「根本不是我漏記，是你沒拿給我呀。」但是老闆最大，所以也跟執行長說：「以後我每個月都做這張表給您，讓您大概看一下合理性。也會在每個月結帳前就提醒您把代墊款的發票都拿來我這邊彙總，這樣是否會有幫助呢？」執行長說：「當然有啊！早就該這麼做了！我請妳來，是要把我們的制度建立好，而不是我發現什麼，妳才做什麼。所以妳要有個心態，就是要叫大家做事，包含我在內，如果有人不聽，那就跟我說，換我出馬去溝通。可是我從來沒聽妳說過什麼時候要我提供代墊款給妳，對吧？」會計主管說：「好，我會記得。」

　　而會計主管回到自己座位上時，再回想這段，便覺得很奇妙。奇妙的是自己從來就不知道執行長的想法，原本只覺得公司的制度鬆散，執行長人很好、很重視技術，對業務也很拚，但就是人太好了，導致客戶敢欠錢，而同事也很常推延專案進度。現在看起來，又好像只是「執行長沒有時間處理這麼多工作，而且也缺乏行政財務的邏輯」，而這點確實又是自己沒有特別要求的，真的是需要多上一點心。

　　於是，有了這個經驗之後的隔兩天，會計主管又找了執行長，告訴執行長之前還沒說完的話，包含「稅負上的問題」，如果稅局查稅時發現公司的費用率較高，且裡面有太多餐費，而公司無法舉證合理性時，就有可能會補繳稅。執行長回問：「那我要怎麼處理？」會計主管說：「我認為執行長確實是公私無法很清楚地分離，但是對稅局來說這不是個理由。所以我建議以後將執行長的個人餐費還有個人的私下費用都拆到一個特定的分類，報稅時我們先自行剔除，不算進抵稅的金額裡面，

這樣稅務申報上有依據，而執行長也能夠繼續報支到公司來。」執行長說：「都好。我希望合法申報，不然後續延伸太多麻煩事，反而更麻煩。但當然合法範圍下能省則省，妳再幫忙把關。」

結束這個話題之後，會計主管亦說道：「我想了一下，執行長真的太忙了，我想幫您分擔一點行政工作。譬如說所有網路軟體費的發票是否都改為直接寄到公司，如果是 invoice 會寄發 email 的，是否都改綁定會計的 email，讓會計收到此信？我也會把電話費這種例行性的費用全部清查，能用公司帳戶直接付掉的就不麻煩執行長代墊。」執行長聽完，便眼睛一亮說：「這個好這個好！太好了，這些都是我覺得很煩但想不到方法的。感謝妳提出這些作法，這就是治本的辦法呀！這樣才能讓我真的少拿一點公司的錢去代墊，也能讓妳做帳更簡單。」

結論

會計主管從一開始抗拒做老闆私人帳務，到最後幫執行長想出改善執行長個人帳務及公司帳務流程的方式，其實中間靠的是會計主管的「恍然大悟」。若只是糾結在「不想處理私人帳務」，又或者討厭執行長指責自己「漏記帳」，那就觸碰不到問題的核心。對於執行長而言，提出會計主管的漏記帳，不見得就是認為這是會計主管的錯誤，而只是在陳述一個事實；對會計主管而言，卻覺得執行長是在責怪他沒有把工作做好。

當會計主管把自己抽離原本陷入的情緒陷阱中時，反而看得很清楚，其實就是「執行長不懂會計」、「執行長缺乏行政腦」而已嘛。鏊

清問題和對症下藥後，反而發現執行長並沒有「不想誠實納稅」，也沒有「想推卸報帳責任」。在會計主管主動提出解決方案時，反而就讓會計主管和執行長的關係走得更近了！會計主管找到能讓自己結帳更精確的方法，也讓執行長的煩惱降低，一舉兩得，而且大家共事起來更開心，這就是會計主管成就感的來源呀！

穩捷公司代收代付議題

背景說明

　　這講的背景要拉回十幾年前，那時由於台灣生產成本大幅增加，大量台灣公司轉移生產基地到鄰近人力成本較低之國家，穩捷公司也不得不將生產重心轉移，因而設立中國子公司。但是，雖然生產重心轉移，零組件卻仍無法在當地找到合適的供應商供貨，而需要透過台灣母公司代為採買，再以代收代付的方式整批出口到中國子公司。

　　當時，財會主管還不是財會主管，而只是一個基層管理應付帳款的會計小主管。那時，會計小主管的主管告訴她「代收代付不得扣抵進項」，而這也是經過與會計師討論的結果，那大家也習慣性地會將要代銷給中國的零組件進項，整批彙總刪除進項稅額。不過，隨著時間過去，中國子公司的營業額持續增加，在高端技術產品持續增加，而中國零組件供應商的供應效能及品質不夠的狀況下，代收代付的金額越來越大。一年下來進項稅額已累積超過 100 多萬台幣，難道進項稅額真的就要繼續這樣浪費嗎？會計小主管可以怎麼協助自己找出答案呢？

作法

　　會計小主管心想這進項稅額不能扣抵，就會讓中國子公司的生產成本硬是比台灣母公司的生產成本還高，那也讓原本集團想要做到生產重心轉移，用以節省成本一事，事與願違。所以會計小主管也跟中國子公司的廠長討論此事，試圖加速零組件供應的本土化。但是經過幾次來回討論後，中國子公司的廠長仍然傳回不利的消息，由於中國廠周邊加工廠的品質實在無法符合需求，若要外找也還需要認證，這些都要花時間，而且現在看起來，未來生產機台的型號和數量都會增加。

　　會計小主管心想，顯然代收代付情況必然會加劇，應該要找到進項稅額可以扣抵才行！但是再試著跟簽證會計師溝通，會計師仍然搬出《營業稅法》第19條第一項規定[1]，「非供本業及附屬業務使用之貨物或勞務的進項稅額不能扣抵」。會計小主管雖然有點灰心，但是沒有死心，又再向主管報告其不合理之處。主管細細聽完會計小主管的話，饒富興致地問道：「妳認為代收代付的進項稅額是可以扣抵的，對嗎？」會計小主管回覆：「當然。現在的作法很不合理，也很浪費。我們應該積極爭取。」雖然會計小主管想是這樣想，但因為最近與廠長及會計師的溝通都是不好的消息，也難免想著可能主管會反對吧？

---

[1] 《營業稅法》第19條第一項規定，營業人左列進項稅額，不得扣抵銷項稅額：一、購進之貨物或勞務未依規定取得並保存第三十三條所列之憑證者。二、非供本業及附屬業務使用之貨物或勞務。但為協助國防建設、慰勞軍隊及對政府捐獻者，不在此限。三、交際應酬用之貨物或勞務。四、酬勞員工個人之貨物或勞務。五、自用乘人小汽車。法規認為進項稅額不能扣抵。

　　沒想到主管回覆：「好，那我們就積極爭取。」主管隨即便開車載著會計小主管與負責帳務的同事，一起去拜訪國稅局的營業稅管區。甚至在出門前，主管還提醒會計小主管要到公司的公關部門，申請公司小禮品送給國稅局以釋出善意。於是三人到了國稅局，帶著條文與公司進貨相關單據及出口的單據，要求拜會股長，尋求討論及解答。國稅局的管區非常友善，當聽到了主管的說明來意後，給出的建議是：「進貨後加成售出，就能避免代收代付的可能，進而讓進項稅額可以扣抵。」而關係人交易毛利率低一點，應該在移轉訂價上還是可以解釋得過去。

　　聽到了一個解套方案，三人也開心地離開國稅局。回到公司後，會計小主管再跟帳務同事進行細節討論，發現因為成本加成方式，會讓中國子公司生產的產品成本，還需要還原成本才能知道真實成本，而且零組件又陸續會本土化，所以不是還原一次就結束。可能每批產品入庫時，都要面臨成本還原的工作！會計小主管一想到這裡，雖然進項稅額可以扣抵，但是成本會計同事會崩潰，為了內部管理報表，便需要不斷地還原成本，每批產品堆疊起來耗日費時。而且，台灣母公司的銷貨項目又得再多一項買賣零組件，增加會計處理的複雜度，但卻是多此一舉。

　　明明只是代收代付，為了因應稅法而衍生出無意義的流程，會計小主管總覺得加價不是最好的解決方案。因為讓簡單作業複雜化，兩岸會計人員會增加紙上作業，卻只是為了進項稅額可以扣抵。於是，會計小主管又找主管討論，說出自己心中的憂慮，希望主管能夠挺自己，不要用加價解決。主管照慣例地很支持，聽完所有內容後提議：「找其他事

務所的稅務組來討論。」並且回到自己位置上，找出上次去聽稅務研討會的講師名片，放到會計小主管的桌上說：「試試這個吧，死馬當活馬醫。只要妳覺得可行，我們就再試試看。」

　　會計小主管撥了電話給新事務所的稅務組，而稅務專家聽完後，便提出自己的看法，認爲穩捷公司有機會能夠做到進項稅額扣抵，眞的可以試試看！「因爲依據《營業稅法》第 3 條，將貨物之所有權移轉與他人，以取得代價者，爲銷售貨物。穩捷公司購買之貨物無償移轉中國子公司所有者，視爲銷售貨物。」聽到這個解套方法後，會計小主管眞的覺得太振奮人心了！於是，會計小主管又找了主管一同去拜會國稅局，並提出《營業稅法》第 3 條。股長則回應：「可以試試看，但是無法確認是否可以獲准。因爲過往沒有案例可循。」[2]

　　無論如何，會計小主管簡直太開心，回來後就決定趕快嘗試，委由會計師寫函文進去國稅局申請，主張：「將以前年度未扣抵的進項稅額一併抵扣，未來新增的代收代付也可以直接扣抵」。結果過了兩週，核

---

[2] 《營業稅法》第 3 條，將貨物之所有權移轉與他人，以取得代價者，爲銷售貨物。提供勞務予他人，或提供貨物與他人使用、收益，以取得代價者，爲銷售勞務。但執行業務者提供其專業性勞務及個人受僱提供勞務，不包括在內。

有左列情形之一者，視爲銷售貨物：

一、營業人以其產製、進口、購買供銷售之貨物，轉供營業人自用；或以其產製、進口、購買之貨物，無償移轉他人所有者。

二、營業人解散或廢止營業時所餘存之貨物，或將貨物抵償債務、分配與股東或出資人者。

三、營業人以自己名義代爲購買貨物交付與委託人者。

四、營業人委託他人代銷貨物者。

五、營業人銷售代銷貨物者。

准函就下來了，一百多萬的進項稅額可以扣抵了！日後的帳務也就不會徒增困擾！天啊，過往的努力和堅持眞的沒有白費，收到核准文時，會計小主管的眼淚都快流出來了，眞的很開心！

結論

　　透過這次的經驗，會計小主管深深體會到「鍥而不捨找到最佳方案的精神」，認爲合理的事情就要堅持、要想辦法，路是人走出來的，在稅法實務上的應用確實很有機會眞的幫自己公司爭取到應有的權益。除此之外，會計小主管也發覺「專家群建立」的確有其重要性，主管能夠直接找出來可以撥的稅務專家電話，就是這次事件能夠圓滿落幕的突破點，所以在會計小主管的後續職涯中，也鼓勵全會計部門共同架建「專家群聯繫名單」，碰到問題的時候隨時請教、隨時討論，能夠讓公司更快速地因應問題和困難。

　　更重要的是，會計小主管透過主管的身教，也學習到「帶人」的方式。對於主動積極的同事提出的想法，先不管自己的看法，都要「盡力支持」。在同事發展自我的同時，若能感受到主管的支持和鼓勵，會讓他們更願意成長和進步。無論最後成不成功，事件本身都將爲同事帶來成長，且同事和主管也會共同建立革命情感。如此一來，主管何樂而不爲呢？所以，身爲會計主管的您是否有帶人？您帶人的哲學是什麼？期待用身教感染同事的又是什麼呢？

第三十七講
時美公司薪資低報議題

背景說明

　　時美公司因為長期有缺乏進項憑證的問題，且門市銷售也有可能存在沒有開立發票的情形，導致時美公司雖內部有完整的會計記帳作業，但仍然有內帳外帳的區別，內帳由公司會計主管控管，而外帳則委由會計師進行申報。就在時美公司的會計主管持續努力地想辦法讓進貨憑證完整取得（相關內容可參詳第十三講）的同時，也開啟了要不要把外帳接回來自己申報作業的討論。

　　若要讓內外帳合一，就有蠻多方面需要讓現況符合法令規定，因此淨利也會跟著調整，光這點討論就讓會計主管吃盡苦頭。其中有一個就是薪資的議題，由於時美公司成立時便委託記帳士記帳，為了節省成本，當時與記帳士的討論就是低報薪資，藉以降低應支付員工的勞健保費用及退休金；與員工的說法也是員工薪資就是實拿薪資，由公司全額支付員工的勞健保自付額。但是若採用正常級距申報，會計主管設算時美公司一個月要多負擔二十多萬的勞健保及退休金費用，這金額對於老闆來說，就

是一筆實打實要付出的錢，而節稅也只能節 20% 稅額部分，實在太虧啦！

於是，每次開會講到內外帳合一時，老闆都是支持性地說：「配合財務作業。」但講到薪資這塊又會回覆：「漸進式導入。」意指：「再評估看看。」若您是會計主管，您會如何回覆老闆呢？

作法

會計主管把內外帳合一這道題目就放到一邊，公司事情實在太多，心裡也抱持著「老闆沒有真的想要內外帳合一，只是怕尷尬不想直接說」的想法。但有一天，營運長找來會計主管討論：「行銷經理（余經理）嚷著要調薪，但是我心中認為余經理拿的薪水和實際工作成果有落差。看看這件事情應該怎麼處理？」之前是看在這位行銷經理是單親媽媽，沒有靠山，要照顧孩子著實不容易，所以若遲到早退，都對其睜隻眼閉隻眼，反正工作也是有推進。但是長久下來，在其他同事逐漸進步的情形下，對於余經理這位主管的作風也多有非議。

會計主管說：「如果不調薪，是不是她就會提離職？」營運長說：「不太確定。她也只是說很久沒調薪，要照顧小孩不容易，而且前一年有說網路銷售營業額若達標，就談調薪。但是那時候網路銷售一直沒有起色呀，後來是因為又找進了小花，以及委外聘僱的行銷顧問，才開始有進展，所以我不認為是余經理的能力表現。」會計主管心想：「都已經想得這麼明確了，為什麼不直接跟余經理說，反倒回來找我，我還能說什麼？」於是反問營運長：「需要我去跟她聊聊嗎？我能直接跟她攤

牌，說她做得沒有達成公司要求嗎？」

　　營運長想了想後說：「這可能不太好。我們還有一些品牌代理是靠她維繫關係的。如果她一氣之下毀了這些關係，後續不太好接手。」會計主管禮貌地看著營運長，也不知道要怎麼回答。營運長說：「我再去找她聊聊吧，還是要清楚地讓她知道公司對她的期待。之後才好提目標和沒達標的處理狀況。」會計主管心想：「沒錯！早就該聊了。一起打江山的老臣，除了老闆能動，其他人真的也愛莫能助。尤其在我們這種制度還不健全的小公司，雖然有人資，但人資充其量也只是個算薪水和招聘的職能，各部門的職務要做到什麼以及有沒有做到，都沒有評量機制呀。」

　　會計主管中午見到人資主管時，便更新了這件事情的動態，人資主管也回饋：「天啊，你剛講的時候我好緊張，很怕老闆叫我去講……我好怕余經理，她根本就是兩面人，在老闆面前一套，在我們面前又是另外一套，還會告狀。哎呀！我剛真的是嚇死了。」而會計主管在聽人資主管回饋時並沒有認真聽，心裡反倒亮起了一盞燈，心想：「這就是上天給我的機會！我應該趁這個時候推進薪資議題！」

　　過了兩天，會計主管就向營運長問起與余經理的溝通狀況，營運長說：「我跟她提了現階段還不能調薪，需要重訂目標及確認目標達成狀況才能談調薪，但是她蠻生氣的。所以可能過兩週我再去關心她。以前沒溝通好，現在溝通更難了……」會計主管說：「營運長，請問公司是打算留余經理還是不留呢？我有想到解套方法。」營運長說：「留余經理的前提是她有改善目前我們覺得不滿意的地方，但如果她不想改善，

那公司也不該把資源放在不能跟公司一起進步的員工身上。」

　　會計主管說：「我建議我們趁這個時候把薪資低報這個議題一併處理。如果余經理要走，但她現在是薪資低報，以她的性格，有沒有可能情緒激動就反咬公司一口？說公司長期不承擔該承擔的聘僱成本，那公司就會有勞工局的人來查，也會有健保局和稅局的人來查，到時候就麻煩了。」會計主管看著營運長深思的表情，便暫停下來，而營運長說：「你接著說，我在思考。」會計主管說：「雖然公司會因為薪資合規，每個月增加二十多萬的成本，但是如果我們一直處在被動的狀態，擔心員工會去提告，而處處忍讓表現沒達標的同事，對公司整體發展來說確實很虧。如果我們把每個同事的職務目標訂定完成，有達標的就加薪，沒達標的就要求改善，也能把公司部分未達標同事的薪資成本省下來，整體戰力更佳，開會和工作效率也會提升！另外，內外帳合一的話，委外記帳大約每年 15 萬的費用可以省下來，雖然金額不大。不然，因為沒有內外帳合一，依照稅局上次來查帳的結果就是一百多萬的支出，而現在公司營業額增加，如果再來查帳，可能要負擔的稅負成本又更高⋯⋯」

　　營運長說：「這個我得想一想，但是我有被打動。請做個新舊作法優缺點比較，我們找執行長討論一下吧！」會計主管在當天晚上就加班把比較表做完了！心中想著「打鐵趁熱」，趁著營運長對余經理的不滿這個點，有機會能讓自己想推動的工作得以實行，如果自己延遲作業就太對不起自己了。而一週後，終於等到跟執行長和營運長的會議。

　　執行長於會議開始前，向會計主管和營運長說：「我雖然還沒看過

簡報，但已聽營運長說了，我先投贊成票。早就該處理人事問題了，太重感情反而會讓部分同事覺得不公平，公司成長也有侷限。」營運長表情顯得有點僵，說：「好像說起來都是我感情用事，明明公司每個重大決定都是我們一起做的⋯⋯」會計主管在這個尷尬的時間點，也只好裝沒事地聽著執行長和營運長的激烈溝通。大概過了十五分鐘後，營運長看著會計主管說：「好了，我們吵完了，做完心理建設之後就來看後續怎麼走吧。」

　　會計主管在比較薪資合規的新舊作法差異時，執行長和營運長都沒有講話，氣氛有點冷滯，會計主管便只好繼續裝沒事地報告完畢。一報告完後，見兩位都沒說話，會計主管說：「請問老闆有沒有其他想問的？」執行長看向營運長說：「我表態了，該花錢的要花，我看的是公司未來的發展。」營運長說：「我也同意執行。我們找人資主管來一起討論配套措施吧。」於是人資主管就進來共同商討後續作法。

　　在後續的討論中，人資主管先與營運長討論出各部門一定要留下來的員工，透過與這些公司棟梁的討論中，也更了解同事的心聲，包含覺得跨部門溝通的問題很多是來自於部分同事不配合，很常回話：「這跟以前不一樣，你要不要再想想。」除此之外，公司棟梁也都同意公司的薪資合規作法，甚至對於可能會產生的人事衝擊，也表態支持。於是，公司就在一個多月後發布公告，將在發布日後的第二個月將薪資做全面調整，全體同事調漲薪資，實領薪資不變，但勞健保改由自己負擔該負擔的那部分。而因為勞健保費用和退休金增加公司金流壓力一事，公司也慎重地召開員工說明會，說明各職位的職務會由主管與同事進行討

論，並設定目標，相關時程也都跟同事做宣告……

結論

　　薪資雖然是人資主管的主辦範圍，但薪資低報卻是會計主管很容易碰到的議題，特別是有內外帳分立的傳統產業。所以會計主管若真的遇到，也建議會計主管要找對時機，在老闆遇到因為薪資制度不完善而遭受的同事抱怨時，趕快提出來可能的合規作法喔！也許就能協助到老闆，並且讓自己想要推進的會計制度更合規，也讓公司更有本錢能夠擴大。

　　在筆者的過去經驗，基本上老闆大多同意以漸進式的方式合規，避免稅局查帳風險，也避免其他不合規的後續補償措施、溝通時間和罰鍰的成本更高。但有時候就是差臨門一腳，而這個臨門一腳，確實需要會計主管的耐心等待和智慧！

第三十八講
穩捷公司管理報表議題

背景說明

　　穩捷公司在公司擴大營運規模的同時，行政後勤部門也隨之建立了完整的溝通制度，而會計部門當然也有對應的營運結轉帳務及結帳流程。但是財會主管也會很快地發現，老闆永遠不會被滿足，如果財務報表能夠做得完整，那下一步老闆就會想到要做管理報表，而穩捷公司正在這個階段！

　　穩捷公司的總經理最近總是詢問財會主管：「有沒有什麼報表能看出來公司還有哪裡可以更進步？」也會在總經理上完課回來後，向財會主管說：「我們上課講到了人均貢獻統計表，這個公司有做嗎？如果有做這張表就能追工時合理性了呀。」財會主管會微笑說：「我們回去研究。」而總經理就會再接著問：「為什麼都不會做管理報表呢？我怎麼感覺我比妳還像會計，怎麼都要我來說？」

　　老闆問財會主管這議題時，財會主管就很苦惱。已經把財報分析都做完了，各項財務比率也都做了，到底還能分析什麼呢？

哎呀，會計主管該如何是好呢？

作法

　　財會主管試了三、四個月都提出不同的報表，但是總經理在每次的營運會議上總有不同疑問，而這些疑問都是財會主管無法當場解答的。不僅總經理會提出這樣的要求，還有其他的同事會在財會主管回來討論要怎麼做出總經理想看的報表時，說：「到底要做哪一張？上個月做那三張，下個月做這五張，能不能給一個規定來？這樣我們很難作業耶。」財會主管聽到這個話時一方面覺得可以理解同事，但一方面又覺得是自己和團隊的能力太差，根本做不到老闆的要求，也欲哭無淚地想要知道「老闆真正想要的管理報表是什麼」。

　　面對在主管會議上被總經理電、各部門主管的同情眼神，更甚者是一起落井下石講道：「對啊，上次提供的資料就有錯……」以及回到財會部門時的同事不理解，財會主管也從中體會「當一個人伸展不了時的痛苦」，很想做事，但做不到；很難做事，也做不好。總之就是一種裡外都不是人的感覺，夾在上下層之間真的好痛苦。好不容易捱到週末休息可以放鬆，但心情卻好不起來；等到週日就有「上班症候群」，很想請假不去工作，但心裡又很清楚知道逃避解決不了問題。

　　於是，財會主管請了兩天的假在家裡休息，第一天什麼都不願想，但到了第二天，會計主管就又在咖啡廳坐著看書，然而書卻也看不太進去，不自覺地想起最近總經理說的話，就像是損益表的毛利率雖然較上月及去年同期僅有 1% 的些微差異，但總經理關心的是財會部門報告時

「能不能講出實際結出來的比例跟預估的差異」；總經理在某次會議要求要看到成本異常報表，財會部門次月就增加成本異常報告，雖然速度神速，總經理卻又在該月說到雖然費用兩期差異不大，但還是想要知道研發專案各專案投入費用的情況等等。也許是休息了兩天，心情上也比較放鬆，所以財會主管放下了較負面的看法，包含覺得自己沒能力，或是覺得老闆雞蛋裡挑骨頭，而試著用總經理的角度去想，好像自己報告的內容確實千篇一律，自己每次報告時也覺得了無新意。

於是在好幾個禮拜的低潮之後，經過這兩天自主充電，好像真的獲得了一些靈感。在上班日時，便私下找了總經理、各部門主管了解各自職位會想要知道的資訊為何，再透過這些零散的資訊對應目前財會部門能做出的報表。然後召集財會部門的內部會議，討論每塊功能分別能產出的報表、產出的時間，及探討管理上的意涵，甚至找外部專家請益是否有可以看到這些資訊的作法。結果也發現：「沒有做三、五十張看起來沒用的報表交叉比對，怎麼會找出真正的異常？」

第一次的財會部門會議中，財會主管在一開頭便跟全體同事說明自己最近這幾個月來的心境，也相信同事們一樣感同身受於「不知道上級在想什麼」；也說明藉由換位思考及與各部門主管收集資訊之後，發現大家壓力都很大，因為決策似乎都是閉著眼睛、憑著運氣，而不是真的有數據支撐。財務會計就是營運的最末站，如果只是抱持著「前端錯，會計就會錯」的心態，那會計就只是彙整資料的單位；但如果能從會計端找出驅動成本費用波動的因子，以及綜合比較分析差異，便能讓營運前端更快速地知道如何快速及彈性修正決策，減少反應時間！當財會主

管講完之後，同事沒有太多的回話，財會主管也相信同事需要一點時間接受，如同自己就算已經這麼有工作經驗了，都還是拖延了幾個月才想通。

　　第一次的部門會議中，除了聚攏大家的團隊意識──「就是要做出有意義的管理報表」，也分配了各自的工作要去研究不同報表可能對於前端同事的幫助和影響。第二次會議上，就聽到同事反饋，原來要作「價、量的分析」及「銷售面的分析」，進而分出生產部門的責任，還是銷售部門的責任？是銷售時的毛利率不夠高，還是生產時的生產效率不佳？有哪些產品的毛利率真的很好，應該值得業務部門再多推廣的？

　　第三次的部門會議中，除了管理報表的討論外，甚至也有同事提出「加快結帳速度」的提案，原因是前端部門反應報表不及時，就算有管理報表也來不及因應。而沒有自結報表的完成，又怎麼能生出財報分析及後續的管報呢？公司各月營運會議是幾號？得要什麼時間生出財報才有幫助？這時候，財會主管便感到很驕傲，這種合作的氛圍真的很好，也能感受到同事正在因著協助公司變得更好的過程中，讓彼此的工作成就感提升。於是，財會主管便帶著大家模擬情境，思考「各部門的立場和困擾」以及「公司對財會部門的期待」。

　　在每週一次部門會議下，到了第七次的部門會議中，財會部門列出可以給各部門做參考的所有管理報表，總共有35張，列舉幾個大項目如下：

總公司及各 BU 損益表	銷售地區別損益表
BU 別費用預算與實際差異分析	人事費用預算與實際差異分析
研發專案進度分析	低毛利產品別報表
客戶別毛利分析表	專案別重大成本差異分析
存貨周轉天期統計表	存貨區間統計表
待驗品統計表	逾一年維修單
人均貢獻統計表	各廠區人均貢獻統計表
各 BU 保固成本統計表	已逾期應收帳款明細表
即將逾期應收帳款明細表	應收帳款與呆帳變動比
費用科目別明細帳	工廠別銷值與產值分析表
工時有效率及工費率一覽表	地區別研發費用比較表
地區別行政費用比較表	地區別製造費用比較表

在這長達半年的管理報表混戰中，收穫最大的就是財會部門。大家彼此知道自己的工作對於公司決策者的影響，也知道工作優先順序的排列，包含結帳很急，但優化結帳流程讓結帳速度更快比結帳本身更為重要；透過人力作業容易出錯，所以要建立檢查表給前端營運同事，讓資料送來財會時就有很高的準確率，降低跨部門溝通時間，才能增進結帳效果。這些都是管理報表大混戰之前，財會主管沒有想到的收穫。

當然，也在這個過程裡，同事體會到管報時效性的問題不是同事速度加快就好，還必須靠 ERP 的協助才行，而這就是讓財會部門同事更願意參與 ERP 流程調整及與 IT 協作的關鍵因素。所以，當財務報表結帳時間還沒往前移時，總經理居然就跟財會主管說道：「不錯喔，財會

動起來了。」財會主管一頭霧水地看著總經理，總經理說：「IT 部門最近報告內容都有講到跟財會合作，而且他們報告的內容比以前實用性高多了⋯⋯」

結論

　　穩捷公司透過運用成本預估制度及預算管理制度的推動與落實，做出產品別與客戶別的毛利率，讓報表與部門績效相關聯，並與績效獎金做連結。但這過程需要很多的溝通與共識的形成，最重要的，還是要有老闆的支持才能達成。因為在這個過程需要腦力激盪，還要有跨部門討論溝通，所以若不是老闆每次會議上的要求、直接下令某部門配合，也許需要花的時間更長、痛苦指數也更多。

　　另外，在管理報表大混戰中，財會主管也理解出對管理報表的看法：管理報表是配合管理上的需求，當公司的管理模式不斷地推陳出新時，如何找到符合公司需要的管理分析因子，就是財會人要努力的方向。所以管理報表絕對不是一蹴可幾，或做了就不需要再修改的，反倒是需要多次地被使用者挑戰，以及不斷修改表達方式之後才更加完整。

　　最後，財會主管也是因為讓財會部門的心聚攏在一起，透過帶領多面向思考、誠懇對待團隊，以及真誠的互動，讓同事體會到財會主管在報告時面臨的窘境，才能讓同事願意將心比心，學會尊重不同立場的想法，並體會想出管理報表分析資料的難處，進而協助一一地克服。以「總公司及各 BU 損益表」為例，乍看不難，但是如何建立各 BU 的費用分攤方式，以及 BU 間相互支援、利潤分享原則等等的建置，都是討

論再討論、一改再改之後的產物。又例如預算與實際數的比較分析，最後會連結獎金發放，所以是各部門都很重視的計算邏輯。當大家開始挑戰管理報表的數據時，也會讓管理報表的邏輯和數據呈現結果更有公信力，且因著與自身獎金相關，大家都會認真重視，最後便能克服難題，達到跨部門溝通協調的成果。

第三十九講
穩捷公司受罰分攤機制

背景說明

　　穩捷公司的財會部門集中在台灣台北，雖然海外各工廠及銷售據點有行政會計，但是實際的會計執行還是由台北總部來進行。而台北總部的會計人員有 9 個，採分級負責。所以即便是營業稅申報，都會是同事執行完畢後，由成本及總帳課長進行覆核。

　　有一天，成本課長和總帳課長哭喪著臉走進財會主管辦公室來報告，因為收到國稅局的補稅及罰款的函文，文中說明「營業稅申報錯誤」，進項稅額多打了一個零！「天啊，這是怎麼回事？怎麼會有這麼傻的事情，那分層覆核機制都沒有人檢查出來嗎？」財會主管想問的問題很多，但因為經驗老到，便讓自己更加情緒化的那些問號都藏在心中，只詢問說：「那供應商付款也有錯嗎？」成本課長和總帳課長搖頭，接著又表示：「有先打電話去跟管區求情，但已回天乏術。總共要罰 20 萬元。」以及主張討論的結果一致認為：「是作業上的疏忽，且在覆核上也未盡

到責任。」

財會主管整個心情低落到谷底，因為這時財會主管還在處理子公司由於財會人員異動而發生票據遺失，正在查明中的問題，結果又發生這種事，簡直是雪上加霜。加上函文上說到一週內就要繳罰款，好像又不得不趕快了解情形，因為還需要跟總經理報告這件事。這就是做主管的宿命啊，「屋漏偏逢連夜雨」，該來的躲不掉，但是怎麼處理呢？讓我們往下好好說。

作法

財會主管在聽成本課長和總帳課長報告時，真的沒有很認真聽，心裡一直想著：「最近財會部門真是禍不單行，我的管理是不是越來越鬆散了呢？是不是應該要到廟裡拜拜，求神明保平安？」整個心情糟透了，但是又反覆告訴自己「要冷靜要冷靜」，於是這個過程裡，可想而知，財會主管根本沒有聽到兩位小主管的報告內容。

在整理完自己的心情之後，財會主管先從審核傳票及申報營業稅時的重點開始談起，詢問到底哪裡出了問題？成本課長報告說：「首先，製票人在登打進項發票入帳時，會先抽出進項扣抵聯。待製作完傳票後，製票人會將扣抵聯夾在傳票上，由課長覆核。課長覆核後，會由課長抽出扣抵聯，此時便檢查進項稅額總數，並放在收集袋中。而申報營業稅時，總帳課長也會將媒體檔與帳上數進行核對。」財會主管聽完後便問：「聽起來都做了，所以是哪裡少了什麼動作呢？為什麼會錯？」成本課長和總帳課長則是相看一下，成本課長說：「就是不小心，不夠

用心。」總帳課長接著說：「下次會再注意，我也沒想到這麼簡單的核對方式，我居然沒有注意到錯誤。」

財會主管在思考漏了什麼步驟時，也只好先請兩位小主管找出錯誤的單據，先了解事情發生始末，再來商討如何防止再發生的應變策略。同時，也告訴兩位小主管自己的焦慮：「不是我現在不想處理你們的這件事，而是子公司因為同事離職，導致票據遺失的這個出包我還沒釐清楚，所以我現在分身乏術，真的很需要你們幫忙。一個接一個的包，我真的會被總經理釘在牆上。我們自詡是做事很仔細的部門，結果卻出現一個又一個的不小心，一定有原因的！我需要你們先想到解決方式，而我會去向總經理報告這件事的來龍去脈，並承擔責任。」

聽到這裡，兩位小主管竟然連番說出：「這是我們做錯事，我們願意承擔部分過失稅額。」財會主管聽到這段話，內心就突然覺得好像沒這麼慘，「有難大家一起扛」的團隊責任榮譽也蠻幸福的。自己負責任要挨罵這件事已成定局，但是團隊願意共同承擔，而不是推卸責任，這個發現讓自己超級自豪。

過了幾個小時，兩位小主管便又進來報告：「請款單付款額是正確的，但在做進項發票維護時，發票金額及進項稅額都多打了一個零。而系統將請款單拋轉到傳票時，系統會自動抓取請款單上的進項稅額作為傳票的進項稅額，再將請款總額扣除進項稅額之後的差額，自動轉為剩下科目的金額。因為這段都是系統拋轉的，所以沒注意到零多了一個，就錯了。」

　　財會主管想起由於公司有同事的車使用於出公差的情形，公司是請同事拿加油發票及實際開車里程數來計算。當初系統設計時，為了防止付款錯誤（誤付到發票總額）的情形，所以增設了防呆機制，讓進項稅額可以全數申報，而給同事的請款金額來自請款單上的數字，至於交通費的金額則是請款金額扣除進項稅額之後的差額。因這種貪稅額[1]的行為，就不能再設發票檢核，讓未稅金額等於費用入帳金額。但是最後竟因小失大，節省了幾百元、幾千元的進項扣抵稅額，卻被罰了 20 萬。

　　接著，成本課長又說：「我在覆核時並不會進系統看，只會在紙本傳票上審核。照理來說，當我抽出進項扣抵聯時，會看進項扣抵聯的稅額總額，與傳票中進項稅額總額的資訊是否相符。」這時，總帳課長接話說：「而進項發票維護檔的資料對應傳票帳載稅額，所以透過帳載數核對媒體申報檔時，稅額是一致的。我當初在檢查帳載數和進項發票維護檔的資料時，因為確認金額一致，就沒有往下追查，然後就報出去了！悲劇就來了！於是我們討論出這個流程，其實漏掉了一個動作，未將手中的扣抵聯在申報前再與進項發票維護檔核對一次。」

　　於是，在討論未來解決方式上，兩位小主管和財會主管共同決議：

---

[1] 「貪稅額」的說法是誇飾法的形容詞，在文章中是為了強調當事人的心情，但無形中卻會傷害會計人的節儉性格。讀者也有過被誤解為「小鼻子小眼睛的會計」的情形嗎？有時候，會計人因為想幫公司節省更多錢，又或者是替公司降低更多風險，往往在其他部門來看顯得「吝嗇」或「保守膽小」，這些也許不是會計人的本意，但是卻也很可能在「明面」上透著這種性格偏見。筆者身為會計人，自然也懂當初多幫公司想一點的初衷，也體會過被別的部門嘲諷「只會看小細節而不會注意大方向」的不好感受。於是在這講裡，也安慰一下各位讀者，心有多大，世界就有多大，不必拘泥於別人怎麼看待自己，而是做了決定就勇敢承擔。

「雖然看傳票時，已設關卡核對，但人為總有閃神的時候。內部討論後大家同意增設一個流程，將手中的進項扣抵聯在申報前，再手動與進項發票維護檔核對一次，並將檔案排序比對，確定沒有錯誤。」當決議完之後，財會主管便走進總經理辦公室報告發生緣由，也說明：「雖屬人員疏失，我們部門會負起責任，且已建立防止再犯機制。」此時，總經理提到可以比照公司已存的「受罰分攤機制」來做公司與員工之間的共同賠償負責比例拆分，於是財會主管便帶著這個結論回到財會部門。

與兩位小主管和製票人共同討論後，大家決議由財會部門承擔這筆罰鍰，而不依照「受罰分攤機制」來與公司分攤。主要原因是平常財會部門都是指責「前端營運部門不夠仔細，所以才會犯錯」的人，而這次換到財會部門做錯，被公開指責可能會導致未來在要求力道上被指手畫腳，於是決定自行承擔處理罰鍰。寧可記取教訓，也不願留下記錄。這次的分攤比例原則則是由財會主管承擔 50% 的 10 萬元罰鍰，並由兩位小主管共同承擔各 22.5% 的 9 萬元罰鍰，剩下的 1 萬元則由製票人承擔。

結論

這個故事雖是在講「財會部門願意承擔」，而不是使用公司的受罰分攤機制，但是公司既有的受罰分攤機制如下：「只要有寫出自白書，說明此次事件發生始末，以及如何避免下次的錯誤再度發生，經由相關部門及總經理審核，最後就由公司承擔 80% 的費用，而由相關經手同事共同承擔剩餘的 20% 費用。」

除了受罰分攤機制之外，這講也提到「當發生問題時的因應方

式」，除了道歉之外，還需要面對問題，想到未來因應的方式！但是，不知道聰明的讀者有沒有發現穩捷公司的執行問題？當初在系統設計時，爲了能多報稅額，而減少一個檢查錯誤的關卡（發票未稅金額與費用科目金額的比對），進而導致錯帳罰鍰的發生。當罰鍰發生時，公司不是修改當初的系統設計，而是再增加一道人員核對關卡。這些都是在思考的時候只關注了眼前利益，卻沒有想到更多衍生的問題而導致的做事方式，確實有點可惜！所以穩捷公司也在幾年後，重啓系統流程優化的討論，寧可不要多報進項扣抵稅額，也不要讓珍貴的財務人力取代系統作爲除錯工具。

穩捷公司 KPI 連結獎金議題

背景說明

　　穩捷公司的副總有天走到財會部門辦公室，找財會主管討論工作，講一講之後，就帶到新的投資案——磐石公司的話題。說到這家公司雖然經營十年有餘，但是管理層面比較靠人治，而不是規章制度明確定義好。而且遇到被穩捷公司投資，所以在穩捷集團新文化的衝擊之下，就產生了一波磐石公司的員工離職潮。副總聊起在十多年前，與財會主管也經歷過一番唇槍舌戰，才把每個部門的 KPI 訂定下來。看來現在又要再來一回，而且不是自己做，是要經驗傳承給磐石公司的管理層進行。

　　財會主管便也想到那時，各個部門各有自己的主張，資源分配先後順序都要開好幾個會才能討論完畢，更不用提員工福利，每個部門主管為了能讓自己部門的同事拿到更多獎金，都是說著自己部門的各種辛苦和各種好，兩、三年下來也都不了了之，仍是大家都發相同的獎金。但是，隨著員工意識的上漲，以及各公司極力開出優渥條件爭取優秀人才，所以穩捷公司也開始思考到

底什麼樣的獎金激勵，才能讓認眞的員工們得到應得的獎勵，且公司又能維持良好獲利呢？

作法

十幾年前的穩捷公司，已是員工人數超過 300 人，大家嚷著獎金制度要調整、要因應局勢的說法，每次都不了了之。而那一次，就隨著要建一個新廠，需要招募更多的人才，包含業務、設計、研發還有工程人才，所以月經營會議上，就有主管提出先把獎金制度做個調整，會比較方便找人的說法。總經理便下達指令請人資部門和財務部門共同研究，再提出想法來給大家討論。

而人資部門和財務部門就在各自調查業界怎麼做，以及找顧問討論可行作法之後，在經營會議上提出「用各個部門分配給員工的 KPI 來思考發放各員工獎金發放比例」的作法。而 KPI 因為是各個部門本來就行之有年的管理模式，所以各個部門討論起來便非常快速和進入狀態。但最為困難的還是，每個部門總數可以分多少？若說發給業務部門多一點，因為其是公司的業績驅動單位，難免就會讓其他部門心寒；若說發給研發部門多一點，因為設備業的主心骨就是新產品研發，但是針對「變動獎金」一事就變得有點難分配給工作內容固定的研發部門。

於是總經理便要求人資部門依據市場狀況，告知各部門員工總薪資獎酬的市場行情為何，再反推各部門員工加總應分配到的總獎酬金額，之後發放時再依據不同員工表現分攤到各自員工身上。財會部門則是負責驗算人資部門提出的方案是否會對公司損益結構產生重大不利影響。

而在總金額確認之後的次月經營會議上，就依照各個部門自己認為應與獎金掛勾的 KPI 來設定如何分配獎金，如下：

部門名稱	計算依據
業務部門	訂單金額
研發部門	新產品收入占營收比例
行銷部門	品牌經營成效
設計部門	出圖準確率
客服部門	客戶服務滿意度
製造部門	交期準確率

當這個表格呈現出來時，財會主管就先詢問研發部門：「請問新產品的定義是什麼？當年完成的產品才算新產品？還是開賣幾年內算新產品呢？」研發主管則回說：「嗯！這是個好問題！應該三年都算新產品啦，但是有些產品賣一下就狀況不好，也會收掉，有些則是舊產品增加新功能，這也應該算新產品。」業務主管立即跳出來：「都三年了哪算新產品？舊產品加新功能就算新產品的話，那每個產品不都是新產品了嗎？不能這樣算吧？」財會主管則回答：「如果沒有準確的定義，每一年開發產品又不一樣時，會很難幫研發部門計算。」之後便看向其他部門主管：「請問其他主管對於計算依據有沒有什麼想法？並且要如何精準計算？這我們也需要跟各位主管拿到相對應的計算方式，才能幫各個部門進行設算。」

結果，業務部門雖然按慣例，使用訂單金額計算獎金作法，但也被

各部門主管冷嘲熱諷：「接訂單就發獎金，收不到錢沒關係嗎？」而其他的計算標準，都更難讓各部門主管有一致的結論。譬如說，客服部門的客戶服務滿意度，依照客服主管說明，是由服務人員維修時提出給客戶填。然而，若用寄送的方式，會讓客戶填寫意願不高，進而導致回收比率低；但若是當場填寫，又有主管質疑會因為客服人員在場，所以客戶不一定會如實反應。又譬如說，針對設計部門的出圖準確率，「要如何進行評估？」業務部門提出疑問，也順道說：「之前晚提交圖，我們追問設計，但設計就說是客戶修改規格，研發部門晚提供。那除了設計部門以外，有誰可以負責確認出圖時間和品質？」所以，很顯然大家都不滿意彼此訂出的獎金計算方法。

　　財會主管聽完之後，心中便想這次會不會又流局了呢？每年都有太多的問題要解決，一個問題延伸一個問題，就讓決策動彈不得，但人才這關是公司不得不面對的考驗呀。於是在人資主管找上財會主管討論後續處理時，財會主管提出一個新觀點：「經過上次會議，我認為最重要的獎金計算方式除了需要『大家認可』之外，還需要『有憑有據』。至少每個月都能將數據收集完整，並可以被其他部門檢驗。系統中公開的數據，應由財會部門或人資部門來檢核，這樣才能避免大家的質疑呀。」

　　人資主管直點頭，但也憂心現在的作法不能達成財會主管心中所想。財會主管說：「公司現在系統建置上已經有蠻多的數據串聯，但是薪酬跟預算有關，為了不要讓薪酬超支，我還是會建議直接用淨利這個數字的比例，來做薪酬計算，這樣同事拿得到錢，我們後端做計算和驗

證的也容易得多。倘若淨利不適合，那也至少要用管理報表能計算出的數字，譬如業務同事用收入金額比例做獎金，就還算好計算。」人資主管說：「我很簡單。就是告訴我總預算和每個人平均分攤的金額，讓我能對照市場行情，能符合各部門主管的期待就好！」

　　兩人快速地定案想法後，便一起去找總經理，總經理也同意用簡單的計算邏輯來計算薪酬，至於如何分攤各部門的薪酬則是各部門主管要煩惱的事情。此時，財會主管也提出：「部門主管有這個能力分配薪酬嗎？能自行對應績效指標嗎？」總經理邀請人資主管說說自己的看法，人資主管說：「我們過往的主管養成中並沒有財務的觀念，舉我自己為例，就很常想把資料丟給財務就好。所以我想其他部門主管可能也與我一樣有執行困難。」

　　總經理說：「不會就要教。以前編預算也是七零八落，不過每個月有在盯之後就越來越好。公司想擴大，但公司能用的主管管理能力不夠，就會碰到擴大困難。如果沒讓大家管理能力提升，就不能做管理職，而同事看公司加薪晉升速度慢，也可能會跳槽。」接著看向人資主管說：「今年度的主管培育計畫，針對管理職能這個角度考核比應重點加重，特別針對離職率較高、預算超支或花太慢的，都要提醒考核者注意，並回報狀況。」也看向財會主管說：「我們常常開會就講到『沒人負責』，等到財務發現問題就太慢了。現在也快年底，趁著編預算，想辦法讓明年預算不只編功能別預算，也編產品別預算。現在公司300人，用功能別進行管理有些龐大了。開始試著產品分別編預算吧。」

結論

　　只要公司人數增加，就會讓營運決策時間增長，且需要跨部門共同商討，導致時間成本壓力也會更重。這些都是公司擴大時，必然導致的現象。如果用結果反推，也許就會有部門主管心想：「一開始就讓財會部門主導，直接用『淨利』的百分比不就完了嗎？何必浪費大家幾次開會的時間。」但是，若主管這麼想，就代表把決定權交到財會部門手上，而財會部門又該如何從後勤支援部門，指揮各部門進行各自的管理工作呢？

　　其實，讀者想一想就會發現，若沒有數次開會的討論，也得不到最後用「淨利百分比」的結果。如果每次決策都是一個單位說的算，也非常有可能養成「習慣等其他部門來主導」或「自己部門因為還沒獲得全局觀，不敢做決策或胡亂做決策」的亂象。所以，跨部門討論，能融合大家不同角度的思維，也能同時養成部門主管更全面性的觀點建立，雖然花了時間，但卻是不得不花的公司治理成本。

　　另外筆者也想再分享一個觀點，隨著公司的階段目標及大環境狀況不同，很可能原先做過的決策後續會再調整。譬如穩捷公司十幾年前，係以部門別作為損益管理劃分依據，而在此講情境結束後的三年內，公司轉換成產品別損益劃分依據。不過，合久必分、分久必合，為了管理需求，產業界中也常見從產品別損益劃分轉換為地域別，更甚者是回到功能別的劃分方式。所以，身為管理者需要依時勢做決策，而身為管理者身旁的幕僚人員，則需要及時彙報公司遇到的風險和挑戰，才能讓管理者及時掌握資訊、做出優化決策，更有效地協助公司發展。

倍捷公司年度預算議題

背景說明

    11 月分到了，會計主管心想，自己的年資也快滿一年了！回想起去年的自己，面對整帳還愁眉苦臉，而現在看起來都已雲淡風輕。果然經歷過的，都是自己學到的。這一年中，除了會計能力的提升，也從會計跨足人資，以及前進營運端的了解等等，比起前一份工作，真是有超乎想像的進展，也很謝謝執行長的信任和願意給舞台。那待滿一年之後，要為公司做什麼呢？除了例行性的會計處理還有疑難雜症的排解外，也很想要再帶給自己一些挑戰！

    想呀想，會計主管便想到幾個月前執行長因為想要找投資人，便要求自己做財務預測，但是因為實在沒空，就胡亂編了一版交給執行長。最後這版財務預測也不了了之，因為執行長在與幾個投資人談完後，評估時勢不太對，所以會計主管也沒有真的進入到財務審查的階段，有點像是僥倖過關！於是，會計主管就想要趁年底快到了，好好來編一版明年度的財務預算，如果未來

投資人要增資時，拿出的資料也會比較有可看性。

　　會計主管便找到執行長商討這件事的可行性，執行長說：「可以呀！那妳看妳需要什麼再跟我說。」會計主管：「我想從業務面開始評估，我方便找業務主管討論明年度的業績目標嗎？我也會想知道明年預計推出的軟體功能是什麼，還有預計訂價等等的資訊。」「妳可以找他聊。」執行長說，接著又停頓一下，再繼續說：「但是我覺得我給妳數字可能最快。」會計主管說：「太好了！那我把我想要問的資料提供給您，再麻煩您幫我填寫。」

　　執行長說：「這樣好了！我把上次跟投資人報告的投影片寄給妳看，妳看還需要什麼資料呢？」到這裡，是否都覺得非常順利呢？那就往下走，看這講要帶給您的內容吧！

作法

　　會計主管收到執行長來的投影片之後，就看到執行長有做了一版未來五年的收入以及淨利預估。不看還好，一看驚為天人。會計主管再打開自己的原先編的那版財務預測，便發現自己同一年的收入假設與執行長的假設竟然相差三倍，而這還是第一年的差異，第二年與第一年的成長率又是另個三倍。再看到淨利的部分，雖然現在實際狀況是虧損，但在執行長的財務預測版本中，今年的數字就是損益兩平，而明年就開始5%的淨利，後年甚至有20%的淨利！會計主管看完之後，就決定先下班回家讓自己好好靜一靜……

　　隔天上班，會計主管便又找了執行長詢問這版財務預測的真實性，執行長卻一臉自信地說：「哪裡有問題嗎？這就是我心中想的喔。妳覺得我們做不到嗎？」會計主管硬著頭皮接著說：「您說做得到就做得到喔。但是我想請教如何做到？聽更多的細節之後，我也好編列成本跟費用。」於是在一個小時的時間中，會計主管就認真聽執行長滔滔不絕地講他的五年築夢計畫，越講越激動的同時還會不斷尋求支持地說：「A做下去就一定會接到 B……」「……怎麼可能客戶不買單……」及「這就是剛需（剛性需求）……，妳說對吧？」

　　會計主管為了不掃執行長的興，還是認真聽完之後，回到座位上把執行長的想法化作不同產品線的收入，做成財務預測。但接著就連帶想到，依照目前的人力有辦法做得到嗎？研發部門的流動性很高，客戶又很容易找業務部門做售後修改調整服務，而且說實在話，業務部門賣的能力也不夠好。

　　為了不想讓執行長覺得自己太保守而反對，會計主管便改由寄信而不是面對面的方式，來詢問自己認為可能有問題的地方，包含「收入如何分配到各個月分？」以及「人力配置和技術能力如何能在收入產生之前先完成布署？」還有「目前公司可供利用的資金只能撐八個月，但是還在虧損狀態也很難跟銀行借錢」等等的問題。而在信件的第一段，也不忘讚美執行長願意分享築夢計畫給自己，以及自己也很願意支持這樣的計畫。不料，信才寄出去不到一分鐘，電話就響了，執行長又邀請會計主管到其辦公室做討論。

　　這次，會計主管原本想著一定要堅持問到自己想要知道的答案，

不能一直走偏，但是最後仍然被執行長拉著跑了，好像一定要有「過人的樂觀和勇敢」才能創業嗎？為什麼自己認為公司做不到的事情，執行長都認為是自己太杞人憂天？最後就在來來回回數次的過程中，把明年度的預算完成一版。會計主管對於這版的評論就是：「邏輯說得過去，但不知道符不符合現實。」而當預算快完成的那天，剛好業務主管來找會計主管討論客戶開發票的狀況，會計主管也邀請業務主管看編出來的業務預算，想聽聽看業務主管的想法。業務主管聽完之後說：「說實在話，老闆很能賣啦，他都用很認真誠懇的眼神天花亂墜地講這個產品，所以客戶真的就會聽他的。妳問我做不做得到？我當然覺得我沒辦法。但是他如果說可以，那就信他啊！」

　　會計主管問完業務主管之後，就對這版預算信心度往下調降；接著，會計主管也找了研發主管，詢問新模組測試完成時間為何，並詢問評估可以銷售的時間點。研發主管說：「我不太確定什麼時候可以銷售耶，應該還需要給舊客戶試用看看，這個就不是我這裡負責的了。」會計主管聽完之後心想：「客戶試用不也是測試嗎？結果這卻不是研發主管負責？天啊！那真的可以依照執行長想的時程開賣嗎？」便直接提出執行長預計收入發生的時間（隔年 8 月），詢問研發主管認為執行長的想法可不可行。研發主管說：「我們做完的時間預計是明年 4 月啦，但是我個人覺得又會再改東改西，所以可能 6 月才會真的完成。如果業務部門只需要兩個月就讓客戶測試完畢，那就可行喔。」

　　「可行嗎？」會計主管心想：「那業務單位做行銷文案及推廣影片、跑客戶養案子的時間呢？」想完之後，便又找上執行長，與執行長

說了自己跟其他部門討論的疑問點，執行長便反饋：「所以我說去找他們沒用吧，現在大多數的公司決策和資源協調都是我在推動和監督。」而會計主管仍然堅持自己的想法，說：「總要開始練習的！我們每個人都需要找執行長才能解決問題，所以大家都習慣直接找執行長，而不是跨部門溝通。我去找部門主管討論明年目標時，大家也都呈現『怎麼會來問我』的表情。但說實在話，我問業務部門能有多少業績，這只有執行長才會知道嗎？我問研發部門何時可以上架銷售，這也只有執行長才會知道嗎？」

執行長聽完之後，說道：「妳的觀點我沒想過，能再多說點嗎？」會計主管說：「我認為我們都應該負起責任，才能讓執行長有更多時間做公司的方向發想，以及減少各部門因為不知道目標而錯誤地擺放資源，再等執行長發現的時間。我可能講話有點急躁，但是我很想幫公司做得更多，我也是因為欣賞執行長的執行力和魄力才加入公司的，我相信其他主管也是。只是如果沒有被要求，大家就會去做他們覺得自己『能做的事』，而不是『更該做的事』。」執行長回覆：「這個建議很好，非常感謝妳提出來。之前也有其他創業前輩提到過，但隨著我評估團隊還沒準備好，就先暫緩。妳覺得時候到了嗎？我們的其他主管也有跟你一樣的想法嗎？」

在來回腦力激盪團隊資源和能力的討論下，會計主管和執行長有了共識，便是「大家都需要練習」。用明年的預算作為一個練習，先讓各部門主管與執行長一起開個年度預算討論會議，由執行長告知大家明年的目標，以及由會計主管告知大家各部門可以花費的預算和預留的人力

資源。如果各部門主管有意見或想法，就提出來討論修正。如果沒有想法，那就先試試看，明年開始的每一個月都要做到預算與實際數的差異分析，以及修正未來一季的預算；明年年中聚集討論第二及第三季的預算，由各主管依據執行長的公司目標，先開出一版各部門的目標，很有可能該目標跟現在訂的目標已有差異，但隨著這個練習，大家會比較清楚「執行長想要的」跟各個主管「自己認為的」，兩者中間的落差，也會在明年年底編預算時更為穩健。

結論

在還沒做之前，什麼都很難。如果沒有讓各主管練習為自己的部門編製預算，怎麼能做到讓各主管真正落實管理之責。主管不應該只有稱謂，而需要實際建樹，譬如透過數據明白自己的管理效果及需要改善的地方，而開始執行調整。所以雖然倍捷公司是新創公司，部門主管管理能力及對公司熟悉程度可能也都不高，但我們還是可以從這講的會計主管經驗中發現：在執行長和會計主管的腦力激盪過程中，確實有討論就一定會有結果，結果也許需要修正，但是沒有討論、磨合的過程，一人決策的團隊成長力就會比較弱、比較慢。只要執行長在忙其他部門的事情，沒被監督的團隊工作效能就會大幅減弱，不是因為同事偷懶，而是因為同事很可能作法走偏，或無法及時因應環境調整。

在倍捷公司預算編製的練習中，第一次的預算會議各主管是有聽沒有懂。而隔年一開始的 1 月預算與實際數分析會議雖有開會，但大家反應時間太接近過年，進度延遲；2 月開始又因為趕工客戶案子或主管離

職，到年中才開始正式進入每月固定開會，直到第四季才開始可以聽到主管的反饋。而第二年的預算編製，執行長也是大改一版，甚至覺得各部門主管想法太保守或單一，沒有考量到全體同事的進步等等，但第二年的預算與實際數做差異分析時，會計主管也發現，部門主管的想法比較貼近實際層面，執行長評估同事接案能力以及開發速度都太快。

而到第三年編製預算時，雖然主管已經跟第一年編製預算的主管不太一樣，但因為公司預算文化已塑造完成，反而主管就會直接跟執行長說困難點，或是堅持需要哪些資源才能達到什麼目標等等。最後在大家互相協調資源和定案公司發展優先順序之後，就能訂出三個版本，包含務實版、執行長狂野版（樂觀版本）以及黑天鵝版（悲觀版本），並能依照不同情境的發生套用不同的預算狀況。

所以這個練習，倍捷公司做了三年呀！如果讀者身處的公司也是還沒開始做預算的公司，筆者同樣會建議您先不要想著第一年就會做得很好，反而要想著如何讓大家分年達成部門管理的里程碑，最後才會讓大家落實執行，而不只是一年一度的「說故事大賽」。與大家共勉之！

時美公司建廠金流議題

背景說明

　　由於網路銷售成績亮眼，時美公司開始思考是否部分的產品要自己製造。畢竟雖然時美公司身為選品店，但因為深入了解產品特性以及品質控管，公司也對於產品製程有更深入了解，甚至有些產品會希望做得更良善，而請原供貨廠商少做某個製程，並委由另個廠商來做後續處理。久而久之，就讓時美公司執行長萌生自己來開工廠的想法。

　　而這個想法，過往都因為公司金流不足，所以無法啟動。但是隨著公司網路銷售業績強強滾，於是執行長便希望會計主管能列出建廠執行方案，趕快著手進行期待已久的公司新業務。會計主管聽完之後，心裡也是有點慌張：「製造業耶，我們公司真的可以嗎？我沒有買過廠房，我怎麼知道要多少錢？這也太難了吧。」

　　如果您是時美公司的會計主管，您會怎麼進行評估呢？

作法

　　會計主管上網查了買工廠的注意事項，結果關鍵字搜尋的結果都是仲介或買賣流程，這些好像都不是現在最應該在意的事情。於是，會計主管硬著頭皮找了執行長詢問更細的細節，包含預計要買在哪裡、工廠預計坪數及預算金額等等，執行長便進一步地說工廠可能可以在台灣，又或者在泰國，台灣就是離主要消費市場近，而泰國則是離廠商較近且人力便宜；工廠加倉庫可能需要 500 坪左右的地坪比較妥適，如果倉庫另外找的話，工廠也需要 350 坪以上；至於預算呢，執行長說：「我沒概念耶。我在想應該也要個 1、2,000 萬吧？所以我才希望你幫忙趕快啓動這個專案評估。」

　　會計主管聽完這些話之後，也是丈二金剛摸不著頭緒，太多未知數要怎麼評估呀？但是老闆說了就得做，所以會計主管只好聯繫了仲介和泰國同事，開始研究起廠房搭建預算。除此之外，會計主管也找了採購同事詢問如果要建廠會需要哪些設備，採購同事一聽完便大笑，說：「我沒想過我要從採購精品到採購製造設備耶。這也絕了！老闆很器重你耶，這個忙我一定要幫。我找找製造業的朋友問問看喔，看到底需要什麼設備，又需要多少錢。」

　　會計主管便在一、兩個月內，一步一腳印地從無到有生出一個建廠計畫，看起來煞有其事，但實則會計主管自己都覺得很沒信心。會計主管隨著數次跟不同朋友介紹的不同建廠專家評估及討論後，終於比較知道建廠需要的工序及工法，但仍然還是很擔心。等到執行長看完初版建廠計畫後，就只說了一句：「6,000 萬喔，這個預算太高了吧！我們公

司錢夠嗎？」會計主管說：「公司錢一定不夠，還需要想資金從哪來。但是我想先確認這個預算夠嗎？包含工廠要在泰國還是台灣，這會牽涉到銀行貸款問題。還有要製造什麼產品，也會牽涉到要採購的機台設備類型，以及工廠環境建置，這些都需要跟您再討論。」

執行長聽完後，說：「這些確實都還要再想想。我會找品牌研究部門一起探討公司要開發的產品，必要時也會先應徵有製造經驗的工廠廠長，才會動工。但是你這份建廠計畫至關重要，就先用這一個版本編排錢從哪裡來吧！錢的事情確認之後，其他的事情就好辦很多。」會計主管聽完後，便回到自己的位置，一路還想著：「真的是錢的事情最重要嗎？我做到現在都還覺得自己在紙上談兵，但老闆怎麼這麼有信心？」頓時便覺得壓力更大了，好像公司的未來都掌握在自己的建廠計畫中。

會計主管便利用一週的時間，整理出公司可拿來做投資而不影響日常營運的資金、銀行貸款可動用額度彙總，以及聯繫銀行討論可增貸額度。也了解到目前銀行對於台灣企業房地產抵押借款可以借到六成；而泰國銀行的借款利率較台灣高出許多，不太可能在泰國銀行借錢，但台灣的銀行又對於抵押品在泰國一事，都抱持著觀望態度，也說這些都要過總行討論。但時美公司本身是輕資產公司，公司內部除了貨車和存貨之外，沒有特別高價值的固定資產。

以 6,000 萬元在台灣建廠來看，其中 5,000 萬元都屬於土地和建廠支出，而 1,000 萬元則是創建初始的營運支出。5,000 萬元的六成則是 3,000 萬元，可由銀行抵押借款借出，所以自有資金得準備 3,000 萬元。而公司將轉投資上市櫃公司股票的金額及定存可動用數字約略 800

萬元,且依照目前公司狀況可增貸金額約略 1,500 萬元,也就是說還有 700 萬元的資金缺口。若這 700 萬元可以靠股東增資方式完成就最簡單不過。假如依照此辦法,可得下面的圖表,公司剩餘安全水位資金也還有 2,855 萬元,而此金額是會計主管計算,平均這三年來,公司最大需用錢月分所需的資金餘額。

資金	餘額
公司現有平均資金	3,300 萬元
建廠所需資金	-6,000 萬元
銀行抵押借款	3,000 萬元
銀行信用貸款	1,500 萬元
處分轉投資股票	355 萬元
股東增資	700 萬元
總計:公司剩餘安全水位資金	2,855 萬元

另外,1,000 萬元的創建初始營運支出,則是預估一年內完全沒有任何收入狀況下,時美工廠的人事支出、水電瓦斯費、建廠規費及輔導費、日常雜支等等的支出。也就是說,如果創建初始營運支出比預估的更高,那就可能使資金不堪負荷。而這就是會計主管擔心的重點,由於對於產業的不了解,一旦到時候資金沒有準備充分,導致建廠計畫中斷,很有可能連帶使本業經營受到影響。

無論會計主管有多麼害怕,建廠計畫都在持續進行中。也因為與執行長的數次討論,會計主管更加了解這個工廠未來的收入規劃,以及其

他沒有估計到的費用，因此也不斷地修改建廠預算，進而發現 1,000 萬元的營運支出根本思慮不周。因為光是開發模具及樣機階段就需要耗時半年之久，需花費的金額也可能超過 300 萬元，這些都應該在工廠建置前就完成，才能讓本業再多賺點錢，作為工廠籌備資金，而縮短工廠準備時間。另外，現有的訂單部分是委外完成，未來也會直接由自家工廠進行，所以相對應的加工收入都要先估計進來，因此更新版本的建廠預算，就無須考量股東增資。當然，前提是本業的網路銷售生意能夠依照執行長的想法持續紅紅火火，而且收入能開出新高點。

在完成這個建廠計畫時，執行長很開心地表示：「看吧，這個版本跟我想的一樣，我們公司是有錢能完成計畫的。如果依照這個計畫，再過一年半，我們就會有自己的工廠耶。你就是我們的幕後大功臣！」會計主管也很開心，終於不用再煩惱這個建廠計畫，這三個多月來，只要想到建廠計畫就覺得心累，沒有資源、瞎猜般地拼湊出來的建廠計畫，居然也透過大家的幫忙、辯論驗證、調整修改，做成每個部門都有參與的大型建廠計畫。也許離真的開始建廠時間還有點距離，但是會計主管也相信時間越接近，這個建廠計畫就會被調整得越貼近真實。如此一想，會計主管就好有成就感，也覺得很興奮，很期待工廠趕快建造呀！現在的心情，跟當初被交代做這個建廠計畫的心境，完全不一樣。

結論

在金流操作面上，財務主管最忌諱的是「以短支長」，意即不能以短期借款，來支應中長期借款或購置大型資本支出（廠房等固定資

產）。所以在這講中的銀行借款絕對只能是中長期借款，而不能是短期借款，不然就容易產生流動性風險。資深一點的財務主管，甚至在建廠金流規劃上，會編製借款前後的資產負債比率，以確定資金動用前後的財務狀況健康。

這講僅討論到金流的規劃，但其實還有組織架構的面向值得討論。譬如說，時美公司是買賣業，但是新建的工廠屬於製造業，兩者的毛利結構完全不同。為了管理用途，勢必在財務管理層面，需要分開管理並執行分析，才能找出營運盲點、對症下藥。既然兩個產業應該要分開管理，那是否時美公司應該成立一個 100% 的子公司？就能將帳務分開，並且清楚知道工廠設立之後的開銷花費、何時損益兩平的資訊等等。而且若時美公司與新工廠分別屬於不同公司，就不會讓製造業侵蝕原產業的毛利結構，進而侵蝕時美公司的同事該分到的員工紅利，造成員工不滿。但是，若新工廠是另外一家新公司，在銀行借款上確實有一定的難度；且新公司沒有任何商譽的狀況下，要接單做生意也是困難的。所以組織架構優缺點評估也是時美公司應討論的面向。

另外，還有因著買賣業和製造業在公司經營上的管理模式完全不同，若用買賣業的思維執行製造業的管理，很有可能出現問題。公司沒有懂製造業的人才，應該要何時開始培養？是要外聘專業經理人，還是要用熟悉時美公司文化的老將摸索？優缺點的評估也應該及早開始，而這都會影響新工廠經營的成敗。「資金來源」雖重要，但不是唯一的關鍵因素，其他的關鍵因素也應該是會計主管身為幕僚需提醒執行長注意的重點。

時美公司專案損平點議題

背景說明

　　接續第四十二講的時美公司建廠，執行長驚豔於會計主管做出來的建廠預算，所以便向會計主管要求，是否可以開一堂課給各主管們，教大家做預算管控，並且自己也很想學。

　　會計主管嘴巴上說著：「好啊沒問題。」但是又想：「預算管控是一門很財務的學問，到底要怎麼講，才會讓各個部門主管都有興趣，而且未來能夠做應用呢？」各個部門最大的問題應該是只看得到公司有收入，但不知道公司為了要有這些收入，會付出多少的成本跟費用，甚至還有很多隱藏性的成本費用，譬如折舊費用、呆帳費用等等。但是講這些又太財務面，那還有什麼可以說的呢？

作法

　　會計主管心想，如果是自己來看一家公司的財報，第一個一定先看有沒有獲利，再來會注意資產與負債的品質，以及現金流

入是否穩定。如果要看持續獲利性，獲利會希望是來自營收，而不是業外收益造成的。譬如說時美公司前一年的財報就因為拿了政府補助款而讓淨利率增加 2%，但是如果為了要讓淨利率增加，團隊搞錯努力方向，從努力賣產品變成努力寫計畫書，那就不好了。除了獲利持續性外，至少也應該要讓公司稅後淨利達到 10% 以上，才是穩定成長的公司。

　　在一個案件的投資成本考量上，損平點盡可能地要控制在低點。當遇到經濟景氣下滑時，才能應變得過來。損平點越低越好，意指讓固定支出的比例下降，而提高變動支出的比例。在景氣不好時營業額下降，變動費用高的公司可以使其成本與費用因應下降，靈活度較高，較能因應景氣波動；反觀固定支出高的公司，因為固定支出不隨收入變動，而是每月固定開銷，所以當營業額下滑時，固定支出並不會隨之下降，就可能造成連月虧損，影響公司存續問題。所以，會計主管就想到在講專案預算作法時，一定要把固定支出跟變動支出的概念分享給各個主管知道。

　　損平點在會計學理，先要將成本與費用分為變動與固定。「固定」指的是不營運也會發生的費用，所以不會隨著營收數字波動，例如基本水電費、廠房設備折舊等等；而「變動」指的是隨著銷售額或生產量增加而增加的費用，例如材料、出口費用等。在實務中確實也存在很多不容易歸類的項目，像是員工薪資，一般會被視為是固定費用，因為人員的能力是需要培養的，就算不是即戰力（立即貢獻產能給公司），也需要支付相關費用。但是如果規劃專案時，能先區分該專案或公司未來一定需要的專業能力，進而培養屬於「固定費用」的人才，而若非未來必要之核心人力，則應該考慮與其他專業公司合作，進而讓固定費用轉換

為「變動費用」。

　　將上述內容在實務落地使用，就能將人事費用透過事前規劃和預算審核來降低不合理的開支及浪費。例如：重要職務如設計人員、產品研發人員等職責，可以將其可能負責的所有工作列出，並將其中可能的較低價值工作外包，即可能減少人力。意即訓練設計人員可以與業務人員討論想像中的功能款式，以及與產品研發人員討論材料和功能相容性，利用培訓提高人員技能，則可能不需要請到一位產品經理，並將價值較低的工作，如設計人員原本設定要做的社群美編，改為外包等等。

　　損平點觀念固然重要，實務上執行時若總要把每項費用拿出來區分固定和變動，其實也挺勞師動眾。所以，會計主管想著，要讓各主管實務上能做到看懂報表，也可以檢討專案報表，便也特別說明「將總收入減總支出，這就是不賺不賠的點」，將營業成本視為會隨收入金額變動的變動支出，而營業費用則視為固定支出，就產生簡易的損平點觀念。以下表為例，假設無業外收支，推算損平點為 572 萬（將營業費用共 200 萬元，除以毛利率 35%）。意即當營業收入 572 萬元時，毛利為 35% 的 200 萬元，剛好等於營業費用金額，故可以將該專案打平。

損益表項目	金額	%
營業收入	$10,000,000	100%
營業成本	6,500,000	
營業毛利	3,500,000	35%
推銷費用	900,000	

損益表項目	金額	%
研發費用	600,000	
管理費用	500,000	
營業費用小計	2,000,000	20%
本期淨利（稅前）	1,500,000	15%

　　當毛利率無法維持在 35% 且呈下滑趨勢時，損平點會上升，營業費用超過 200 萬以上時，損平點也會上升。由此可知，若能做到售價及成本的控制，要讓毛利至少在 35% 以上，而營業費用則要控制在 200 萬以下，那就能讓一個月的營收超過 572 萬，即能獲利。而在分享課程上，業務主管就說道：「經過這樣的講解，終於知道要怎麼來管理部門。」當看報表不知道與管理有什麼關聯時，就很難讓「看報表」這個行為產生作用。但當主管心中有這些數字概念的時候，就開始能知道每張訂單在簽核時，會注意毛利率的達成可能，甚至訂單個案低於 35% 又非接不可的訂單，也會跟製造部門討論成本專案控制，如此一來，就算收入不夠高，但因為成本低，還是能達成設定的毛利率。

　　另外，品牌研究主管也在課程結尾分享到：「在審核費用時，我們平常只看金額對不對，還有單筆金額高不高。但這堂課的學習後，我們應該也要開始制定自己的研發預算，實際花費時需要注意有沒有在預算內，如果超出的話是否為必要花費，或是其他地方能否有可以調減之處。」會計主管聽到時覺得：「這堂課太值得了！」當各位主管的數字概念越來越強的時候，就能讓部門的管理更加落實，也更有可能串流不同部門的合縱連橫。沒有數字化的東西很難被統一管理呀！

　　營運長在課程結尾則是分享：「未來管理方向應要設定毛利率的下限，毛利率低於標準比率時，需要專案討論訂價是否調整。而未來產品研發時，也需要從控管毛利率及成本管控做起，還有營業費用的控制上，若同事提報超過部門預算的數字，就應該先提出挪移預算作法，從哪邊的預算補到新提出要增加處的預算。」分享完後，又再提問會計主管：「現在提的都是損益表的概念，那請問在資產負債表上面我們又有什麼要注意的呢？」

　　會計主管說：「損平點和損益表分析的概念有了之後，就能討論資產負債表，特別從某幾個重要資產和負債的品質著手。在我們公司中，最重要的應該從應收帳款的帳齡及存貨的庫齡看起。所謂的應收帳款健康，即提列的呆帳是否合宜；存貨健康就是看跌價損失是否有計算；呆滯的存貨及沒有用的設備是否該報廢未報廢。會計部門會參考過去的數字，並拿同業當標竿來設定目標，如存貨周轉天期、應收帳款周轉天期，及健康的負債比率。我們公司現在的負債比率常在 50%-60% 左右波動，若碰到建廠，會舉債，就會讓負債比率變大，但就是不要超過70%。如果資產負債品質好，下一步就會再看看穩定的現金流入，賺錢的公司才能有穩定的營運現金流入。有些公司雖然獲利，但是因為應收帳款及存貨沒有好好控制，導致金流出現緊急缺口。資金囤積在庫存及應收帳款未及時收回，而需向銀行來借款用以補足資金缺口，那營運風險就升高！」

　　會計主管說完後看向業務主管：「這就是為什麼應收帳款天期追蹤是每個月的重要工作，即將逾期的應收帳款都會需要麻煩業務部門趕

快與客戶溝通收款時間，重大逾期金額可能還需要成立專案小組。」再轉向營運長說：「存貨周轉天期同理，也是我們每個月都會稍微看一下的。前幾個月有問到超過半年的存貨要怎麼處置，也是因為要追求資產品質的健康。過長天期的存貨去化，並從改善呆滯庫存開始預防，絕對是未來我們有自家工廠時候一定要注意的。我現在也不知道會遇到什麼狀況，屆時發生了也會再跟大家共同討論執行方案。」

結論

損平點廣泛的運用在財務管理，而在成本管控上面也是一個重要的概念。但是如果這個概念只有在會計部門裡熟知，就會造成一個結果：會計部門發現該專案／產品不賺錢時很著急，但實際負責部門卻完全不懂會計部門在凶什麼，或是在干涉什麼。所以，若能讓公司各部門負責主管更有數字及財務概念，在溝通起來就能更增加默契，進而讓溝通順暢。

另外，也許有些聰明的讀者在看到這講時，就知道其實有些公司的商業模式是比較能度過難關，而有些公司則不太能禁得起環境折磨。所以小而美的公司盡可能要壓低公司的固定支出，而將變動支出比例加大，直到公司穩定度大增之後，才能慢慢考慮公司長期發展相關的投資，包含投資人才、投資機房等固定資產等等。投資要看長遠，如果為了一時的成本划不划算，就直接選擇在前期高額投資，反倒很有可能會度不過經濟寒冬。這點，也希望能讓會計主管在協助公司老闆決策時一併考量。

倍捷公司疫情開源節流議題

背景說明

　　2020 年 6 月，因為 COVID 疫情開始在全球蔓延，各個國家都在拉警報，全球確診人數甚至突破 900 萬人，也有 50 萬人死亡。因為防疫關係，中國開始陸續封城，台灣也在討論必要時刻的封廠以及封城。倍捷公司雖然是一個軟體公司，但產品是智慧工廠相關的監控，所以只要工廠狀況若有問題，倍捷公司就可能會有影響。於是，倍捷公司執行長在主管會議上詢問各主管對於疫情管理的看法。

　　研發長說：「我們的產品可以做到智慧監控，因為疫情而產生的關廠風險，反倒我們的產品還能做到及時監控，不是應該更熱賣嗎？」執行長說：「有可能是這樣。但也有可能是關廠風險很大，所以根本自己都顧不了了，怎麼還顧得上投資智慧裝置？」業務主管說：「有這麼嚴重嗎？前兩週新聞還報導疫情趨緩，我們現在確診人數不到 500 人，而且死亡病例都是本身就有慢性病史、很虛弱的老人。」執行長回道：「現在是這樣沒錯，

但是我中國的朋友都告訴我說要非常小心，他們當地非常嚴重，台灣又離中國這麼近，不得不防。」執行長也看向會計主管：「妳看我們需要做什麼準備嗎？」

會計主管說：「我們一直都很小心在資金運用上，畢竟我們沒什麼本錢。如果真的要說節省金流，那就是要裁員了，這是我們最大筆的支出。其他的話，我可能要想一想還可以做什麼。」

是呀，若您是倍捷公司的會計主管，您能祭出什麼方案？

作法

會計主管問了幾位資深會計前輩對於 COVID 疫情的因應方式，但大家都說搞不清楚現在疫情會怎麼發展，當然是「想辦法把錢留在公司」最好。會計主管也想著自己應該怎麼做疫情預測，但又覺得這種問題應該要問疫情指揮官才對啊。這個年頭做會計的，還做到需要知道疫情未來走向以因應資金變化，也太困難了吧！

隔了幾天執行長看到會計主管，就問到想出來怎麼做了嗎？會計主管說：「現在銀行借款還有 400 萬的額度還沒使用，如果碰到突發狀況，就可以拿來應急。我思來想去，雖然說可以再跟銀行討論一下有沒有可能增加額度，但是我們最近的報表不太好看，可能有點困難。還是執行長您有話直說，您希望我要做什麼方式的準備？」執行長說：「我是遇過 2008 年金融海嘯的人，那時候一堆公司都關閉，就是因為大家都覺得沒有很嚴重，結果美國債務危機延燒到台灣的時候，有些公司就直接斃命了。那時候，美國人都知道雷曼兄弟呀，都知道銀行狀況不

好，可能會被迫還錢、被抽銀根，但台灣人就搞不太清楚狀況。我現在也是在想，各國疫情這麼嚴重，我們一定要先準備一下，以防萬一。」

會計主管說：「好的，沒問題。我等等回去就開始聯繫銀行，把額度撐高。人事部分我也會再看一下，先遇缺不補。您看行嗎？」執行長回覆：「上次妳說銀行有 400 萬還沒動用對吧，都先借出來吧。」會計主管：「銀行貸款一旦借出來就會有利息，我們貸款利息是 3% 左右，但是活存利息不到 1%。這樣來來回回就會產生損失。」執行長：「這點小錢，拿來保平安不好嗎？」會計主管回覆：「您是執行長，您想怎樣就怎樣。」

不料，就說到這裡，執行長突然生氣，就回道：「是怎樣？現在都不能要求嗎？這不是妳該要注意的事嗎，怎麼會變成是我想怎樣就怎樣。難道妳想看著公司倒閉出狀況，再來後悔嗎？」會計主管驚住，才發現自己剛講了一句沒禮貌的話，便想修正：「對不起，我不該這樣講話。我是同意您的想法，但又覺得很捨不得這些利息。」執行長說：「銀行願意給多少額度，我們都簽約，現在不要在乎利率高低。有多少額度就把多少錢領出來，放在公司裡我才安心。我常說你們要有眼界，不要老是在乎這些小錢，在乎小錢就賺不到大錢。」會計主管覺得自己好委屈，想幫公司省錢，卻被執行長說得好像自己很小氣。

回到辦公室的會計主管，趕快把有拿過銀行名片的新舊窗口都聯繫過一遍，看看有沒有機會再增加額度。在繳交必要文件供銀行評估時，銀行也提出現在貸款利率低等等的優惠，更讓會計主管覺得：「執行長真的是太過小心了，銀行根本沒在怕呀。」總之不管怎樣，該做的要

做，不要自討沒趣，領薪水的就是乖乖聽話吧！

　　除此之外，會計主管更依據倍捷公司的損益表，逐一思考有沒有可能做到財務緊縮政策，便有以下幾點：

1. 用人遇缺不補：請各部門主管關心同事，並上報同事工作狀態，預期有沒有會離職的同事，及有沒有可能在不增人的狀態下完成工作。

2. 研發費用調降：除薪資以外的研發費用請款，一律需在花費前先做整體預算表，一筆一筆請款容易導致費用堆疊成本過高情形，所以統一在執行長批示後的專案預算內才能請款。

3. 呆帳費用清零、應收帳款無逾期款：目前收款政策是驗收日後三個月以上沒有收錢才會開始催款，要改成每個月都催款，只要驗收日後，就請業務人員確認付款日期。

4. 佣金支出延後支付：原本的佣金支出都是簽約之後收到客戶訂金就會給廠商，但現在就是先延宕至驗收後才給付，或等介紹人來催款時再由執行長批准後給付。

5. 廠商貨款付款政策一律調整成90天起跳。

　　上述這些內容便在執行長同意後的下一次主管會議上，報告給全體主管，而主管都沒有意見。執行長接著問大家有沒有什麼臨時動議要提出來，業務主管說：「A客戶驗收這個月延誤，說是確診。所以延到下個月才會驗收喔，先跟會計說一下。」結果下個月會計再追這個案子時，業務主管說：「前幾天聯繫，說這幾天大家都有一點咳嗽症狀，所以為了怕有狀況，說要再過一週再聯繫。」次二月的主管會議前，會計主管聽到A客戶又不能驗收了，很緊張地問業務主管：「每次驗收都

有狀況，該不會眞的被執行長料中，經濟環境開始衰退了吧！」

業務主管說：「我也這麼想。所以我有請我們同事把所有訂單都再追一次，確認訂單都沒問題。幾個快要驗收的案子，我這些天都會去客戶工廠看看，也跟客戶多接觸一點。」會計主管聽完之後，心想：「還好我有聽執行長的話趕快去跟銀行聯繫，也沒有很堅持，硬要省那點利息錢，不然我這時候眞的就難交代了。」雖然鬆口氣，但同時會計主管也發現了自己的缺點——看事情的角度不夠寬廣，只看到單一面向就衍生出本位主義。

再過一個月，業務主管打電話給會計主管說：「A 客戶驗收完成囉！趕快跟妳說這個好消息。我們之前錯怪他們了，他們眞的好多人輪流感冒，不知道有幾個人確診啦，但是測試就延宕很久。今天我去的時候，客戶也很不好意思……」

再進到 2020 年 12 月，疫情突然變得很嚴重，執行長又找了會計主管詢問有沒有想法。會計主管這次就很有信心，跟執行長說，經過這半年的準備，公司可以簽到的銀行額度增加不多，因爲原本的財報就不太好看，不是因爲疫情；但今年的財報收入數字漂亮、費用也管控得很好，所以明年第一季就會再找銀行重談額度，會計主管也有信心可以再多 3、500 萬的借款額度。因爲這半年時不時地突發一些疫情狀況，自己就不斷爲自己上緊發條，所以反倒等執行長問起時，就覺得「其實管得還不錯」。執行長說：「看樣子這半年很有成就感唷。」會計主管點點頭笑道：「看到自己的不足、老天爺也給了足夠的時間讓自己練習調整成長，當然要知足。也謝謝執行長的信任！」

結論

隨著 2019 年開始的疫情影響，直到要出書也三年多了，疫情仍然不斷在波動，而大家也從學習和適應環境中，找到了與病毒共處的方式。所以會計主管之於企業營運也是一樣，要隨時上緊發條，理解公司運作狀況，有時候對於資金管控可以鬆一點，有時候又要很緊縮，端看會計主管的大環境觀察能力及分析能力。當然，會計主管也可以把責任放到執行長身上，處處詢問執行長再下決定，但這樣就不緊張了嗎？筆者相信凡事依靠他人，會讓自己壓力更大、更緊張。只有當自己找到與老闆及跨部門主管之間的溝通默契，也建立當自己碰到未知事項時的解決步驟邏輯後，才會讓自己對於未知事件較為坦然。

隨著 2008 年的金融海嘯已經過去十五年，沒有人知道下一次的金融風暴是什麼時候，又會因什麼而起。所以，建議會計主管們平常也要多閱讀時事喔，了解時事與自己公司可能的連結程度為何。如此一來，就能在日常處事中，讓自己的視野更為開闊，思考角度也較為多元，自然而然會降低心中必然存在的本位主義。

時美公司欲向地下錢莊借款

背景說明

時美公司的會計主管有天接到大學同學阿偉的訊息問候,便相約碰面吃飯。大學同學在吃飯時討論到自己是否應該轉職,因為公司感覺快要撐不下去了,老闆居然動起跟資產公司借錢的主意,便問問看時美公司會計主管有沒有什麼建議。會計主管一方面開玩笑地跟阿偉說:「要有逃命計畫,這是一個警訊。」另外一方面又認真地要阿偉回想:「公司營運上有什麼問題?」以及「有沒有可能自己有做過什麼違法的行為,需要自首或保障自己的地方?」整個晚餐吃下來是令阿偉又氣又好笑,而會計主管則是在回家之後想起過往金融海嘯的日子。

那年遇到金融海嘯,雖然時美公司的客戶多為個人,出貨即收款,所以不太會有「欠款」的問題,但是因為金融海嘯,大家人心惶惶,廠商面對剛創業沒多久的時美公司便有著很大的不信任,所以在談付款條件時都是說要「預付款」,或是「要求付款期限 30 天」。而市場上各種銀行對放款緊縮的消息,也讓時美公司的執行長堆積排不去的壓力。有一天,時美公司的執行長又

來跟會計主管說要「想辦法湊錢進貨」，不然公司熱銷商品庫存低，而只剩下冷門商品可以賣；且熱銷商品從國外進貨需要很長的海運時間，這些都會讓公司的營運陷入停滯，以及現金流入出現問題。

作法

　　會計主管在試了幾家銀行之後，跟營運長詢問：「我們公司能借的錢已經上限了。銀行態度不是很樂觀，每個都說要評估，但評估流程又長又久，根本來不及因應付款。有可能可以減少採購金額嗎？」營運長找了執行長、採購跟會計主管一同討論後，砍了幾個進貨項目，但是採購金額對於會計主管有很大的壓力。會計主管深知自己無法解決資金問題，便又找上營運長。營運長跟執行長共拿出 350 萬元注入公司資金，但坦白說，對於一次付款就是 3、500 萬的支付來看，350 萬元挺過一、兩個月之後，能幫上忙的機會就越來越小。

　　當執行長站在會計主管座位前時，會計主管心驚膽顫地問：「又需要進貨了嗎？」執行長笑了笑說：「你是不是都沒睡好啊，整個黑眼圈配上臉色慘白耶。」會計主管說：「說實話，現在實在壓力有點大，但我也知道您壓力會更大。我好歹還是領薪水的員工。」執行長說：「我聽朋友說有管道可以做私人借貸，如果是 1,000 萬元借款的話，一個月的利息是 28 萬元。你看怎樣？這樣大家找錢壓力都會小一點。」

　　會計主管那時畢竟也才二十幾歲，馬上回話說：「太好了！公司真的好需要錢。」內心又在想著：「如果多了 1,000 萬元，眼前的資金預估表編製就變得超級簡單，該付的款項都可以付掉耶，還留有一些

安全資金水位。也不用再找資深同事『共體時艱』，每個月都可以按時付薪水了！」但在執行長走後，會計主管打開資金預估表，正打算完美地把支出項目一個一個解決時，卻突然想到自己根本沒考量到「融資成本」。按了按計算機，竟發現 1,000 萬元的月利息 28 萬元，相當於年利息 336 萬元，也就是年利率 33.6%！查找目前銀行的利息資料，大約落在 2.5%-5% 左右，真是相差甚遠。

會計主管便陷入思考，這樣的利率可能就是別人說的「地下錢莊」？便上網搜尋地下錢莊相關的關鍵字，映入眼簾的都是「潑油漆」、「斷手」、「停電」之類的可怕狀況，更有網頁提到可能一開始講好的利息都是假的，後續還有可能墊高利息，而且本金沒有一次還完之前所還的都是利息等等的說法，好像一點都沒有保障。會計主管的兩難逐漸浮現，到底該心一橫地想著「這都是老闆的事」，借下去之後讓自己付款壓力下降，還是應該要站在公司大局著想？畢竟地下錢莊的利率比公司經營的淨利率還要高，也就是說公司賺到的錢拿去還錢甚至還要倒貼。

心中的天使和惡魔來回大概交戰了十個回合，會計主管雖然很想選擇輕鬆簡單的借錢作法，但是過不了自己的良心那關，最後還是決定要把私人借貸的風險講給執行長和營運長聽，讓兩位老闆評估公司該不該承擔這麼大的資金風險。於是，會計主管便做出一個利率比較，以及在未來八週的公司資金預估表都提繳給兩位。同時，會計主管也透過與銀行窗口聊天，找到原來還可以跟租賃公司借貸，也就是以前教科書學到的「融資租賃」，透過租賃公司代向廠商購買存貨，而時美公司就分期

付款償還借款。實際跟租賃公司洽談之後，發現利率雖較銀行利率高，但放款速度快，依照時美公司的營收規模，可以借到 800 萬，而放款手續費及利率合併計算之後做到約略年利率12%，也可以三年分期償還。

在會計主管向兩位老闆報告時，會計主管列出地下錢莊 33.6% 年利率及銀行 4% 年利率的比較，執行長說：「天啊！這利率好嚇人。」而當會計主管說道：「公司的淨利率是 18%，所以我們借款等於要多付 15.6%（33.6%-18%）的成本。」再看向執行長，只見執行長皺眉癟嘴。營運長說：「我不太懂財務，但是這個成本也太高了吧！」便也看向執行長，焦慮地問：「真的要這樣做嗎？」執行長回說：「依照現在這樣分析下來，我們可能都要再想想有沒有其他的方式。但我們還是要留一個備案，不然突然資金斷鏈，我們能怎麼辦？金融海嘯總會過去的，我們現在就是要留一口氣，撐過去。」

會計主管隨後提到「要不考慮租賃公司」的折衷方案，營運長說：「我聽說銀行只要聽到有跟租賃公司借過錢，就會不太願意借錢給公司耶。好像也不太好？」會計主管心想：「所以銀行聽到跟地下錢莊借過錢就會願意借嗎？」但是當然也不戳破，只是靜靜地看著執行長，同時執行長的眼神也看向自己。會計主管說：「我可以再詢問銀行的想法。」執行長則回答說：「要不也問問看租賃公司能不能借我個人錢？公司就不會留下借款記錄？」

會計主管詢問銀行窗口後，銀行窗口表示：「我們跟租賃公司隸屬同一個集團，租賃公司也會做風控（風險控管程序），只是銀行依據法規的規定比較嚴謹，所以才會區分不同業務項目。不用擔心啦！」會計

主管也再詢問租賃公司窗口，而租賃公司窗口說：「租賃公司的借款記錄是不會登錄在聯徵中心喔，所以銀行必須要查報表資訊才會知道。我們也是合法經營的公司，只是借錢比銀行更快、更有彈性，所以才會利率較高……如果你們很擔心的話，我們有些客戶也會刻意用海外公司借錢，規避銀行盡職調查時看到報表詢問負債比高的問題。」

會計主管把這些資訊轉告執行長後，執行長說：「這些官方的話，我也不知道應該怎麼做，我需要你的建議啊！」會計主管則回道：「我們最重要的事情應該是要把進銷貨的頻率和庫存數量取得一個合理的平衡。如果公司營運體質健康一點，庫存下降，借款金額當然就會下降。老闆，其實我們沒有太多選擇，畢竟我們還很小，所以很弱勢呀。」執行長點點頭回說：「好！你說的對！我們從現在開始每天都來盯庫存，那你能否跟採購研究一個盯庫存的作法，讓採購的反應速度更靈敏一點。而租賃公司的作法就當備案，並把私人借貸的想法刪除吧，我們沒辦法承擔私人借貸的成本。」

會計主管心裡雖然想著：「會計怎麼盯庫存？」但知道執行長的焦慮，還是很淡定地說：「地下錢莊真的不能借，這是明確的選擇。」執行長則回道：「已經講了好幾次了啦！這不是地下錢莊，是私人借貸，是我朋友的朋友。有認識的啦，不用怕！」會計主管則在離去的時候冷笑：「就當是我會計保守吧，誰知道那到底是地下錢莊還是什麼。如果執行長真的要跟那地下錢莊借錢，那我就考慮要離職了……」

結論

　　會計主管遇到公司資金缺口時，雖然自己年紀輕，也沒什麼經驗，可能會一時興奮過頭講錯話，譬如當老闆說要做私人借貸時，自己居然回話：「太好了！」但是會計主管仍然能靠著會計邏輯，將成本效益一併考量後發現這是不妥的選擇，進而想出最重要的是要「改善營運體質──盯庫存」，並趕快想出其他替代方案，而不是坐以待斃，被動地執行主管交代的任務。這點確實是很值得與讀者分享的態度。

　　會計主管回首十幾年前的自己，除了覺得「主動做事」及「商業邏輯應用」是從年輕開始養成的好習慣外，也覺得當下的自己「還是太菜」了。如果是現在的自己，在發現銀行存款不夠支應貨款時，不只是需要想辦法籌錢，而是應該要把第一步驟放在「分析問題原因」上。時美公司之所以沒有錢的真正原因是來自於應收帳款還是存貨管理？因為公司的客戶群是個人，所以沒有應收帳款餘額高的問題；但是因為公司是選品店，店裡需要擺放有特色之商品營造店面氛圍，且部分商品不做熱賣品，僅做特色商品，供給少數客群，所以存貨流動率較一般零售業更低。於是，若會計主管從這裡出發，便會知道第二步驟是「要與業務部門探討如何降低存貨周轉天數」，以及「如何將特色商品銷售給客群」，而不是先凍結採購金額又或是找資金借貸。

　　除上述外，會計主管也在十幾年後回憶時有另外一個感觸，掌管財務的同事必然會留有一個資金安全水位以備不時之需，但是總是有那麼幾個時候，因為不時之需的金額實在太高，過往的資金安全水位也不夠因應。所以，在沒有錢的時候，可能真的就需要私人借貸，公司也真的

需要有個「信用良好且資金來源合法安全」的「金主」，用來因應某幾天的資金缺口。總而言之，筆者還是要提醒讀者，「私人借貸」存在合法和不合法者，我們無法一一判讀，必須謹慎為之。

　　每個人在公司都各司其職，經驗少的固然更需要多傾聽、多配合、降低我執地多嘗試新作法。但是，無論如何，會計人都應該要知道自己的責任範圍不僅是「配合」，更是公司最後一道把關營運的防線，能多運用會計及商業邏輯，透過管理會計學裡的財務比例分析，很有可能就會發現「陷阱」，進而讓公司避免不必要的災禍。如此一來，便能讓會計人在下一次遇到公司議題討論時，更有信心地換位思考、舉手發問以及思索更好的作法！

倍捷公司被併購之換股比率協議

背景說明

　　穩捷公司和倍捷公司正在談併購案，穩捷公司希望能藉由倍捷公司的軟體專業，來輔助穩捷公司發展智慧工廠系列的設備。好不容易倍捷公司通過了 DD 的環節，總算來到決定價格的階段。穩捷公司身為買方，當然希望價格能低一點，最基本也要能有足以妥當參考的價值，但倍捷公司是一個非公開發行公司，沒有客觀直接可供參考的市價。而倍捷公司則是希望價格要越高越好，所以拿出了美國相類似公司的上市股價，認為這個價格打個 7 折可類比自己的市場價值。

　　穩捷公司因為已經公開發行，所有投資資訊都會被公開揭露，所以換股價格上更不能草率。但因為價格遲遲無法被確定，倍捷公司的執行長也幾次不斷詢問會計主管到底卡在什麼階段？會計主管也只知道穩捷公司「正在評估中」，但是問題到底是什麼？還要再等多久才能完成併購案？也都一無所知。

作法

　　倍捷公司的會計主管打電話給穩捷公司的財務長，除了知道下個月要過穩捷公司的董事會，大家現在如火如荼地在準備開會資料外，好像也沒什麼斬獲。在掛掉電話前，倍捷公司會計主管詢問：「請問價格的部分有什麼問題嗎？我這邊還需要準備什麼資料嗎？」穩捷公司的財務長說：「說到這個，我再打電話問會計師好了！」倍捷公司會計主管心想：「價格不是交易雙方確認就好嗎？為什麼要問會計師？」但是交易在即，實在不容自己再退卻，於是又硬著頭皮問道：「財務長，不好意思啦，我們也沒被投資過。請問為什麼價格會需要問會計師呀？」

　　財務長說：「這個併購案金額對我們公司來說雖然不算很大，但是併購事項需要被列入財報中揭露，所以馬虎不得，也不是說我們投資長跟你們執行長談一談就好的。而且，談了幾次都無法有一個很合理的價格，譬如您上次提的美國可類比公司，我們內部研究就發現美國公司市場跟台灣市場規模差異太大，如果真的用這種交易價格，那就太不合理了。雖然我們不只有台灣市場要看，但是各國文化和貿易狀態都不同，雖說有打折，是 7 折好，還是 5 折或 3 折，也沒有一個合理的解釋。」話雖說得婉轉，但財務長心裡沒講出來的話是：「我們是上市公司，怎麼可能拿美國上市公司的本益比類推台灣非公發公司？怎麼跟股東交代！」

　　會計主管聽完後說著：「好的，那我再轉達給執行長。」但心裡也難免疑惑：「到底應該如何計算？」要用美國可類比公司的市價也是

自己和執行長一同詢問會計師的建議得來的，看來還是需要再找找會計師。會計師說：「之前提的方法是穩捷公司投資倍捷公司的作法，可以採用不同的鑑價方式，包含市場法、收益法跟資產法等等，而拿美國可類比公司的價值做參照，就是市場法的體現。但是，確實任何一種方法都需要雙方合意才能往下一階段……不過，若對上市櫃公司來說，一定要以一個很安全、有保障的價格的話，依照商業慣例，通常是會用雙方最近期經會計師查核過的財報來當基礎，計算出雙方合理價格的區間。但這個價格確實對您們公司來說，就會變得比較低。」

會計主管詢問：「但是我們若用去年的財報，現在已又過了八個月，我們是不是要等到今年年底呀，不然我們今年上半年還蠻賺的，若沒有計算到會很可惜。而且我們是估計未來三年的營收會很可觀，但若只能算到去年年底，我覺得執行長可能會覺得賣便宜了。有沒有可能換別種方式呀？」會計師說：「投資價格的決定，實務上就是多種方式加權而得。併購價格也類似於投資一環，我想應該可以跟穩捷公司商量，除了使用去年的財報淨值，也再加上今年及未來的營收預測的加權，只要雙方講好，就是合理價格。」

會計主管大致向執行長報告穩捷公司財務長及會計師的說法，執行長說：「整個案子討論了將近半年，我現在對於價格也沒有之前這麼堅持了，如果倍捷公司的技術能搭配穩捷公司的設備進行銷售，對倍捷公司來說才是最好的。就先請妳跟財務長了解他們的作法，我們快速評估看看合不合理。至少不要讓我覺得我創業這六年像在做白工就好囉！」會計主管便去了一趟穩捷公司，直接攤牌詢問穩捷公司財務長可能的計

算方式，而財務長也同時邀請其會計師共同討論作法。

最後討論出來的想法是，因為現在併購基準日已經較去年財報的資產負債表日晚了八個月，而這八個月中併購雙方也都有營運實績，若僅以最近期的財報似乎不夠。但若因為要取得最新財報可靠數據，就等到年底，會計師也無法馬上出具財報，而倍捷非公發公司，依據公司結帳時程及會計師查核流程，通常最快要到3月多才能出具財報，再取得資訊通過董事會等流程，又要到5月，而明年1到5月的營運績效也得考量進併購價格呀，這樣想一想，好像沒有辦法真的用會計師查核的數字來決定併購價格。而談到這裡，穩捷公司財務長對著會計師說：「說實在的，理論上學的真的跟實務就差很多，會計這門學問真的很吃經驗！」

會計師也回答道：「投資價格這種事真的沒人說得準，會計學如果直接訂出一個計算方法，只怕大家要承擔的風險又更大。這也是為什麼鑑價師很難為，實務發展一定會跟評價參數設定有所差異，而可能產生很多糾紛。所以，我今天來就是提及觀念，但實際如何計算就還是要看您們如何議定。」財務長說：「我想，在計算換股比率時，必須列入其他影響因素，例如目前經營狀況及未來發展條件，來議定換股比率。但其真實的營運狀況，還是得到合併後過一段時間，才有真正的營運績效呈現。所以，我們過往在談投資價格時，除了淨值之外，也會依照被投資公司的財務預測做參考。」

這時，會計主管都不敢接話，因為自己提交給穩捷公司的財務預測是過於樂觀版本，而依照前半年的達成狀況來看，收入實際上也只有

預測的 65%，實際淨利還不到預測的 50%。財務長接著說：「我們通常也會再另外訂定一份協商，來滿足其他影響因素的不確定性，約定未來如果沒有達成某些條件，會如何處理；若達成某些條件，又會如何獎勵。如此一來，財務在計算換股比例時，就依照最近期查核後財報的數字為基準，讓雙方議定一個合理又合意的價格，並經雙方的董事會及股東會通過來執行。」

會計師說：「那倍捷公司財務預測跟實際達成狀況呢？」財務長看了會計主管後說道：「每家被投資公司送的財務預測都跟實務有一點差距啦，不過我們在 DD 過程中也會知道，被投資公司的財務預測應該怎麼修正，才會比較貼近現況。我的經驗是，在訂定併購基準日時，我們就可以檢視其達成的合理程度，並參考過往的歷史記錄，來確認營收及獲利達成的可行性。另外，雙方也可以協商，當營收獲利達成 100% 或 100% 以上時，如何加發獎金或股票；若未達成時，是否減薪等等，來滿足營運上的不確定性，讓併購雙方可以有更好的協商模式。」

會計主管鬆一口氣，心想自己不用太擔憂財務預測編得不夠好，而導致影響交易價格，成為千古罪人了。會計師說：「很感謝財務長今天讓我學到實務上的操作。」財務長接著說：「這些都是前輩和經驗教會我的。也跟你們分享以前的一個投資案：當時同樣是請併購公司總經理提出詳細的財務預測，在 7 月分敲定換股比率時，其財測的達成率還算不錯，營收及獲利是有照這進度達成的，所以也約定到年末達成目標時，要加發獎金及股票給總經理和重要幹部。然而來到下半年，環境經濟景氣下滑，並未如預期達成營收及獲利，但幸好尚有 85%，因為原

先協議若達成率在 80% 以下時需要以減薪處置。還好，因為有事前的協商，在營收及獲利皆無法達成下依約行事，也讓大家和平收場。」

而後，會計師也出具「換股比例合理性之覆核意見書」，主張換股比例為 1:0.8-1.24，穩捷公司的市價是以公司前 90 個營業日均價而得；但倍捷公司因為是未上市櫃公司，股票流通性低，故以倍捷公司本身之本益比、本身淨值、倍捷公司同業之本益比等設算之參考股價給予 70% 的流動性折價，另外也考量經營權移轉而有控制權溢價的參數調整，進行加權後推估市價。除此之外，倍捷公司也得到 1,500 萬的現金，分發給公司股東。

結論

只要涉及股權交易買賣，要讓雙方都能覺得是好買賣，絕對不是件易事。在稅法及商業實務上，縱使有公司估值和鑑價的方法論可以參考，但仍然會因為大環境的改變、內部團隊管理或融入等等的問題導致後續營運績效大好或大壞，而這便很難靠方法論預期。所以若能在數字計算外，再加上雙方合意的「但書」，就能讓這筆買賣的風險下降，進而降低雙方覺得「虧到了」的可能。

會計主管和財務長在這講內看似決定了價格，但其實價格卻完全不是財務部門能掌控的。主要還是取決於雙方的業務、技術合作及開展綜效，若有任何一方不夠坦承或不夠深入了解，提交給財務部門的意見就會淪為表面功夫，而財務部門若以該意見為基準，推算未來合作綜效的財務預測，就會導致併購價值無法體現的「真正虧損」。

　　所以，建議讀者若要進行併購或被併購，千萬不能只在乎財務數據，而要在乎財務數據對應的「假設前提」——營運作法的推疊。當眞的遇到這一天，身為會計主管的您，務必要和相關部門的同事說清楚講明白，不能讓大家以為這只是財務部門的事呀！

第四十七講
穩捷公司分配股利討論

背景說明

又到了一年一度的規劃股東會議案時間，除了討論要如何報告給股東知道公司最近一年的營運狀況以及未來展望外，還有股利分配的計算當然也是必要準備項目。財會部門一如以往地被要求提繳盈餘分配計算方案，雖然財務長人因公出差不在台灣，財會主管也例行公事地依照去年的發放方式計算了一版。

而在與總經理的討論會議中，總經理對於此版盈餘分配計算，卻不如往年這麼容易過關，反而不斷詢問細節，以及問道：「為什麼要這樣做？」財會主管心想：「我以為這是簡單差事，沒想到財務長不在，這個討論這麼可怕。」但還是盡力表現出從容的樣子解釋給總經理知道。總經理聽完之後說：「數字計算我都沒有問題，但我有問題的是『財務部難道只需要計算數字』嗎？」停頓一下見財會主管沒有反應，便再說：「我們公司經營這麼久了，財務部門只停留在數字計算層級，沒有站在股東立場衡量有沒有可能有更好的節稅方案，我認為這是可惜的！」

　　財會主管雖然覺得有點丟臉，也覺得總經理不知道是在生哪個部門的氣所以才遷怒。明明盈餘分配就是給股東錢或股票呀，怎麼可能不用繳稅？股東拿錢又不想付稅，這不是不合理嗎？但怕自己沒有清楚總經理的想法，就無法確認到底總經理是在遷怒或真的有所要求，所以還是尷尬地請總經理多說明一點。總經理說：「現在經濟不景氣，股價偏低，我在思考是否要減資救股價。等到景氣好一點的時候，再辦理現金增資。那現在剛好碰到要分股東股利，是不是就不要分股利，而是直接做減資，也可以讓股東拿到錢。」

　　「我希望財會部門能夠更靈活操作，並創造高股價，配息時也要能站在大股東立場，要有節稅規劃，就像我前面說的，不要分配盈餘，而是用減資的方式將現金發放給股東，進而產生大股東免稅效果。我看別家公司這麼做，股價還飆高呢！在股價低的時候，也需要為了維護股東的權益（股價），公司就應該要買回股票，不是給員工，而是要減資！但遇到股價榮景時，就要在資本市場中募資，以溢價發行股票，補充公司銀彈，墊高公司的資本公積，將來亦可配息，並創造公司股票在市場的交易量，如此也才能更讓公司受外資青睞！」總經理看財會主管不講話，便又再詳細補充。

　　若您是財會主管，您該如何是好呢？是趕快打電話向財務長求救，請他處理總經理的詭異想法？還是心想這種「邪門歪道」的資金操作跟正規公司經營根本不該混為一談，只要以不變應萬變，不管總經理就好？

作法

　　當財會主管聽到這些像是指責的建議，當然心中不悅，特別是當總經理說到「不要分配盈餘，而是用減資的方式將現金發放給股東，進而產生大股東免稅效果」時，就嗤之以鼻，心想：「講得都好像很有道理，但是賺錢不分配，公司會被扣未分配盈餘稅耶！節稅節到股東，結果讓公司繳稅？這樣怎麼會合理？」

　　但當財會主管冷靜下來之後，心裡正向天使的聲音又傳來了：「我現在生氣是因為覺得丟臉，還是總經理真的不合理？」晚上睡覺前在床上又再度想起總經理的話，確實有些東西是自己沒有想過的，自己也一直都站在公司的立場，做著年復一年的例行工作，而沒有真的考量到大環境，又或者是大股東的立場。想著想著，又爬起來坐到電腦前搜尋一般做減資的公司都在什麼時候做，竟也驗證了自己的原有認知。現金減資在市場的觀感不佳，會讓投資人懷疑公司是否在停滯期或衰退期，除此之外，未分配盈餘還得課稅呢！

　　查完資料後，時間竟已過了兩、三個小時，來到凌晨兩點半，財會主管卻覺得神清氣爽，自己也很想趕快知道公司應該要怎麼做，於是就趕快寫了信跟財務長報告總經理的想法、自己目前整合歸納的資訊，還有想要找也有會計背景的獨立董事聊一聊。隨著這封信寫完寄出，財會主管打個哈欠、伸個懶腰回到床上。看了時間，天也快亮了，雖然腦袋還在高速運轉中，但還是得讓眼睛休息一下，而這時因為心裡真的甘願了，便也能踏實睡去。

　　再過了一週，總算與獨立董事進行電話討論，獨立董事也不建議以現金減資方式進行，主要還是因為依照台灣目前資本市場狀況，很有可能造成市場觀感不佳，認為公司處於業務停滯或有經營疑慮，到時候可能還需要花費更多的錢跟時間來做 PR（Public Relations，公共關係），以挽回股東對公司的信心。但若是利用買回目的，主張買回庫藏股是為了發放給員工，則是可行的。如此一來，能讓流通在外股數下降、EPS（Earning Per Share，每股盈餘）上升，也能達到公司股價上升之結果。若要做買回庫藏股激勵員工，並在未來增資，也符合總經理的想法，畢竟公司處在成長階段，適度地增加自有資金是必要的，若在股價好的時候更值得進行，因為能降低負債比率，進而穩定財務結構。

　　而當與財務長及獨立董事討論完後，財會主管知曉了更加明白公司目前狀態的前輩想法，就像幫自己打了強心劑一般。接著，就是要準備一週後跟總經理報告的資料。財會主管先跟總經理表示之前自己缺乏股東的觀點，感謝總經理的提醒，再說明自己與前輩討論及研究的成果，大致整理如下：

1. 現行作法：先買回股份辦理減資後，再辦理增資。希望股價在低於每股淨值（20 元／股）時，買回股份進行減資，並於股價高檔時（35 元／股），辦理現金發行新股或發行可轉換公司債，藉由此方式從資本市場中募資以增加自有資本率。如此一來，假設減資及增資的股數是 1,000 萬股，穩捷公司將會增加淨值 (35 − 20)×10,000,000 股，即為 1.5 億。

2. 買回股份減資對財務數據的影響：

買回股份減資	買回價格在每股淨值以下	每股淨值 = 20 元	買回價格在每股淨值以上
EPS	↑	↑	↑
每股淨值	↑	不變	↓
保留盈餘	↓	↓	↓

3. 減資再增資的限制：對於辦理現金減資的公司，不得在一年內辦理現金增資或發行公司債。但對應目前大環境的景氣狀況，預測景氣復甦時間點可能會在一年後，剛好也符合減資再增資的法令限制。但是若穩捷公司是以買回庫藏股方式進行減資，就不受一年內再現金增資的限制。

4. 市場觀感：若是以現金減資退回股東股款方式進行，很有可能造成市場觀感不佳，認為公司處於業務停滯或有經營疑慮，到時候可能還需要花費更多的錢跟時間來做 PR，挽回股東對穩捷公司的信心。但若是利用買回目的，主張買回庫藏股是為了發放給員工，則是可行的。

5. 提繳「因應買回庫藏股而生的資金預測表」給總經理。由於減資會需要準備 2 億（因減資股數 1,000 萬股乘 20 元股價而得），但又因要減資時點是大環境狀況不佳，也代表穩捷公司收入可能下滑，且客戶收款可能會惡化，所以資金預測就以較為保守版進行編製。由於穩捷公司也還有不動產可以進行抵押，倘若真的資金有問題時，也可以將不動產抵押換取現金因應不時之需。

6. 總結——以買回庫藏股再執行現金增資方式的優劣如下：

優點	缺點
(1) 活絡穩捷公司股票市場交易。	(1) 低價時大股東需從資本市場買入股份。避免在現金增資時，放棄部分權利，而遭股權稀釋。
(2) 維護股東權益（因市場股價增加）。	(2) 依照 (1)，造成大股東心理壓力及資金負擔。因為需要在股價低點時仍看好公司，持續投入資金。
(3) 提升自有資金比率。	(3) 景氣復甦末如預期，則可能造成公司資金負擔。

結論

　　大家常說「做會計」的跟「做財務」的人性格不太一樣，會計人大多相對老實，如同財會主管心中從未盤算過利用增減資的操作來增加公司股票交易量，創造股市活絡的感覺，以及溢價發行創造資本公積造福股東。或是在股價不好時，由公司買回股份，再讓大股東一起共襄盛舉，而在增資時號召大股東少認一些股票，但還是可以維持相同的持股比率，並釋放現金增資股給特定人，供作公關股用途，一舉數得。財會主管藉由這次的經驗，學習到以不同的角度看待同一件事情，增加彈性及思考面向。這對財會主管來說是一個很棒的思考衝擊，在財務面向更加彈性！

　　當然，當我們遇到理念不合的主管時，有兩種作法，一個是不玩了，一個是說服自己接受。所有歷經沙場的財會戰將前輩們，一定都有這種經驗。筆者訪談多位財會前輩，得到的結果就是大家都有自己的平

衡之道，因為「處在模稜兩可間的生存」是最痛苦的，如果能確定自己的底線和原則，盡可能地試圖理解主管所述的背後含義，則能在每次遇到理念不合時，加速讓自己過關。當然，無論是不玩了還是說服自己接受，都是過關的方式。只要能越快過關，就能越快讓自己再準備好，投入工作創造價值，而不是淪為「內心矛盾糾結」的痛苦。

最後，本講只講到財會主管的心路歷程，並以與總經理報告作為結尾，但實務上，絕對不是只有這樣。舉例來說，發放庫藏股作為員工認股及發行可轉換公司債時，會產生惱人的酬勞成本及評價的問題，而評價又包含員工認股權評價和公司債評價，這些都是另外的議題，須清楚理解後才能執行。

另外，雖然規劃要先減資再增資，但如何評估何時要做減資及增資？何時才是可以動起來的適當時機？又是另外的大考驗。因為當公司狀態不好，所以股價亦表現差時，到底公司敢不敢持續花錢買進股票作減資？而面對大股東的質疑壓力時，敢不敢堅持想法？這光想都是難題。當股價好的時候，雖然依規劃就是要做現金增資，但是貿然增加股本，就會稀釋 EPS，而公司就需要在營運面更加堅強，不然面臨投資者的質疑，很有可能也會讓股價下滑。所以若讀者的公司正在面臨資本市場的股權操作，不妨多研究其他公司的歷史作法，請教相關經歷的前輩，確保自己及營運團隊的能力和心理素質都準備好囉！

第四十八講
主管養成議題 I

背景說明

　　隨著穩捷發展二十年，財會主管也從小姐姐做到當媽媽，更甚者還準備要嫁女兒了。公司規模越來越大，以前財會主管能一手包辦的事情，早就不知道在幾年前都分散給培育出來的小主管們去作業，手邊只留下還在決策發想、還沒真正成型的專案。每每想到這裡，財會主管除了感嘆自己年紀大了，還有更多的是，感恩過往前輩的提攜和照顧。當財會主管想起自己以前的財務長，總會記起那個願意傾聽和包容的慈祥面孔，傾聽是能夠站在對方立場思考，也同時多聽同仁想法及意見；包容則是能用人，還要能接受他人批評，包容異己，並在異中求同。

　　前財務長既謙虛又包容的態度，總會讓身為下屬的自己期許要再多幫合作夥伴想一點，也要持續檢查，降低自己的本位主義。前財務長也常提到要待人誠懇，在做任何溝通時存有同理心，先設身處地為對方著想，這樣才可能會溝通成功。「溝通能力，不是與生俱來，而是學習來的。」這句話是財會主管溝通受

挫時，前財務長常提起的話。

於是，當自己有能力帶人，且正在帶人時，財會主管也提醒著自己必須把好的觀念注入給後輩，讓這些小主管們能夠在年輕時代就打下很好的根基，未來也能跟著穩捷公司不斷擴大成長，這樣便不枉費自己受過前輩及公司的栽培與照顧。但說實在的，突然的耳提面命式說教方式，誰能接受得了？捫心自問，什麼時候會讓人激發學習鬥志呢？大多是當自己碰到困境、主動求援的時候，才比較能聽得進別人的建議。於是，這講就談談財會主管碰到同事主動求援時，如何做到傾聽、包容和溝通。

作法

穩捷公司的中國子公司會計主管蓉蓉表現非常優秀，在第二十七講中就提到財會主管超越國籍的迷思，重用中國籍的會計主管。對於一年到頭多是在網路上談話、實際碰面次數一隻手就數得出來的蓉蓉，財會主管滿是信任。

這一天，蓉蓉撥電話給財會主管，支支吾吾地表示想討論一件私事，需要私下約財會主管的時間。財會主管心想：「哇，不知道遇到什麼天大的難事？如果中國子公司少了蓉蓉，我該如何是好。」整天提心吊膽地到了晚上才與蓉蓉通上電話。蓉蓉說明：「當地子公司董事長個人投資了一個事業，現在因無法如期產出報表，又該公司負責人自身的帳和公司帳分不清楚，遇到公司資金周轉有問題，所以要向董事長借款。但董事長希望財務介入了解，並協助處理帳務，甚至說要成立專案

小組來作業。」

　　財會主管邊聽邊納悶：「這不是工作上的事嗎？怎麼會是私事呢？」搞不太清楚狀況時，蓉蓉便說：「我現在非常排斥做這件事。坦白說，我就是不想去處理那家公司的帳務。但是，我想聽聽看您的意見。」財會主管：「能不能告訴我妳排斥的原因呢？」在周旋十分鐘之後，蓉蓉提出自己的觀點：「我認為這是董事長個人事務，為什麼要財務介入呢？他想要公私不分明，我們做下屬的，就睜一隻眼閉一隻眼，裝作看不到就好。但是，現在居然要我介入耶？太不合理了，我覺得我不應該拿公司付我的薪水，花時間做董事長個人的投資案。雖然老闆說話我應該要聽，但是這個我聽不下去耶，我覺得我對不起公司，我也不想這樣。我覺得好煩……」

　　財會主管聽蓉蓉自言自語一陣子後，在蓉蓉靜默時，跳開她的無限迴圈，問說：「那妳問董事長了嗎？」蓉蓉丈二金剛摸不著頭緒，詫異地說：「當然沒有啊。我怎麼敢問他為什麼要公私不分，除非我不想做這個工作了。」財會主管說：「妳有沒有想過，董事長不是這樣想的？董事長並沒有公私不分，而是他另有規劃。」蓉蓉說：「還能有什麼規劃？這個投資案跟穩捷集團一點關係都沒有。」

　　財會主管便與蓉蓉分享了幾年前這位當地董事長的故事。那一年，公司發布規定說一定管理層級以上可以配車，但配車金額配合台灣稅法有上限，只能在250萬內。但是該位董事長算了算，因為250萬買不到自己喜歡的車子型號，也不想浪費公司的錢，所以就跟財務討論「由他自己出錢買車，而由公司負擔油錢、保養費及保險費等等的必要支

出」。財會主管說：「我現在也搞不清楚妳碰到的狀況是什麼。但是對於這位當地董事長，我的印象就是做同事二十年了，我想不出來他曾經公私不分的記錄。所以我跟妳分享這個案例，妳怎麼看？」

蓉蓉說：「哇，250萬他居然不要喔，真的是有錢人跟我們想的不一樣。」財會主管沒有說話，等著蓉蓉繼續發言：「我想我可能誤會他了。但是我不知道他怎麼想的，我也不好意思問，妳能不能幫我問？」財會主管說：「我們隔很遠耶，妳要不要試試看自己問。」

過了幾天，財會主管關心起蓉蓉問了當地董事長沒？蓉蓉說：「我還沒找到適當的時機。我現在就是先做，但是做的時候還是會生氣，帳真的很亂、很誇張耶。」財會主管說：「那妳現在還有負面解讀的情緒嗎？還是已經可以消化了？」蓉蓉說：「我的理性告訴我說老闆是有理由的，但是我的魔性又告訴我不要接受理由，事實就是這樣。」財會主管笑道：「剛好我下下週出差，妳盡量試著自己問吧，自己問了才是妳自己的收穫。如果我去了妳還沒問，我們再一起問。我也好想知道原因喔……」蓉蓉說：「好。但是我想，我會等妳喔。」財會主管心想：「到時候還是得推一把吧，有些本位主義的關，不太好過。」

轉眼已到出差時刻，財會主管便拉著蓉蓉坐進會議室，在向當地董事長彙報工作狀況時，財會主管便當董事長的面詢問蓉蓉：「最近董事長投資的那個案子，帳務整理得如何？」蓉蓉大致說明了幾個帳務問題和解決方向，董事長說：「這案子亂歸亂，但總歸來說是我看好的案子。我希望財務加快速度處理，接下來我還希望產品部門過去一起合作。」聽到這裡，財會主管便感覺到旁邊的蓉蓉氣氛不太對勁，便趕快

問：「董事長，我想請教一下，請問這個案子與穩捷未來可能的合作是什麼呢？」

董事長說：「這個公司生產的產品，與我們公司使用的材料技術相同。我跟他們公司談了幾次，很看好他們的應用面，我也想著也許將來可以找到好的材料來源，包含品質及價格面都能比現在的供應商更好。但是現在這公司就不賺錢啊！如果現在就進穩捷，我對大家的獎金就難交代了。所以我先投資卡個位，等到內部帳務都釐清，營運也比較豁達，能確認未來可以跟穩捷穩定接上線了，再讓穩捷買下來吧。」

財會主管聽完之後，內心的壓力也釋放了。雖說自己相信當地董事長，但是因為也搞不清楚狀況，還真的有點怕當地董事長是想公器私用，讓她難跟蓉蓉解釋。好在這個理由不只合情合理，更是大格局地在自身與事業上做出平衡。頓時，財會主管更油然而生對當地董事長的欽佩之意。在離開董事長辦公室後，財會主管問蓉蓉：「妳怎麼看？」蓉蓉說：「我覺得我太不會看人了。董事長一說，我就覺得一切都通了。我真不應該懷疑我的老闆。」

「是呀，我也上了一課。董事長一點私心都沒有，甚至甘願自己掏錢。其實聽完董事長的解釋，以及說明該公司目前狀況，我就明白為什麼急需財務成立專案小組投入協助。這也是為什麼他能做董事長，又能把中國子公司經營得這麼好！」財會主管回道，並且也關心在會議室裡提到的那些帳務問題的細節內容。蓉蓉說：「聽完董事長說的話，我也開始想『是不是因為帳務壓力太大』，讓我失去理智判斷。我可能太緊張了，這個挑戰太大，我就想找個代罪羔羊，讓我可以有理由不接手這

個案子。」

　　財會主管沒有回答，陪著蓉蓉分析遇到的問題，再一個一個討論未來可能遇到的狀況及可能解法，包含因為投資案的財務負責人是老闆娘，所以沒有財務基礎，很難確實溝通；該公司的會計因為壓力大就提離職、公司習慣用老闆個人電子支付方式（微信）付錢所以很難對帳等等。當一個又一個問題過下去，財會主管大多用聽的，再補上「可能漏掉的角度建議」。最後財會主管問蓉蓉：「現在感覺如何？這個專案小組可以成立了嗎？需要我調派人手嗎？」蓉蓉說：「接啊。恐懼是想像出來的，最糾結的那個結釐清之後，我就過關啦！」

結論

　　雖然最後這個投資案沒有完成，因為整帳過程中發現一些投資案的營運問題，而導致當地董事長決議自行處分投資，不讓穩捷公司持有，但對於蓉蓉來說，能獲得的最大成果不是幫公司的併購把關，而是成就了自己的視野。蓉蓉與財會主管分享：「若不是您帶著我去求證，解開我的糾結，並且鼓勵支持我，讓我能開啟接觸新事業的視野，我可能不會有對於該投資事業從接單、生產管理、庫存管理、收付款、帳務管理到獎金制定等流程，有了深刻的認識。而且，因著這次經驗，我對於自己工作能力可以更加提升，思考也能更多面向，不再只有財會本位主義。了解到一定不能下意識地揣測對方的心態，必須從對方口中聽到他的見解，才有機會搭起溝通的橋梁。」

　　而財會主管學到了什麼呢？依著自己衝衝衝的性子，其實一早就

想直接聯繫當地董事長問個清楚。要不是當蓉蓉打電話給財會主管時，財會主管人不在中國，否則財會主管可能馬上就處理完畢。所以好幾年後，財會主管想起這件事，才發現冥冥之中的機緣，註定是要教會自己學習等待和陪伴。事後回想，還好在那個當下，自己沒有馬上處理完，不然就浪費了一次可以讓蓉蓉完整參與的機會。因此，財會主管提醒自己，要帶人，就要陪他走過過程，等同事願意傾聽時再陪著他聽，等同事願意討論時再陪著討論。如果不是這樣，為了一時的效率，也許事情及早處理完了，但是對於同事而言，就失去寶貴的經驗。

第四十九講
主管養成議題 II

背景說明

　　一個會計需要工作多長的時間,才能累積出會計主管應有的專業能力及溝通能力?這個問題想必沒有絕對答案。但若會計的工作內容,只是埋首苦幹地記錄交易製作傳票,而非在出現特殊交易記錄時,先想到與跨部門討論流程或作法,這很可能代表這位會計人員的會計職能,尚未達到會計主管的位置。因為不同會計對於職涯發展有不同的看法,而工作大環境也會影響會計人員的溝通方式。所以要找到有意願想要做會計主管,且學習意願強烈、願意不斷拓展記帳舒適圈,進而更了解產業流程及進行跨部門溝通協調工作的會計人員,也不太容易。

　　綜上可知,穩捷公司的財會主管在培養接班人時有多麼困難。筆者便在全書撰寫最後的三講(第四十八講、第四十九講及第五十講)來講述財會主管培育人的片段。穩捷公司財會主管旗下有兩位會計主管,翩翩和樂樂,分別待在穩捷公司都超過十年,但兩位負責的項目則不一樣,翩翩主掌財務及總帳,而樂樂

則是成本會計高手。有鑑於兩位都已待了十幾年，在一次的年終面談時，財會主管鼓勵她們對調工作，挑戰一下自我，補足自己會計生涯中還沒深入學習的領域。而這兩位傑出女將也是躍躍欲試，所以過完年就開始了工作調整。

聽起來一切都很順利，對吧？會計主管想必很有學習能力，畢竟在會計領域真的很難空降，實打實的經驗所累積出來的絕對都是工作實力。所以工作調整之後，雖然想必也是有困難，但做就對了！不過，真的是這樣嗎？穩捷公司財會主管的經驗告訴我們，真的不是這樣！而財會主管又該怎麼帶領呢？

作法

因著工作調整，兩位會計主管都開始學習新的領域。因為是老同事，又是職場高手，學習起來相當認真。財會主管經過兩位時，總能見到她們振筆疾書地寫筆記，又或者是註記著各式標籤貼紙和便條紙的提醒事項。財會主管心中滿滿地肯定：「薑還是老的辣！如果其他會計同事也能像這兩個會計主管看齊，那會計團隊展現出來的團隊戰鬥力就更大了！」而兩位會計主管對於彼此的工作操作，也都很快就上手，大概在三到四個月之後就差不多漸漸熟悉。但是，當表面帳務上的流程操作沒問題後，才會發現兩位會計主管懂的可能只是表面帳務流程，實際進到解決問題關卡時，很可能還是不知道營運前端的部門問題是什麼。

會計部門每月在出報表前，都會先做報表討論，再確認數字。例如詢問本月毛利偏低，除了成本發現異常之外，還可能包含了閒置產能。

但若財會主管再追問更細節的原因時，翩翩就無法立即回答；當需要去查找檔案時，翩翩甚至不知哪一支檔案才對，又需要樂樂的指點。而樂樂一方面要指點翩翩，又需要煩惱自己在檢視財務比例及趨勢分析時，反應相對較慢。例如剛結完帳，樂樂對於各子公司獲利狀況及預算達成程度都無法馬上回應，對子公司狀況的了解程度也會讓財會主管擔心她還沒進入狀況。甚至談到所得稅率計算時，會因為太專業而直接逃避，拜託翩翩再幫忙。偏偏這時，翩翩則又對於工費率分析無法迅速反應，感到非常挫折。

對於財會主管來說，這些才交接三到四個月，尚在學習中都是可以接受的。大家也都知道這就是學習的必經過程，不管換成是誰同樣會感到吃力。但這幾個月下來的報表討論，著實讓兩位充滿自信的會計主管感到極大的恐懼，報表討論原本是每月例行事項，但現在卻被視為畏途。當自己回答不出來而需要求助前輩時，就感覺自己很不專業。有一天，財會主管關心兩位會計主管的學習狀況時，兩位會計主管居然同時表示其實心情很差，覺得調換工作後，跟想像的一點都不一樣，學習並沒有原本想像中的會開心、會有成就感！問題究竟出在哪裡呢？

財會主管想當然耳地鼓勵著兩位：「沙場老將的功夫哪是短短幾個月學得會的呢？怎麼可能累積經驗又能輕輕鬆鬆？這種不適應的感覺是必然的。若是我的話，這種不舒適感，更能激起我一定要學會的決心……」再來又過了一、兩個月，還是沒見到兩位會計主管的好心情。財會主管沒想到的是，在交接第六個月時，兩位大將竟然淚灑財會主管辦公室，坦承內心的煎熬和心力交瘁，決定要調換回來原本的工作。當

然財會主管還是希望兩位能再考慮，畢竟也許再差一哩路就到終點，放棄真的好可惜。但是隨著深入討論後，財會主管還是尊重她們的決定。若都還沒準備好卻強硬要求，很可能會兩敗俱傷呀。

　　雖然回到原來熟悉的工作領域，但財會主管也沒有因此就放棄要讓兩位持續學習。隨著公司不斷擴張版圖，能讓會計主管成長的機會來臨了！因為子公司會計主管離職，且擴廠急需要一位可以快速熟悉成本的戰將，於是，財會主管想當然地想到了樂樂。「雖然說樂樂的長項就是成本，但換個公司了解成本就不是這麼容易，加上子公司的總帳、資金調度、股務等等，都得花時間了解。這夠樂樂學的了！」財會主管心想。同時徵詢樂樂的同意，樂樂也很勇敢地接受挑戰，一方面繼續做穩捷公司的成本會計大總管，一方面又得搞定子公司因剛建置新廠的生產良率，所衍生的成本問題。

　　建置新廠需要不斷試算成本、設定損平點，當然這一點也不輕鬆，樂樂一點都不快樂，很常在開車上班的路上默默流著眼淚，覺得自己心好累、好苦，又要面對一堆原先都不熟悉的工作領域，當然也會想到自己為什麼要答應財會主管接受這個挑戰呢！有一天，就在大崩潰之後，樂樂打電話給財會主管，才剛聽到財會主管的聲音，樂樂又哭了，話都講不好。這時，財會主管說：「很難對吧，我也覺得很難。」接著這通電話就沒有聲音，一個不知道該怎麼安慰自己下屬的財會主管，搭上一個不知道怎麼拒絕自己上級的會計主管，就這樣通了半個小時的電話。

　　在這通電話要結尾時，樂樂說：「現在沒人，也只有我可以做，對吧？」財會主管說：「是呀！但是妳有我。有什麼困難的，就一起想辦

法。就像以前一樣，只是現在改處理子公司而已。」隔天開始，財會主管便也坐鎮子公司，說是坐鎮，大概也就是占個位置給點信心，從旁讓樂樂覺得有人陪伴。也在需要其他部門支援的時候，財會主管找到跨部門主管協助，讓樂樂降低孤軍奮戰之感。重大會議時，財會主管也場場陪同參加，讓樂樂發表想法時更有信心。幾次展現之後頗受好評，樂樂就越來越有信心，也漸漸接受支援子公司的工作。

當公司給出舞台，而樂樂接受歷練之後，思考面向也跟著寬廣起來。原先只做成本時，雖然能往前端流程走，但總覺得多面向思考只是口號。然而在子公司時，樂樂需要面對總經理、研發主管、業務主管及製造廠長，不同面向的思維都直接挑戰樂樂的思考，必須更細緻。相較於以前做成本時，只需要面對總是在工廠端的同事，便產生更多人事物的碰撞，但也因此加深要達成任務的決心！加上因為有前次調換工作的經驗後，自己的主管已經給了機會，這次總不能再輕言放棄。所以，也就讓樂樂得到成長，以及享受了成長後的成就感和喜悅。

幾年後，樂樂甚至跟財會主管分享：「這一輩子好像沒什麼特別能說的經歷，但就是這一段被逼去子公司磨練的日子，讓我覺得自己真的很行！」看到樂樂眼中的沾沾自喜，財會主管當然感到自豪，也很替樂樂開心。「能夠挑戰自己的永遠只有自己呀。」能夠成為同事口中「逼」她的那位元凶，又能與同事持續打拚工作，財會主管感到非常幸福。

結論

　　幾年後，財會主管、翩翩和樂樂笑談當年往事，翩翩和樂樂都覺得當時的財報討論會議上，財會主管提出的問題都是財報的重點，也都是應該要深入調查和了解的問題，同時對兩位來說也是很好的訓練機會。但是，當時的翩翩和樂樂，因為只有三到四個月的磨練，基本功不夠扎實，所以言談也就缺乏自信。一點點挑戰，就會很讓人害怕，不自覺地選擇躲在自己的舒適區。甚至坦承當財會主管參與每月營運會議時，她們都不自覺地不敢看手機，害怕財會主管緊急詢問的求援問題答不出來。明明知道這樣很不好，但實在太讓人害怕，所以所有膽量和自信都萎縮了。

　　財會主管回想，當時為什麼還是尊重她們的決定，把兩個人的工作換回來？因為她發現，壓垮駱駝的最後一根稻草竟然是自己。明知翩翩和樂樂因為害怕而想躲起來，但因自己的心急，仍然在營運會議上需要求援時，直接詢問原本負責處理的同事，而讓翩翩和樂樂感到自己無用武之地。所以財會主管認清自己太心急，反倒沒有給予翩翩和樂樂好好學習的時間。明明嘴巴上說著是「諒解和理解學習歷程」，但實際做出來的樣子卻又是「不信任和無奈」。

　　主管在帶領部屬時，很重要的是「身教大於言教」。要能做到「心口合一」，身為主管的也得練習。尤其當不是自己動手做時，很容易就會「自以為地想像事情簡單」，進而衍生「讓同事覺得自己不夠好」的認知。惟有不斷要求自己精進，並看到其他人的優點強項，才能讓自己稍微平衡「心中永遠不會平衡」的那個秤，與讀者共勉之。

主管養成議題 III

背景說明

　　接續主管養成議題，財會主管總是藉由逆境而激發夥伴的學習鬥志，進而讓小主管們進步成長。所以沒有遇到逆境或挫折時，當然很開心，但是財會主管也知道這就是養精蓄銳的時候，為了下一個要來臨的挑戰。

　　財會主管的得力好夥伴翩翩，因為家人不幸地發生重大變故，導致翩翩總是時不時地要請假，陪同家人去各個醫院檢查，找尋可以治療的方法。加上娘家人都在南部，實在很難與翩翩分攤家務。在家人還沒生病之前，翩翩在事業上對自己的要求很高，也很活潑、喜歡分享。但是在家人生病之後，確實工作和生活要兼顧是困難的，翩翩也常悶悶不樂。同事看在眼中，也都會幫著忙做點工作，讓翩翩臨時請假時也不至於影響到會計團隊的時程。

　　最後這一講要提的是，當下屬因為家庭變故要提離職時，身為主管的您會支持他嗎？

作法

　　穩捷公司的各部門都有人力編制上限，財會主管為了想讓翩翩能兼顧工作和家庭，就與其他的會計主管們共同討論出一個解法：先讓其他會計主管交接翩翩的重要工作，再把翩翩的工作內容轉換成是應付帳款入帳的工作。如此一來，即使翩翩有幾天不能來工作，只要能避開結帳那幾天，又或者是其他同事分工加班，就能協助完成。

　　但是，就在家人發病不到兩年，心力交瘁的翩翩，面臨到需要陪同化療的困難階段。時不時的幾天請假也確實讓翩翩很不好意思，於是翩翩便向財會主管提出了離職申請。財會主管一方面心疼翩翩的人生際遇，一方面又想到：「倘若重要家人未來不在了，那翩翩又該如何是好？一旦沒有其他可以轉移注意力的地方，翩翩會不會一蹶不振？」想到這裡，財會主管又多了一份捨不得。所以，財會主管多次挽留，並設法幫翩翩想了一個留職停薪再回任的作法，那便是聘請實習生或工讀生來作應付帳款入帳，藉此留下這個人力配置的位置給翩翩。

　　過了幾個月，最壞的情況發生了。翩翩痛苦得走不出陰霾，財會主管便與同事們齊力接棒關心。翩翩也在人情壓力擺脫不了的狀況下，勉強回到工作職場，回到檢查各部門請款單和應付帳款傳票入帳的工作崗位。已經工作了十幾年，且原先的工作能耐都是一把罩的條件下，現在的工作當然難不倒翩翩，但翩翩卻也容易進入發呆的狀態，工作上仍然看起來提不起勁，更別說要調整工作內容。

　　再過幾個月，財會主管自己覺得受不了了！雖然說要尊重同事的

選擇，但是這種行屍走肉般的模樣，真的讓財會主管覺得太可惜，所以便找了翩翩深談，希望其振作起來。而翩翩雖然口頭說好，但是沒過幾天又陷回去那個愛發呆、不講話的人物設定。有幾次，財會主管也說了重話：「如果都停在原地不動，那當石頭就好。妳是石頭嗎？」「現在已經只給妳最初階的應付帳款入帳了，還能降到哪裡去？」或是情緒勒索式地說：「同事們留著這個位置等妳回來，結果妳只有人到魂沒到，這樣應該嗎？」而翩翩則回答：「為什麼一定要逼我？」「我不想成長了，不行嗎？」之類的話。

財會主管也不知道自己做的到底是對還是錯，但憑著「模擬心境」及「且試且看且走」的方式，軟硬兼施地鼓勵及逼誘翩翩加強工作程度。雖然翩翩會沒自信，會在接工作之前先說自己可能做不到，但是最後也以事實證明都做到了。而後，財會主管甚至要求翩翩除了會計工作之外，也轉向執行股務工作及對專案負責。因為公司對外轉投資的案件量陸續增加，甚至還有被投資公司及內外帳的情形，所以財會主管直接讓翩翩負責這家公司的 DD，便協助整帳。

在翩翩整完帳之後，更要求翩翩開始帶這家小公司的會計人員記帳，要求每月 5 日前出報表，這個過程中，又碰到會計人員因為不堪壓力負荷，直接離職，需再找人遞補及進行團隊磨合。除了轉投資公司的整帳經驗外，財會主管也進一步要求翩翩出席轉投資公司的經營檢討會，擔任起會議召集人，並追蹤會議中各個事項。另外所負責的股務工作，則要求翩翩開始接觸董事會及股東會，接觸到的人事物變化頗大。對照原先轉換期時，只需要做請款單檢查和應付帳款入帳，對應的對象

都是跨部門基層人員，通常是因為對方搞不懂請款規定或憑證有誤，才會需要聯繫。

幾年後，翩翩在已找回原本的工作自信，以及回歸正常工作及生活模式後，還會開玩笑地抱怨財會主管：「還是不能理解為什麼一定要我離開會計本業，要求我越學越多，最後還要學股務。每次都拿『不進步就會變石頭』的話來唸我，但我最後都做了耶，我也太乖了吧。」當然，翩翩也會正面回應：「後來，我自己也發現，唯有增加工作廣度，才能做到多面向的思維。人不能只把自己放在財會的某一個功能別，唯有走出去，才能收穫更多。而現在，我也很慶幸自己有走上這條路，每每公司在面對轉投資事業時，要問到董事會、股東會相關事項、證期局法令遵循等等，大家都會想到我。這也代表了我的價值。」

結論

翩翩最後帶出的思維，就是財會主管特別重視的「多面向思維培養」。當負責面向增多了，思考變廣了，當然更能夠面對自己的不足。當知識不足而工作自信足夠時，自然而然能虛心請教各種專家，並藉由回學校讀書，認識教授及同學，這也是增加專家人脈的好方法。久而久之，財會主管的兩名大將一點一滴地累積實力，終能獨當一面、各據一方。財會主管的軟硬兼施，也許在當下都會受到同事的質疑，但是經過了五年、十年之後再回頭看，便會覺得一切都很值得，之前同事產生的誤會或質疑也都不重要了。

總歸來說，筆者認為一個會計主管的養成必須分成三個面向，一

是靠自己自發性地學習新知，透過刻意練習，進而提升工作能力；透過
自我覺察，了解自己還有哪些面向可以去改善。二是找自己的模仿對象
（導師），因為自己難免有盲點，透過有經驗的導師指引，便能經過導
師提點，而讓自己產生自我反思；導師的直接提點，也能讓自己往前邁
進。三則是在公司中找到舞台。好的企業文化、制度規範、養成機制等
等，都能協助滋養主管人才，也能讓主管產生高度認同與共識凝聚。譬
如當公司成長到一定階段，就會透過併購投資將集團擴大，而此時，各
個子公司都會需要財會主管。

於是，不論身為讀者的您現在處在哪個階段，是在做懵懵懂懂的會
計人，還是已經是會計主管，更甚者是需要接班交接給下一代的會計主
管，筆者都希望藉由主管培育的議題，帶給您不同面向的觀點。

RM2B
50則會計主管非知不可的實務經驗傳承

作　　者　李雅筑、陳芬蓉

責任編輯　唐　筠

文字校對　許馨尹、黃志誠

封面設計　姚孝慈

發 行 人　楊榮川

總 經 理　楊士清

總 編 輯　楊秀麗

副總編輯　張毓芬

出 版 者　五南圖書出版股份有限公司

地　　址　106台北市大安區和平東路二段339號4樓

電　　話　(02)2705-5066

傳　　真　(02)2706-6100

網　　址　https://www.wunan.com.tw

電子郵件　wunan@wunan.com.tw

劃撥帳號　01068953

戶　　名　五南圖書出版股份有限公司

法律顧問　林勝安律師

出版日期　2023年9月初版一刷

定　　價　新臺幣420元

國家圖書館出版品預行編目資料

50則會計主管非知不可的實務經驗傳承／李
雅筑, 陳芬蓉著. -- 初版. -- 臺北市：五
南圖書出版股份有限公司, 2023.09
面 ； 公分
ISBN 978-626-366-380-0(平裝)

1.CST: 管理會計

494.74   112012005